Thomas Heidorn

Finanzmathematik in der Bankpraxis

Thomas Heidorn

# Finanzmathematik in der Bankpraxis

Vom Zins zur Option

5., überarbeitete und erweiterte Auflage

Bibliografische Information Der Deutschen Bibliothek
Die Deutsche Bibliothek verzeichnet diese Publikation in der Deutschen Nationalbibliografie; detaillierte bibliografische Daten sind im Internet über <http://dnb.ddb.de> abrufbar.



1. Auflage 1994; Vom Zins zur Option, Finanzmathematik in der Bankpraxis
2. Auflage 1998
3. Auflage September 2000
4. Auflage Juli 2002
5., überarbeitete und erweiterte Auflage März 2006



Lektorat: Karin Janssen

Der Gabler Verlag ist ein Unternehmen von Springer Science+Business Media.
www.gabler.de

Umschlaggestaltung: Nina Faber de.sign, Wiesbaden
Druck und buchbinderische Verarbeitung: Wilhelm & Adam, Heusenstamm
Gedruckt auf säurefreiem und chlorfrei gebleichtem Papier
Printed in Germany

ISBN 3-8349-0242-X

## Vorwort

Dieses Buch behandelt den Bereich der zinsabhängigen Finanzinstrumente. Die erste Auflage entstand 1994 im Rückblick auf meinen beruflichen Entwicklungsweg: **Ich habe versucht, das Buch zu schreiben, welches ich gern bei meinem Eintritt in die Bank gelesen hätte.** Dieser Ansatz führte zu der Zielsetzung, sowohl für Anfänger als auch für erfahrene Banker möglichst praxisnah darzustellen, was man heute über **Bewertung von Finanzprodukten** wissen sollte. In den letzten Jahren ist der Markt für derivative Produkte explosionsartig gewachsen, hinzu kam eine schnelle Entwicklung bei den **Risikomanagementtechniken**. Entsprechend werden **Optionsanalyse**, Forward Rate Agreements, Zinsswaps, Caps und Floors und Swaptions ausführlich dargestellt. Hinzu kommen Beispiele zur Anwendung der Produkte für die Destrukturierung (Zerlegung) von Anleihen (Reverse Floater, Leveraged Floater, Collared Floater, kündbare Anleihen). Schon bei der vierten Auflage wurden zusätzlich die **Aktienanalyse** und **Kreditderivate** integriert, da dies Wachstumsträger der Zukunft sein werden. In der nun vorliegenden **fünften Auflage** wurden die Kreditderivate um den aktuell entstehenden Markt für **Credit Default Swaptions** erweitert.

In diesem Buch werden die Möglichkeiten der **Zinsanalyse systematisch vorgestellt**, da Fremdkapital nach wie vor den Löwenanteil des Finanzmarktes bildet und die Grundlage für alle anderen Produkte darstellt. Von einfachen Barwertberechnungen bis zum Cap und dem Hedge mit Future und Zinsswap werden alle relevanten Instrumente erklärt und mit Hilfe vieler Beispiele verdeutlicht. Auf dieser Grundlage ist dann eine sinnvolle Steuerung von Krediten bzw. zinsabhängigen Anlagen möglich. Besonderer Wert wird auf das **Verständnis von Derivaten** gelegt. Ziel ist es, dem Leser einen kompakten Überblick über die wichtigsten Ansätze im Zinsbereich geben zu können. Die Bedeutung der Aktienanalyse hat in den letzten Jahren weiter zugenommen. Daher freue ich mich besonders, **Sven Weier** gewonnen zu haben, um mit ihm gemeinsam das Buch um ein Kapitel über die **Fundamentalanalyse von Aktien** zu erweitern. Weiterhin werden Kreditderivate vorgestellt und **Bewertungsverfahren** von **Kreditrisiken** diskutiert. Damit sind die Inhalte wieder vollständig, und trotzdem ist die Kompaktheit des Buches erhalten geblieben. Entsprechend sollen die Literaturhinweise am Ende der Kapitel weniger die Belesenheit des Autors demonstrieren, sondern durch eine kleine persönliche Auswahl den Einstieg in die weiterführende Literatur erleichtern.

Bedanken möchte ich mich bei meinen Studenten an der Hochschule für Bankwirtschaft (HfB) und den Teilnehmern meiner externen Seminare, die durch kritische Fragen bei jeder Auflage immer wieder Inkorrektheiten aufdeckten und viele didaktische Verbesserungen anregten. Besonders möchte ich mich für die Korrektur des Manuskriptes bei Christian Schmaltz, Oriol Schreibweis, Claudia Klemens und Natalie Packham bedanken. Nachdem man sich dann schließlich in den Markt hinausgewagt hat, liegt die Verantwortung für alle verbliebenen Fehler natürlich beim Autor allein. Aber man sollte sowieso nie eine Formel benutzen, die man nicht verstanden hat. Für aktuelle Forschung und Studienangebote lade ich Sie herzlich ein, uns unter www.hfb.de zu besuchen.

Frankfurt am Main, im Januar 2006 Professor Dr. Thomas Heidorn

# Inhaltsverzeichnis

# 1.

# Grundlagen der Finanztheorie

# 1 Grundlagen der Finanztheorie

Im Vordergrund der Banktätigkeit steht der Umgang mit Finanztiteln. Diese müssen sorgfältig analysiert werden, um Entscheidungen über die sinnvolle Auswahl der unterschiedlichen Anlage- und Kreditmöglichkeiten treffen zu können. Dabei ist die Grundidee sehr einfach: Unterbewertete Assets sollten gekauft und überbewertete verkauft werden. Ob ein Wertpapier über- oder unterbewertet ist, kann letztlich nie genau bestimmt werden. Um die Sicherheit der Finanzanalyse jedoch zu erhöhen, werden im Folgenden die **Kerngedanken der modernen Finanzmathematik und Kapitalmarkttheorie** dargestellt. Zur Erleichterung des Verständnisses sind Formeln nicht nach mathematischer Schönheit, sondern nach didaktischen Überlegungen aufgebaut. In manchen Fällen ist trotzdem ein größeres Quantum an Mathematik notwendig, jedoch wird mit Hilfe vieler Beispiele das Verständnis und die Umsetzung so leicht wie möglich gemacht. Trotz aller Sorgfalt kann die Richtigkeit der Formeln nicht garantiert werden, ein "blindes" Umsetzen ist in der Regel auch nicht zu empfehlen.

Finanzmanagement ist ein sehr aufregendes Feld, denn es müssen ständig viele wichtige Entscheidungen getroffen werden: Dies sind Auswahlentscheidungen in Bezug auf Kauf und Verkauf von Wertpapieren oder andere Investitions- und Kreditentscheidungen, aber auch über das Verhältnis von Eigen- zu Fremdkapital. Grundlage solcher Entscheidungen sind drei Elemente:

- **Bewertung**

Bewertung von Kapital ist unumgänglich. Nur so können "billige" Investitionen gefunden und "teure" Anlagen verkauft werden. Eine Vielzahl interessanter Theorien sind in den letzten Jahren in diesem Bereich entwickelt worden, die bei der Lösung der Probleme helfen.

- **Zeit und Unsicherheit**

Entscheidungen sind immer auf Zeiträume bezogen, daher müssen Zahlungen, die zu unterschiedlichen Zeitpunkten erfolgen, miteinander vergleichbar gemacht werden. Oft sind die Zahlungsströme auch nicht sicher, das Risiko muss also darüber hinaus in die Entscheidung einfließen.

- **Menschenkenntnis**

Jedoch kann eine allgemeine Theorie nicht die Menschenkenntnis ersetzen, denn jede Form der Finanztheorie kann die persönliche Entscheidung nur unterstützen. Völlige Berechenbarkeit wäre langweilig, aber ohne die theoretischen Grundlagen ist die Wahrscheinlichkeit, "richtige" Entscheidungen zu treffen, deutlich kleiner.

In diesem Buch wird in erster Linie die Bewertung von sicheren Zahlungsflüssen und Rechten (Optionen) auf Zahlungsflüsse behandelt. Die Analyse von Unsicherheit wird dabei nur insoweit aufgenommen, wie sie für das Verständnis des Gesamtzusammenhangs notwendig ist.

## 1.1 Gegenwartswerte und Opportunitätskosten

Gegenwartswerte sind die Grundlage, um verschiedene in der Zukunft liegende Zahlungen miteinander vergleichbar zu machen. Dabei spielt es keine Rolle, ob es sich um Kredite, Wertpapiere oder Anleihen handelt. Nachdem der Cash Flow, also die Sequenz der Einzahlungen und Auszahlungen, prognostiziert wurde, kann dann ein weiter Bereich von Analysen eingesetzt werden.

### 1.1.1 Einführung von Gegenwartswerten

Zahlungen, die in der Zukunft liegen, sind weniger wert als Zahlungen heute, da heutiges Geld zu einem positiven Zinssatz investiert werden kann. Um eine Vergleichbarkeit zu erzielen, muss der Wert von Zahlungsreihen zu einem Referenzzeitpunkt bestimmt werden. Dieser ist in der Regel die Gegenwart. Es wird also ein **Gegenwartswert** (Present Value = $PV$) gebildet. Alternativ wird manchmal auch der Endpunkt einer Zahlungsreihe, also der **Zukunftswert** (Future Value = $FV$) benutzt. Zur Ermittlung eines Gegenwartswertes müssen zukünftige Zahlungen ($Z$) mit einem **Abzinsungsfaktor** $(1+r)$ diskontiert werden. Eine Zahlung in einem Jahr ($Z_1$) bei einem Zinssatz $r$ hat also einen Gegenwartswert von:

$$PV = \frac{1}{1+r} \cdot Z_1$$

Umgekehrt gilt für das Verhältnis von Zukunftswert und Gegenwartswert:

$$FV = (1+r) \cdot PV$$

Der Zins ist also ein Preis dafür, dass eine spätere Zahlung akzeptiert wird.

**Beispiel:**

Will ein Investor in einem Jahr 400 bekommen, muss er bei einem Zinssatz von 7% heute 373,83 anlegen.

$$PV = \frac{400}{1{,}07} = 373{,}83$$

$$FV = 373{,}83 \cdot 1{,}07 = 400$$

Um eine Investition zu bewerten, muss dem Wert der Zahlungen aus dem Investment dessen Preis gegenübergestellt werden. Daraus ergibt sich der **Nettobarwert** (Net Present Value = $NPV$):

$$NPV = Z_0 + \frac{Z_1}{1+r}$$

**Beispiel:**

Eine Anlage zum Preis von 350 mit einem Cash Flow von 400 in einem Jahr hat bei einem Marktzins von 7% einen Nettobarwert von 23,83.

$$NPV = -350 + 373{,}83 = 23{,}83$$

Jedoch impliziert die Diskontierung mit dem Anlagesatz die **Sicherheit**, dass die Zahlungen auch wie versprochen eingehen. Im Regelfall kann davon aber nicht ausgegangen werden. Bei der Bewertung gilt grundsätzlich, dass sichere Zahlungen wertvoller sind als unsichere. Dies sagt nichts anderes, als dass sich ein höheres Risiko im Sinne einer stärkeren Schwankung um den Erwartungswert bei der Bewertung widerspiegeln muss. Die **Unsicherheit** wird durch einen höheren Abzinsungsfaktor vergütet.

**Beispiel:**

Wird eine Verzinsung von 12% als angemessen angesehen, verringert sich der Nettobarwert auf 7,14.

$$NPV = -350 + \frac{400}{1{,}12} = 7{,}14$$

### 1.1.2 Grundlagen der Investitionsentscheidung

Ob ein Vorhaben durchgeführt wird, kann durch verschiedene Kriterien bewertet werden. Sehr häufig steht dabei die Messung der erwarteten **Rendite** des Projekts im Vordergrund. Bei einer einjährigen Investition lässt sie sich leicht ermitteln.

$$Rendite = \frac{Gewinn}{eingesetztes\ Kapital}$$

**Beispiel:**

$$R = \frac{400 - 350}{350} = 14\%$$

Eine Investition wird dann durchgeführt, wenn die **Rendite über der gewünschten Verzinsung** — den Opportunitätskosten für Kapital (Marktverzinsung und Risikoprämie) — liegt. Dieses Kriterium ist **identisch** mit einer Analyse des Nettobarwerts. Eine Investition sollte dann ausgeführt werden, wenn der **Nettobarwert positiv** ist. Dabei wird zum Diskontieren der entsprechende Mindestzinssatz für eine solche Investition benutzt.

**Entscheidungskriterien:**

- Nettobarwert ist positiv (7,14 > 0)

  oder

- Rendite ist größer als die Opportunitätskosten des Kapitals (14% > 12%)

Bei der Investitionsentscheidung auf funktionierenden Kapitalmärkten spielt die **zeitliche Präferenz** der Investoren, d.h. die Frage, wann sie das Geld zur Verfügung haben wollen, **keine Rolle**. Ist der relevante Opportunitätszins bekannt, sollten alle Investitionen mit einem positiven Nettobarwert ausgeführt werden. Anschließend kann dann über Anlage oder Kredit die Zahlung auf den richtigen Zeitpunkt transferiert werden. Durch diese Möglichkeit steigert ein funktionierender Kapitalmarkt den Wohlstand der Bevölkerung, da er erlaubt, Einkommen und Konsum zeitlich besser zu verteilen.

Dies wird mit folgendem Zahlenbeispiel verdeutlicht. Bei einem Einkommen von 20 jetzt und einer weiteren Zahlung von 25 in einem Jahr bedeutet ein Anlage- und Kreditzins von 7%, dass heute maximal 43,36 zur Verfügung stehen. Dies ist möglich, wenn ein Kredit von 23,36 aufgenommen wird, der am Ende des Jahres einschließlich der Zinsen mit 25 zurück zu zahlen ist.

$$PV = 20 + \frac{25}{1{,}07} = 43{,}36$$

In einem Jahr stehen maximal 46,4 Einheiten zur Verfügung, denn bei einer Anlage von 20 zu 7% bekäme der Investor in einem Jahr 21,4 ausgezahlt.

$$FV = 43{,}364 \cdot 1{,}07 = 46{,}40$$

oder

$$FV = 20 \cdot (1{,}07) + 25 = 46{,}40$$

Für jede **Konsumeinheit heute** muss der Investor also 1,07 **Einheiten in der nächsten Periode aufgeben**. Wie dies im Einzelnen aufgeteilt wird, kann sehr unterschiedlich sein. Ein gegenwartsorientierter Konsument wäre bereit, einen großen Teil seines Einkommens sofort zu konsumieren, d.h., Konsum mit Kredit zu finanzieren, während ein zukunftsorientierter Konsument eher Geld anlegt. Dies wird im Folgenden grafisch verdeutlicht:

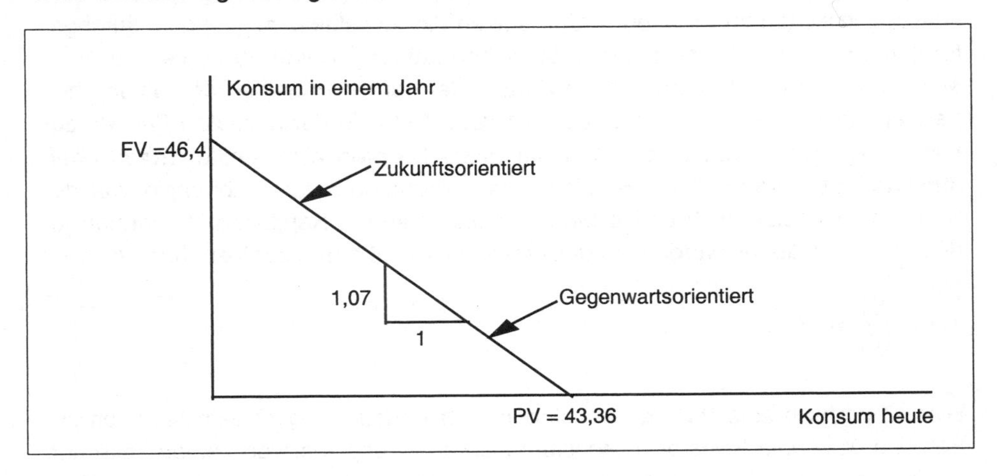


Abbildung 1.1: **Konsummöglichkeitsgerade**

Die Investitionsentscheidung ist von der zeitlichen Aufteilung unabhängig. Bei einer Auswahl von Investitionen ($I$) lohnt es sich zu investieren, solange deren Rendite größer ist als der Opportunitätszinssatz.

Im folgenden Beispiel hat der Investor drei Möglichkeiten zur Auswahl, bei denen er heute jeweils 10 investieren kann und in einem Jahr eine sichere Zahlung erhält.

Tabelle 1.1
**PROJEKTÜBERSICHT ZUM RENDITEVERGLEICH**

| Projekt | Zahlung in einem Jahr | Rendite |
|---|---|---|
| $I_1$ | 15 | $R = \frac{15-10}{10} = 50\%$ |
| $I_2$ | 11 | $R = \frac{11-10}{10} = 10\%$ |
| $I_3$ | 10,5 | $R = \frac{10{,}5-10}{10} = 5\%$ |

Alle Investitionen mit einer Rendite über 7% sind sinnvoll, um die gesamten Konsummöglichkeiten zu erhöhen. Daher sollten die Investitionen $I_1$ und $I_2$ durchgeführt werden. Nimmt man die ursprünglichen Zahlungen von 20 heute und 25 in einem Jahr hinzu, steht nach Finanzierung der beiden Projekte vor Nutzung des Kapitalmarktes kein Geld heute, aber 51 (25+15+11) in der nächsten Periode zur Verfügung. Bei gewünschtem Konsum heute könnten nicht beide Investitionen durchgeführt werden, die Investitionsentscheidung wäre also abhängig von der Konsumentscheidung. Mit Hilfe eines funktionierenden Kapitalmarkts können jedoch die 51 beliehen werden, so dass maximal 47,66 heute zur Verfügung stehen.

$$PV = \frac{51}{1{,}07} = 47{,}66$$

Dies ist grafisch eine Parallelverschiebung der Konsummöglichkeitslinie nach außen. Der rationale Investor entscheidet sich also, losgelöst von seinen zeitlichen Präferenzen, für alle Investitionen mit einem positiven Barwert, da diese die Konsummöglichkeiten steigern. Grafisch ergibt sich damit:

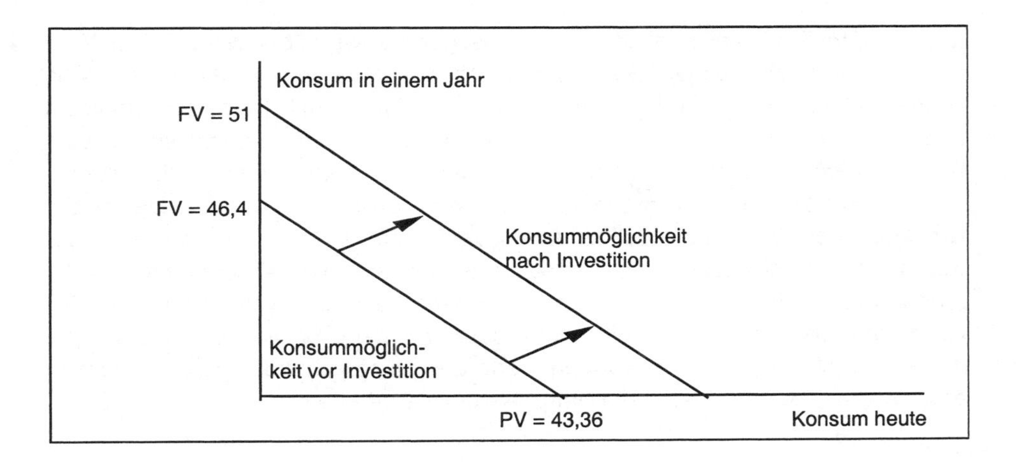


Abbildung 1.2: **Konsummöglichkeiten nach Investition**

Die gesamten Konsummöglichkeiten werden durch richtige Investitionsentscheidungen und mit Hilfe des Kapitalmarktes in allen Perioden verbessert, so dass die Investitionsentscheidung unabhängig von der Konsumentscheidung wird. Es sollten daher unter Sicherheit alle Investitionen getätigt werden, deren Renditen über den Opportunitätskosten des Kapitals liegen. Dies ist gleichbedeutend mit einer **Maximierung des Nettobarwerts.**

Bei diesem Beispiel wurde angenommen, dass
- die Marktteilnehmer Preisnehmer sind (jeder kann beliebig leihen und anlegen, ohne den Zins zu verändern),
- Leihen und Anlegen zum selben Preis möglich ist,
- Informationen sicher sind und allen zur Verfügung stehen,
- keine Steuern erhoben werden
- und es keine Inflation gibt.

Für die Realität der Finanzmärkte ist die Bedeutung dieser Einschränkungen sehr unterschiedlich. Auf den ersten Blick erscheint die Annahme eines Zinssatzes für Kredit und Anlage als völlig unplausibel. Dies ist für den privaten Anleger sicherlich richtig, gilt aber nicht für große Investoren und Banken. Für sie liegt der Unterschied bei ca. 0,05%. Bei der Bewertung von komplexen Produkten wird tatsächlich mit einem Mittelkurs gearbeitet und erst am Ende eine Spanne auf das Ergebnis gerechnet. Für die Bewertung von Finanzinstrumenten ist diese Annahme deshalb zulässig. Die Schwierigkeiten bei der Bewertung gehen eher von der Annahme des Preisnehmers aus. Nur wenige Produkte sind so liquide, dass auch größte Transaktionen ohne Preisbewegung abwickelbar sind. Selbst beim Devisenmarkt US$ gegen Euro, vermutlich dem liquidesten Markt der Welt, können beim Übergang in andere Zeitzonen auch mit kleineren Volumina durchaus Kurse bewegt werden. Daher gilt diese Annahme nur für sehr liquide Finanzmärkte, andernfalls wird die Preisfindung zu einem reinen Verhandlungsspiel. Dazu kommen die Steuern, so dass viele Projekte erst bei der Analyse der Renditen nach Steuern sinnvoll werden. Damit ändert sich die grundsätzliche Bewertungslogik nicht, jedoch bewirkt das Steuersystem eine Vielzahl von Verzerrungen bei den Preisen. Inflation spielt in erster Linie für private Investoren eine Rolle, da meist die reale Rendite im Vordergrund steht. Schließlich ist das Argument der Sicherheit durch Erwartungswerte und entsprechende Risikoprämien zu ersetzen. Im Kern bleibt aber die Nettobarwertidee erhalten.

## 1.2 Berechnung von Gegenwartswerten

Im ersten Teil wurden einige grundsätzliche Gedanken zum Thema Gegenwartswerte in Modellen mit einer Periode erörtert. Im Allgemeinen sind Zahlungsströme über mehr als eine Periode zu bewerten, so dass die Analyse entsprechend erweitert werden muss.

### 1.2.1 Gegenwartswerte bei mehreren Perioden

Ausgangspunkt sind zwei Zahlungen: 100 in einem Jahr und 100 in zwei Jahren. Der Zinssatz beträgt 7% p.a. Um den Gegenwartswert zu berechnen, müssen die Zahlungen diskontiert werden. Dabei wird die Zahlung des Jahres 2 zuerst auf Jahr 1 und dann auf heute abgezinst.

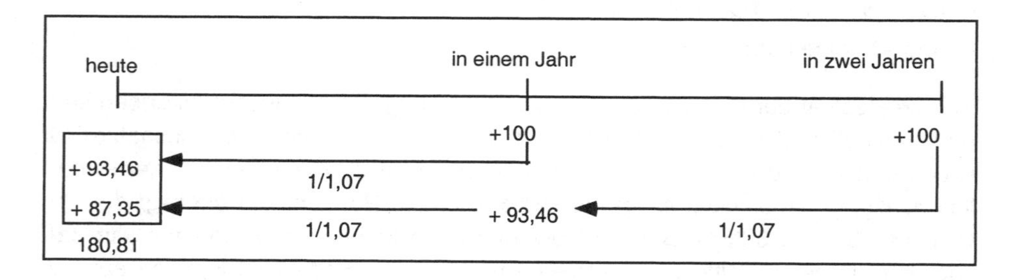


Abbildung 1.3: **Ermittlung des Gegenwartswertes eines Zahlungsstroms**

Zahlungsströme zum gleichen Zeitpunkt können addiert werden, so dass sich als Gegenwartswert 180,81 ergibt. Für jede Periode ist der jeweils relevante Zinssatz anzuwenden (vgl. 2.4). Im Folgenden wird in allen Perioden von identischen Zinssätzen ausgegangen. Allgemein errechnet sich der **Gegenwartswert** als **Summe der abgezinsten Zahlungen**:

$$PV = \frac{Z_1}{(1+r_1)^1} + \frac{Z_2}{(1+r_2)^2} + ...... + \frac{Z_n}{(1+r_n)^n} = \sum_{i=1}^{n} \frac{Z_i}{(1+r_i)^i}$$

Unabhängig von der Länge der Zahlungsreihe behält das **Entscheidungskriterium**, dass bei **positiven Nettobarwerten** die Investition ausgeführt werden sollte, seine Gültigkeit. Dies ist ein Vorteil im Vergleich zum Renditekriterium, das bei solchen Reihen schwieriger anzuwenden ist.

**Beispiel:**

Bei einem Zinssatz von 7% kann ein Investor sich für folgende Zahlungsreihe entscheiden: Er muss heute und in einem und in zwei Jahren jeweils 100 zahlen, bekommt dafür aber im Jahr 2 ein Einkommen von 400.

Tabelle 1.2

CASH FLOW

| Heute | Jahr 1 | Jahr 2 |
|---|---|---|
| – 100 | – 100 | – 100 |
| | | + 400 |
| | | + 300 |

$$NPV = -100 - \frac{100}{1{,}07} + \frac{300}{1{,}07^2} = 68{,}57$$

Die Investition sollte durchgeführt werden.

Es hat sich also gezeigt, dass es einfach ist, einen prognostizierten Cash Flow zu bewerten. Im Allgemeinen werden alle Auszahlungen mit negativen Vorzeichen, alle Einzahlungen mit positiven Vorzeichen versehen. Nach Diskontierung mit den entsprechenden Opportunitätszinssätzen, die oft auch eine Risikokomponente enthalten, ist jede Investition mit positivem Nettobarwert sinnvoll.

Eine andere Möglichkeit, die Investitionsentscheidung zu fällen, ist es, den Zinssatz zu suchen, bei dem der abdiskontierte Wert aller Ausgaben dem abdiskontierten Wert aller Einnahmen entspricht. Dies wird meist als **interne Kapitalverzinsung** (Internal Rate of Return = *IRR*) bezeichnet. Es wird also der Zinssatz gesucht, bei dem der **Nettobarwert einer Investition 0 ist.**

$$NPV = 0 = \sum_{i=0}^{n} \frac{Z_i}{(1+IRR)^i}$$

Die Auswahlentscheidung für ein Projekt entspricht dann dem Renditekriterium. Die Investition sollte verfolgt werden, wenn der interne Zinssatz größer als der Opportunitätssatz ist. Die Ergebnisse sind identisch, solange der Nettobarwert eine stetig fallende Funktion in Bezug auf den Zinssatz ist. Es kann zu Problemen kommen, wenn bei einem Cash Flow **mehr als einmal Aus- und Einzahlungen wechseln.**

**Beispiel:**

Mehrdeutige Ergebnisse für die interne Verzinsung entstehen bei mindestens zweifachem Vorzeichenwechsel im Cash Flow.

Tabelle 1.3

ZWEIFACHER VORZEICHENWECHSEL IM CASH FLOW

| Heute | Jahr 1 | Jahr 2 |
|---|---|---|
| – 4 000 | + 25 000 | – 25 000 |

Sowohl der Satz von 25%, als auch der Satz von 400% lässt den Nettobarwert 0 werden

$$-4\,000 + \frac{25\,000}{1{,}25} - \frac{25\,000}{1{,}25^2} = -4\,000 + 20\,000 - 16\,000 = 0$$

$$-4\,000 + \frac{25\,000}{5} - \frac{25\,000}{5^2} = -4\,000 + 5\,000 - 1\,000 = 0$$

Dies ist jedoch bei den meisten Wertpapieren unproblematisch, da in der Regel eine Auszahlung am Anfang steht und dann nur noch Geld empfangen wird.

Weiterhin kann der interne Zinsfuß **keine Zinsstruktur** abbilden. Bei der Errechnung von Barwerten ist es hingegen möglich, für unterschiedliche Zeiträume auch unterschiedliche Zinssätze zu benutzen. Diese Schwierigkeiten werden im Abschnitt 2.4 für Anleihen erörtert. Bei internem Zinsfuß wird von einer horizontalen Zinsstrukturkurve ausgegangen. Dies kann bei der Bewertung sehr unterschiedlicher Zahlungsreihen bei anderen Zinsstrukturen zu falschen Ergebnissen führen.

### 1.2.2 Gegenwartswerte bei Annuitäten

Ein interessanter Zahlungsstrom ist eine **Anlage ohne Rückzahlung**, dem Anleger fließen nur die Zinsen zu. Um ewig 100 zu bekommen, müssen bei einem Zinsniveau von 10% entsprechend 1 000 angelegt werden (vgl. 8.1).

$$PV \cdot r = Z \Leftrightarrow PV = \frac{Z}{r}$$

$$1\,000 = \frac{100}{0{,}1}$$

Soll jedoch die Zahlung von Jahr zu Jahr um den **Faktor *g* wachsen**, muss ein Teil der Zinsen dem Kapital zugeschlagen werden. Entsprechend höher ist der Preis des Zahlungsstroms. Für eine ewige Rente, beginnend im Jahr 1 mit einer Zahlung von 100, die dann pro Jahr um 4% wächst, kann dies mit Hilfe der Summenformel für eine geometrische Reihe gelöst werden (vgl. 8.1).

$$PV = \frac{Z}{1+r} + Z \cdot \frac{1+g}{(1+r)^2} + \ldots + Z \cdot \frac{(1+g)^{n-1}}{(1+r)^n} + \ldots$$

$$\Leftrightarrow PV = \frac{Z}{r-g}$$

$$PV = \frac{100}{0{,}1-0{,}04} = 1\,666{,}67$$

Es müssen also 1 666,67 angelegt werden, damit im Jahr 2 eine jährliche Steigerung der Zahlung von 4% beginnt.

## 1.3 Gegenwartswerte bei Anleihen und Aktien

Grundsätzlich eignet sich die Barwertanalyse für jede Art von Zahlungsströmen. Für den Bankbereich sind jedoch besonders Renten und Aktien interessant. Im

Kapitel 2 wird nach einigen einführenden Gedanken die Analyse von Anleihen ausführlich aufgenommen.

### 1.3.1 Gegenwartswerte bei Anleihen

In den Anleihebedingungen ist der **versprochene Zahlungsstrom** einer Anleihe genau festgelegt. Um einen Barwert zu ermitteln, müssen die Zahlungen mit dem **entsprechenden Alternativsatz** für eine gleich lange Periode **abgezinst** werden.

Im Jahr 2005 ergibt sich für eine 10%-Anleihe bis 2010 bei einem Opportunitätssatz von 7% folgender Cash Flow:

Tabelle 1.4
CASH FLOW EINER ANLEIHE

| 2005 | 2006 | 2007 | 2008 | 2009 | 2010 |
|---|---|---|---|---|---|
| ? | 10 | 10 | 10 | 10 | 110 |

$$PV = \frac{10}{1{,}07^1} + \frac{10}{1{,}07^2} + \frac{10}{1{,}07^3} + \frac{10}{1{,}07^4} + \frac{110}{1{,}07^5} = 112{,}30$$

Der theoretische Preis der Anleihe muss also 112,30 betragen. Ist der Preis bekannt, kann das Problem auch einfach umgedreht werden, d.h. ausgehend vom Preis wird nach dem internen Zinssatz aufgelöst. Dies wird als Effektivverzinsung ($r_e$) einer Anleihe bezeichnet und beinhaltet die implizite Annahme, dass der Diskontierungszins für alle Perioden der gleiche ist. Dies entspricht der Vorstellung, dass eine Anleihe nur eine Rendite haben kann, entsprechend geht aber die Möglichkeit, unterschiedliche Zeitpunkte anders abzuzinsen, verloren. Bei einer Renditekennzahl verliert man die Informationen aus der Zinsstruktur.

$$IRR = r_e$$

für

$$Preis = \sum_{i=1}^{n} \frac{Z_i}{(1+r_e)^i}$$

Beträgt der Preis der Anleihe 107,99, ergibt sich:

$$\frac{10}{(1+IRR)^1}+\frac{10}{(1+IRR)^2}+\frac{10}{(1+IRR)^3}+\frac{10}{(1+IRR)^4}+\frac{110}{(1+IRR)^5}=107{,}99 \Rightarrow IRR = 8\%$$

$$\frac{10}{1{,}08^1}+\frac{10}{1{,}08^2}+\frac{10}{1{,}08^3}+\frac{10}{1{,}08^4}+\frac{110}{1{,}08^5}=107{,}99$$

Generell sollten Anleihen, deren Kurs unter dem Barwert liegt, gekauft und Anleihen, deren Kurs darüber liegt, verkauft werden. Dies bedeutet für den Effektivzins, dass diejenigen Anleihen erworben werden sollten, die in einem Laufzeitsegment den höchsten Satz erbringen.

## 1.3.2 Bewertung von Aktien

Der **Wert einer Aktie** ($P_0$) kurz nach dem Dividendentermin setzt sich einerseits aus der **erwarteten Dividende** (*DIV*) und andererseits aus dem **erwarteten Kurs ex Dividende** ($P_1$) in einem Jahr zusammen. Dieser erwartete Wert muss dann mit einem angemessenen Zinssatz abdiskontiert werden.

$$P_0 = \frac{DIV_1 + P_1}{1+r}$$

**Beispiel:**

Bei einer erwarteten Dividende von 5 und einem erwarteten Kurswert von 110 muss bei einer Diskontierung mit 15% der Wert der Aktie bei 100 liegen:

$$P_0 = \frac{5+110}{1{,}15} = 100$$

Ausgehend von vollständiger Information, verkaufen Investoren das Papier, wenn der Kurs über 100 liegt. Das führt zum Sinken des Kurswertes der Aktie. Alternativ würden sie bei unter 100 kaufen, so dass sich ein Gleichgewicht bei 100 einstellen wird.

Jedoch ist die zukünftige Dividende vermutlich leichter zu schätzen als der zukünftige Preis. Bei Verlängerung der Analyse um eine Periode gilt daher für den Barwert in Periode 1:

$$P_1 = \frac{DIV_2 + P_2}{1+r}.$$

Eingesetzt in die Ursprungsformel ergibt sich dann der Barwert für die Periode 0:

$$P_0 = \frac{DIV_1}{1+r} + \frac{DIV_2 + P_2}{(1+r)^2}$$

**Beispiel:**

Erwarten die Investoren eine Dividendensteigerung auf 5,5 und einen Preis $P_2$ von 121, ergibt sich weiterhin ein rechnerischer Preis von 100.

$$P_0 = \frac{5}{1{,}15} + \frac{5{,}5 + 121}{1{,}15^2} = 100$$

Dies kann natürlich leicht weiter in die Zukunft ausgedehnt werden, so dass folgender Zahlungsstrom bewertet werden muss:

$$P_0 = \frac{DIV_1}{(1+r)^1} + \frac{DIV_2}{(1+r)^2} + .... + \frac{DIV_h}{(1+r)^h} + ....$$

Es wird nichts anderes als der **Gegenwartswert für die diskontierten Dividenden** errechnet. Da Eigenkapital im Regelfall der Firma bis zum Konkurs zur Verfügung steht, kann die Formel für eine Annuität mit wachsenden Zahlungen benutzt werden.

$$P_0 = \frac{DIV_1}{r-g}$$

Um den **Wert** einer **Aktie** zu bestimmen, muss, ausgehend von der **Dividende,** "nur" noch deren **Wachstum** (*g*) und ein entsprechender **Diskontierungsfaktor** geschätzt werden. Diese Gedanken können am besten mit Hilfe einiger Beispiele verdeutlicht werden:

**Beispiel:**

Die Firma Ewig zahlt 20 € Dividende. Es sieht so aus, als ob sich dies nie ändern wird. Der Investor ist risikoneutral und beurteilt dies wie eine Kapitalanlage mit dem Opportunitätssatz von 15%. Entsprechend ist ihm die Aktie 133,33 wert.

$$P = \frac{20}{0{,}15} = 133{,}33$$

Ein **risikofreudiger** Anleger sieht die Zahlungen eher bei einem Opportunitätssatz von 12%. Entsprechend ergibt sich für ihn ein Wert von 166,67.

$$P = \frac{20}{0{,}12} = 166{,}67$$

Ein **risikoscheuer** Anleger diskontiert mit 25%, daraus ergibt sich dann nur noch ein Wert von 80.

$$P = \frac{20}{0{,}25} = 80$$

Die Bewertung eines Dividendenstroms ist also stark abhängig von dem gewählten Opportunitätssatz. Dieser Gedanke wird in Abschnitt 4.1 wieder aufgenommen.

Jedoch spielt bei der Bewertung die **Wachstumsprognose** eine ähnlich wichtige Rolle.

**Beispiel:**

Bei der Aktiengesellschaft Zukunft wird im Moment zwar nur eine Dividende von 8 gezahlt, der Investor erwartet jedoch eine Steigerung von 10% pro Jahr in der Zukunft. Bei einem Diskontierungssatz von 15% ergibt dies einen rechnerischen Wert von 160.

$$PV = \frac{8}{0{,}15 - 0{,}10} = 160$$

An dieser Stelle sind einige **Warnungen** zu Formeln mit **konstanten Wachstumsfaktoren** angebracht. Sie sind sehr hilfreich, um ein Gefühl für das Problem zu entwickeln, aber meist für konkrete Entscheidungen zu ungenau. Folgende Probleme treten auf:

1. Die Bestimmung des **Abzinsungssatzes** ist sehr **schwierig.**
2. Es ist sehr gefährlich, Aktien von Firmen, die **im Moment ein starkes Wachstum** haben, in dieser Weise zu bewerten. Es ist sehr unwahrscheinlich, dass dies sehr lange anhält.
3. Wenn eigene Rechnungen stark von der Marktbewertung abweichen, hat man sich wahrscheinlich bei den **Dividenden verschätzt**.

In der Praxis wird oft zwischen **Dividendenwerten und Wachstumswerten** unterschieden. Dies darf theoretisch bei der Bewertung zu keinen Unterschieden führen. Entscheidend ist letztlich der **Gewinn pro Aktie** (**Earnings Per Share** = *EPS*). Bei einem Dividendenwert werden die Gewinne voll ausgeschüttet, so dass praktisch kein Wachstum stattfindet. Im Extremfall bleibt dann die **Dividendenzahlung konstant,** es handelt sich um eine unendliche Rente. Bei einer Dividende von 10 und einem Abzinsungsfaktor von 15% bedeutet dies:

$$P_0 = \frac{DIV}{r} = \frac{EPS}{r} = \frac{10}{0{,}15} = 66{,}667$$

Die **Rendite für wachsende Firmen** kann über oder unter einer solchen Rendite liegen. Das entscheidende Argument für einen Wachstumswert ist, dass neue **Investitionen in der Firma** aus Risiko- und Renditegesichtspunkten **besser sind als die Marktinvestition** der Ausschüttung durch den Aktionär. Wird das Einkommen pro Aktie nur zu 5 ausgeschüttet und folglich 5 reinvestiert, ergibt sich bei einem erwarteten Dividendenwachstum von 10% ein Aktienkurs von 100.

$$P_0 = \frac{DIV}{r - g} = \frac{5}{0{,}15 - 0{,}10} = 100$$

Bei höherem erwarteten Wachstum ist der Wert entsprechend größer, bei niedrigerem Wachstum geringer.

### 1.3.3 Beispielanalyse für Ausfallrisiken

Im Folgenden soll beispielhaft das Problem der Bewertung von drei Krediten analysiert werden. Die Firmen Star, Cow und Dog haben einen Kredit für ein Jahr über 1 Mio. aufgenommen. Neben dem Zinssatz fallen keine weiteren Gebühren an. Als erstes müssen die drei Kredite auf Ihre Bonität untersucht werden. Benutzt man als Rating-Kriterien den Ansatz von Moody´s Investor Service, können den drei Krediten folgende Bonitätsstufen und damit Ausfallwahrscheinlichkeiten im nächsten Jahr zugeordnet werden (vgl. Carty & Liebermann 1997):

Tabelle 1.5
**AUSFALLWAHRSCHEINLICHKEITEN**

| Firma | Rating | Ausfallwahrscheinlichkeit | vereinbarter Zins |
|---|---|---|---|
| Star | Aa | 0,03% | 5,20% |
| Cow | Baa | 0,12% | 5,40% |
| Dog | B | 7,27% | 9,00% |

Außerdem ergab sich in der Vergangenheit, dass bei Insolvenz 47,54% der Kreditsumme wieder zurückgewonnen werden konnte. Diese Daten sind allerdings aus dem amerikanischen Markt gewonnen und beziehen sich auf Anleihen. Da es aber zur Zeit kein besseres Datenmaterial für Deutschland gibt, wird es hier für die weiteren Überlegungen herangezogen. Um die Standardrisikokosten zu ermitteln, muss ein risikobehafteter Kredit im Durchschnitt mindestens den gleichen Ertrag wie ein risikofreier Kredit erbringen. Damit ergibt sich:

$$\underbrace{1+r_{frei}}_{Risikofrei} = \underbrace{(1-p_{Ausfall})(1+r_{frei}+r_{risk\_min})}_{nicht\ ausgefallene\ Kredite} + \underbrace{p_{Ausfall}\cdot Recovery\cdot(1+r_{frei}+r_{risk\_min})}_{Quote\ bei\ ausgefallenen\ Krediten}$$

$$1+r_{frei} = (1+r_{frei}+r_{risk\_min})\cdot[1-p_{Ausfall}+p_{Ausfall}\cdot Recovery]$$

$$\frac{1+r_{frei}}{1-p_{Ausfall}+p_{Ausfall}\cdot Recovery} = 1+r_{frei}+r_{risk\_min}$$

$$r_{risk\_min} = \frac{1+r_{frei}}{1-p_{Ausfall}+p_{Ausfall}\cdot Recovery} - \frac{(1+r_{frei})\cdot(1-p_{Ausfall}+p_{Ausfall}\cdot Recovery)}{1-p_{Ausfall}+p_{Ausfall}\cdot Recovery}$$

$$r_{risk\_min} = (1+r_{frei})\cdot\frac{p_{Ausfall}\cdot(1-Recovery)}{1-p_{Ausfall}\cdot(1-Recovery)}$$

$$r_{risk\_min} = (1+r_{frei})\cdot\frac{Ausfallwahrscheinlichkeit\cdot Ausfallverlust}{1-Ausfallwahrscheinlichkeit\cdot Ausfallverlust}$$

$r_{frei}$ = risikofreier Zins
$r_{risk\_min}$ = minimaler Aufschlag für das Ausfallrisiko
$p_{Ausfall}$ = Ausfallwahrscheinlichkeit
*Recovery* = Konkursquote

Bei einem risikofreien Zins von 5% ergibt sich also:

$$r_{risk\_min\_Star} = (1+0{,}05)\cdot\frac{0{,}0003\cdot(1-0{,}4754)}{1-0{,}0003\cdot(1-0{,}4754)} = 0{,}0165\%$$

$$r_{risk\_min\_Cow} = (1+0{,}05)\cdot\frac{0{,}0012\cdot(1-0{,}4754)}{1-0{,}0012\cdot(1-0{,}4754)} = 0{,}0661\%$$

$$r_{risk\_min\_Dog} = (1+0{,}05)\cdot\frac{0{,}0727\cdot(1-0{,}4754)}{1-0{,}0727\cdot(1-0{,}4754)} = 4{,}1633\%$$

Im Regelfall genügt aber die Abschätzung über die vereinfachte Form.

$$r_{risk\_min} = Erwarteter\_Ausfall = Ausfallwahrscheinlichkeit \cdot Ausfallverlust$$

$$r_{risk\_min\_Star} = 0{,}03\% \cdot 0{,}5246 = 0{,}0157\%$$

$$r_{risk\_min\_Cow} = 0{,}12\% \cdot 0{,}5246 = 0{,}06295\%$$

$$r_{risk\_min\_Dog} = 7{,}27\% \cdot 0{,}5246 = 3{,}814\%$$

Die Standardrisikokosten schwanken aber im Zeitablauf stark, so dass ein zusätzlicher Sicherheitssatz addiert werden muss. Dies hängt von der Einschätzung des Kreditrisikomanagements ab. Schließt ein Firmenkundenbetreuer einen Kredit ab, bekommt er von der Treasury den Preis für die Zeit, d.h. den risikofreien laufzeitkongruenten Zinssatz, als Verrechnungspreis gestellt. Dieser orientiert sich an der Bonität der Bank und wird im Beispiel mit 5% angenommen. Nun müsste die Kreditrisikogruppe den Preis für das entsprechende Kreditrisiko stellen. Damit versichert die Kreditgruppe als Profit Center das Ausfallrisiko für den Firmenkundenbetreuer. Da die Schwankungen der Ausfälle bei schlechteren Ratings zunehmen, erhöht sich auch der zusätzliche Risikoaufschlag. Beispielhaft wird der gesamte Risikoaufschlag für die drei Firmen wie folgt gestellt:

Tabelle 1.6

**AUSFALLWAHRSCHEINLICHKEITEN**

| Firma | Rating | Risikoaufschlag | vereinbarter Zins |
|---|---|---|---|
| Star | Aa | 0,02% | 5,20% |
| Cow | Baa | 0,09% | 5,40% |
| Dog | B | 5,00% | 9,00% |

Für den Firmenkundenbetreuer ist der Kredit nun ein risikoloses Geschäft. Das Refinanzierungsproblem wird von der Treasury übernommen, das Ausfallrisiko von der Kreditgruppe. Entsprechend ergeben sich folgende Nettobarwerte:

$$NPV_{Star} = -1\,000\,000{,}00 + \frac{1\,052\,000{,}00}{1 + 0{,}05 + 0{,}0002} = 1\,713{,}96$$

$$NPV_{Cow} = -1\,000\,000{,}00 + \frac{1\,054\,000{,}00}{1 + 0{,}05 + 0{,}0009} = 2\,949{,}85$$

$$NPV_{Dog} = -1\,000\,000{,}00 + \frac{1\,090\,000{,}00}{1 + 0{,}05 + 0{,}05} = -9\,090{,}91$$

Aus diesem Nettobarwert müssen jetzt noch alle Kosten des Firmenkundenbetreuers bezahlt werden. Da risikoreichere Kredite meist auch arbeitsaufwendiger sind, ist der Kredit an Dog ein schlechtes Geschäft für den Kreditgeber. Dies bedeutet jedoch nicht, dass die besten Bonitäten die höchsten Gewinne abwerfen. Im Beispiel zeigt sich auf der mittleren Bonitätsstufe, also bei dem Kredit an Cow, der höchste Nettobarwert, hier werden die Risiken am relativ besten bezahlt.

*Literatur: Brealey/Myers (2000), Weston (1993); Ong (1999)*

# 2.

# Finanzmathematik

# 2 Finanzmathematik

Während in der wissenschaftlichen **Literatur** die Analyse und der Vergleich von **Barwerten** als bestes Entscheidungskriterium angesehen werden, ist in der **Praxis der Wertpapiermärkte** nach wie vor die **Effektivverzinsung** das entscheidende Kriterium. Dies liegt auch an der Besonderheit, dass ein mehrfaches Wechseln von Einzahlungen und Auszahlungen in der Regel nicht vorkommt. Darüber hinaus haben sich die Akteure daran gewöhnt, in **Renditen** zu **denken**, so dass eine ausführliche Analyse dieses Bereichs für Finanzmarktteilnehmer sehr wichtig ist.

In diesem Abschnitt werden zuerst die Grundlagen der **Effektivverzinsung** einschließlich einiger **Näherungsformeln** bei festverzinslichen Wertpapieren besprochen. Anschließend werden Papiere des **Geldmarkts** analysiert, denen in der Regel eine lineare Zinsverteilung zugrunde liegt. Danach wird der **Anleihenmarkt** bei glatter Restlaufzeit diskutiert und unter diesem Gesichtspunkt auch die **Zinsstrukturkurve** und das **Zinsänderungsrisiko** behandelt. Schließlich werden dann Effektivzinsen bei **gebrochenen Laufzeiten** mit einbezogen.

## 2.1 Grundlagen der Effektivverzinsung

Grundsätzlich ist es denkbar, anfallende Zahlungen auf den Endpunkt des Zahlungsstroms aufzuzinsen, d.h. theoretisch **wiederanzulegen**, um daraus den Effektivzins zu ermitteln. Dies geschieht beispielsweise bei **Krediten** und ist sogar in Deutschland in der **Preisangabenverordnung** vorgeschrieben. **Wertpapierhändler** denken jedoch in Kursen, so dass die Zahlungen auf den **Abrechnungstag** bezogen werden. Die zukünftigen Zahlungen werden also auf den Valutatag **abgezinst**.

Beim Kauf **zwischen** zwei **Kuponterminen** muss der Käufer meist auch anteilig Zinsen für die bereits abgelaufene Zeit des nächsten Kupons entrichten; es müssen bei Erwerb zusätzlich **Stückzinsen** gezahlt werden. Die **Kurse** werden jedoch meist **clean** notiert, d.h. ohne Stückzinsen, während sich die Effektivzinsen im Regelfall auf die geleistete Zahlung, also einschließlich der Stückzinsen, beziehen **(dirty price).**

Bei verbrieftem Fremdkapital handelt es sich in der Regel um endfällige Papiere mit regelmäßigen Zinszahlungen, so dass bei der Entwicklung von Rechenformeln einige Vereinfachungen möglich sind. Bei **Renditen** sind **unterschiedliche Definitionen üblich**, die im Weiteren kurz erläutert werden. Zur Verdeutlichung dient eine Anleihe mit folgenden Ausstattungsmerkmalen:

**Beispielanleihe:**

Kupon: 8%

Restlaufzeit: 9 Jahre

Tilgung: 102

Kündigungsmöglichkeit für Emittenten (Call): nach 5 Jahren zu 104

Kurs: 110

Da eine glatte Restlaufzeit vorliegt, müssen auch keine Stückzinsen gezahlt werden, der dirty price entspricht also dem clean price.

### ❑ Nominalverzinsung

Dies ist der vom Emittenten versprochene Zinssatz, im Regelfall also der **Kupon**. Bezogen auf das Beispiel beträgt er 8%. Da hier jedoch weder Kapitaleinsatz noch mögliche höhere Rückzahlungen miteinbezogen werden, spielt diese Verzinsung nur im Hinblick auf das direkt zufließende Geld und die Besteuerung im privaten Vermögen eine Rolle.

### ❑ Laufende Verzinsung (current yield)

Die laufende Verzinsung ist der Quotient aus **Nominalverzinsung** und **Kapitaleinsatz**. Dies trägt dem einfachen Zusammenhang Rechnung, dass ein gleicher Kupon bei geringerem Kapitaleinsatz eine höhere Rendite erbringen muss.

$$r_c = \frac{Kupon}{Kurs}$$

**Beispiel:**

$$r_c = \frac{8}{110} = 7{,}27\%$$

Bei dieser Berechnung bleiben Disagiogewinne oder -verluste außer Betracht, so dass sie auch nur ein sehr ungenaues Maß für die Rendite eines Wertpapiers sind. Bei der Berechnung einer Rendite müssen aber Zins, Ausgabekurs, Rückzahlungskurs und Tilgungsmodalitäten berücksichtigt werden, um einen genauen Effektivzins zu erhalten.

### ❑ Einfache Verzinsung (simple yield-to-maturity)

Bei dieser oft auch als kaufmännisch bezeichneten Methode werden **Zins** und **anteiliger Rückzahlungsgewinn** auf das **eingesetzte Kapital** bezogen und **linear** über die Laufzeit **verteilt**.

$$r_{sim} = \frac{Kupon + \frac{(Rückzahlung - Kurs)}{Laufzeit}}{Kurs}$$

> **Beispiel:**
>
> $$r_{sim} = \frac{8 + \frac{(102 - 110)}{9}}{110} = 6{,}47\,\%$$

Dies ergibt eine erste **Annäherung für eine Effektivverzinsung**. Allerdings spielt hier der **Zeitpunkt** der Disagiogewinne und -verluste **keine Rolle**, daher eignet sich dieses Verfahren nur für **Überschlagsrechnungen** bzw. für erste Näherungen bei Iterationsverfahren. Unterjährige Kupons werden nicht berücksichtigt, so dass sich dieses Verfahren kaum bei mehr als einer Kuponzahlung im Jahr anbietet. Das Ergebnis liegt allerdings relativ nah beim finanzmathematisch exakten Effektivzins von 6,66 (vgl. 2.3.1).

### ❑ Yield-to-call, Yield-to-put

Hat der **Emittent** einer Anleihe das Recht, die Anleihe zu **kündigen (Call),** wird er bei fallenden Zinsen davon Gebrauch machen. Im Regelfall gibt dann die Yield-to-call über die Rendite im entsprechenden Zeitraum Auskunft. Meist sollten Papiere, die über dem Kündigungskurs notieren, mit der Yield-to-call-Rendite bewertet werden, da eine Kündigung wahrscheinlich ist.

Beim Yield-to-put hat der **Anleihekäufer** das **Kündigungsrecht (Put)**, das er in der Regel bei steigenden Zinsen ausüben wird, um Renditeverbesserungen zu erreichen.

### ❑ Yield to average life

Bei laufenden Tilgungen wird nicht auf die letzte Tilgungstranche abgestellt, sondern eine Rendite in Bezug auf die mittlere Restlaufzeit errechnet.

Bei der Berechnung von **Renditen** wird auf dem **Geldmarkt** und dem **Anleihemarkt** unterschiedlich vorgegangen. Da der Geldmarkt relativ ähnlich der Vorgehensweise der einfachen Zinsberechnung ist, wird er hier zuerst analysiert.

## 2.2 Verzinsung von Geldmarktpapieren

Im Regelfall wird auf dem Geldmarkt mit **endfälligen Papieren ohne laufende Zinszahlung** gearbeitet. Sie haben in der Regel eine Laufzeit unter einem Jahr, so dass der Effektivzins leicht zu berechnen ist. Im Gegensatz zu den anschließend behandelten Anleihen werden die **einfachen Zinsen** berechnet, d.h. nur mit dem **Anteil der Tage an der Periode** gewichtet.

Die **Zinstage** werden von Land zu Land unterschiedlich gezählt. Generell werden die **wirklich abgelaufenen Tage (actual)** berechnet und dann durch die **Basisperiode** (in der Regel ein Jahr) geteilt. Dabei wird das **Jahr** zum Teil mit **360 Tagen** (USA, Deutschland), zum Teil aber auch mit **365 Tagen** (Großbritannien) berechnet. Die alte Usance in Deutschland waren sogar 30 Zinstage pro vollständig abgelaufenem Monat (vgl. Abschnitt 2.6.1).

### 2.2.1 Diskontpapiere

In den meisten Fällen ist eine **Zinseszinsberechnung nicht erforderlich**, da zwischenzeitlich keine Cash Flows anfallen. Eine **einfache Diskontierung des Rückzahlungsbetrages** mit dem **Effektivzins** ergibt den **Kaufpreis**. Beispiele für solche Typen sind Handelswechsel, Schatzwechsel, Treasury Bills und meistens Commercial Papers.

Generell folgt bei Diskontpapieren aus der simple yield-to-maturity:

$$r = \frac{Rückzahlung - Preis}{Preis \cdot \frac{Haltedauer}{Basisperiode}}$$

Der Zähler der Formel gibt den Ertrag an, der während der Haltedauer zufließt, während der Nenner dies ins Verhältnis zum eingesetzten Kapital, bezogen auf die Bindungsdauer, setzt. Dies soll an einem Beispiel verdeutlicht werden.

**Beispiel:**

Abrechnungstag: 15.5.2000

Fälligkeit: 1.8.2000

Preis: 98,69

a) Usance: $\frac{act}{360}$ (in Deutschland Geldmarktusance unter Banken)

b) Usance: $\frac{30}{360}$ (in Deutschland i.d.R. Geldmarktusance bei Kunden)

Zuerst müssen die Tage berechnet werden. Bei der Usance a) sind dies 78, während bei der Usance b) durch die Monatszählweise mit 30 Tagen nur mit 76 Tagen gerechnet wird.

Daraus ergibt sich eine Verzinsung von

a) $$r_e = \frac{100 - 98{,}69}{98{,}69 \cdot \frac{78}{360}} = \frac{1{,}31}{21{,}3828} = 6{,}126\%,$$

b) $$r_e = \frac{100 - 98{,}69}{98{,}69 \cdot \frac{76}{360}} = \frac{1{,}31}{20{,}8346} = 6{,}288\%.$$

Wenn der Zins für **unterschiedliche Basisperioden** berechnet werden soll, kann er leicht **umgerechnet** werden. Aufgrund des linearen Zusammenhangs gilt:

$$IRR_{360} \cdot \frac{365}{360} = IRR_{365}$$

## 2.2.2 Einmalige Zinszahlung bei Fälligkeit

In seltenen Fällen werden Geldmarktpapiere auch zum Nennbetrag ausgegeben und dann bei Fälligkeit **einschließlich einer Zinszahlung zurückbezahlt**. Da diese Papiere einen Nominalzins ($C$) haben, muss beim Kauf während der Laufzeit mit **Stückzinsen** gearbeitet werden. Daraus ergibt sich dann folgende Formel:

$$r_e = \frac{Rückz. + Laufzeit \cdot Kupon - Preis - Stückzinsen}{(Preis + Stückzinsen) \cdot \frac{Haltedauer}{Basisperiode}}$$

Auch hier gibt der Zähler die Differenz von Zahlung bei Kauf und dem am Ende zu erhaltenden Betrag an. Dies muss auf das eingesetzte Kapital, gewichtet mit der Haltedauer, bezogen werden. Der Unterschied zu Diskontpapieren liegt in den eventuell zu leistenden Stückzinsen auf den Kupon.

**Beispiel:**

Emission: 5.3.2000
Kaufvaluta: 15.5.2000
Fälligkeit: 20.6.2000
Kupon: 6%
Preis: 99,975
Usance: 30/360

Von der Emission bis zum Kauf sind 70 Tage vergangen, bis zur Fälligkeit wird das Papier dann weitere 35 Tage gehalten, so dass die Gesamtlaufzeit 105 Tage beträgt.

$$r_e = \frac{100 + \frac{105}{360} \cdot 6 - \left(99{,}975 + \frac{70}{360} \cdot 6\right)}{\left(99{,}975 + \frac{70}{360} \cdot 6\right) \cdot \frac{35}{360}} = 6{,}19\%$$

*Literatur: Uhlir/Steiner (1991), Wagner (1988)*

## 2.3 Effektivverzinsung bei Anleihen mit glatter Restlaufzeit

Bei der Analyse von Gegenwartswerten wird der Zinssatz der entsprechenden Periode genutzt, um den Barwert eines Cash Flows zu ermitteln. Diese Form der Bewertung wird meist bei Projekten angewandt, um die Kosten mit den möglichen Erträgen vergleichbar zu machen. Da aber am Rentenmarkt in der Regel ein **Kurs zur Verfügung steht**, wird als Vergleichskriterium von Anleihen meist die **Effektivverzinsung** (*IRR*, Internal Rate of Return) herangezogen. Die Effektivverzinsung ist der Zinssatz, mit dem man alle **zukünftigen Zahlungen abzinsen** muss, damit ihr **Barwert** dem **Kurs** der Anleihe entspricht.

$$P = \frac{C_1}{(1+IRR)^1} + \frac{C_2}{(1+IRR)^2} + \frac{C_3}{(1+IRR)^3} + ..... + \frac{C_n + Rückzahlung}{(1+IRR)^n}$$

Der Zinssatz (*IRR*), der diese Gleichung löst, ist also die **Effektivverzinsung** ($r_e$). Da es sich im Regelfall um eine **Gleichung *n-ten* Grades** handelt, muss die Lösung durch ein **Iterationsverfahren** gefunden werden. Bessere kaufmännische Taschenrechner und Computerprogramme bieten dies für glatte Restlaufzeiten regelmäßig an, so dass hier entsprechende Formeln nur kurz erwähnt werden.

### 2.3.1 Endfällige Anleihen

Die einfachste Form der endfälligen Anleihe ist der **Zerobond**. Die Verzinsung beruht nur auf dem **Unterschiedsbetrag** von **Ausgabepreis** und **Rückzahlung**. Bei der finanzmathematischen Betrachtung ist es egal, ob es sich um einen **Zinssammler (Aufzinsungspapier)** handelt, d.h. Zinsen werden nicht ausgeschüttet, sondern wieder angelegt, oder ob es sich um ein **Diskontpapier (Abzinsungspapier)** handelt. Da alle Kupons gleich 0 sind, reduziert sich die Formel auf:

$$P = \frac{Rückzahlung}{(1+IRR)^n}.$$

So lässt sich der Effektivzins leicht ermitteln.

$$r_e = IRR = \left(\frac{Rückzahlung}{P}\right)^{\frac{1}{n}} - 1$$

**Beispiel:**

Die Effektivverzinsung eines 5-jährigen Zerobonds mit einer Laufzeit von 5 Jahren und einem Ausgabekurs von 62,09 ist also 10%.

$$r_e = IRR = \left(\frac{100}{62{,}09}\right)^{\frac{1}{5}} - 1 = 10\%$$

Als Usance wird in Deutschland von einer **jährlichen Zinsvergütung** ausgegangen, die dann zum Effektivsatz wieder angelegt wird. Da es jedoch auch Anleihen gibt, die **halbjährlich zahlen**, sollte genau analysiert werden, wie solche Papiere bewertet werden müssen. Bei mehreren Zahlungen im Jahr können Beträge schon **unterjährig** wieder angelegt werden. Sie werden dann entsprechend **mitverzinst**. Eine Anlage von 1000 über 3 Jahre, die mit 6% verzinst wird, erreicht einen Endwert von 1191,02.

Tabelle 2.1

**JÄHRLICHE VERZINSUNG MIT 6%**

| Jahr | PV | Verzinsung | FV |
|---|---|---|---|
| 1 | 1 000,00 | ·1,06 | = 1 060,00 |
| 2 | 1 060,00 | ·1,06 | = 1 123,60 |
| 3 | 1 123,60 | ·1,06 | = 1 191,02 |

Ist der Zinsmodus halbjährlich, wird jeweils die Hälfte der Zinsen bereits in der Jahresmitte ausgeschüttet. Da sie schon zu diesem Zeitpunkt wieder angelegt werden können, ergibt sich folgende Zahlungsreihe:

| Tabelle 2.2<br>**HALBJÄHRLICHE VERZINSUNG MIT 6%** | | | |
|---|---|---|---|
| **Jahr** | **PV** | **Verzinsung** | **FV** |
| 0,5 | 1 000,00 | ·1,03 | = 1 030,00 |
| 1 | 1 030,00 | ·1,03 | = 1 060,90 |
| 1,5 | 1 060,90 | ·1,03 | = 1 092,73 |
| 2 | 1 092,73 | ·1,03 | = 1 125,51 |
| 2,5 | 1 125,51 | ·1,03 | = 1 159,27 |
| 3 | 1 159,27 | ·1,03 | = 1 194,05 |

Durch die Möglichkeit der früheren Wiederanlage steigt der gesamte Zinserfolg bis zur Periode 3 von 191,02 auf 194,05. Soll sich diese Wirkung im Zinssatz widerspiegeln, muss bei einer nicht jährlichen Verzinsung der **Periodeneffektivsatz** auf einen **Jahreseffektivsatz** hochgerechnet werden. Daraus resultiert entsprechend die Formel:

$$IRR_{ann\_effektiv} = \left(1 + \frac{IRR_{nominal}}{Kupons\ pro\ Jahr}\right)^{Kupons\ pro\ Jahr} - 1$$

**Beispiel:**

$$IRR_{ann} = \left(1 + \frac{0{,}06}{2}\right)^{2} - 1 = 0{,}0609 = 6{,}09\%$$

Die Umrechnung bezieht sich nur auf den Wiederanlageeffekt. Legt man zu diesem Satz einen Betrag jährlich an, erhält man das gleiche Endvermögen wie bei halbjährlicher Zahlung:

| Tabelle 2.3<br>JÄHRLICHE VERZINSUNG MIT DEM PERIODENEFFEKTIVSATZ | | | |
|---|---|---|---|
| **Jahr** | **PV** | **Verzinsung** | **FV** |
| 1 | 1 000,00 | $\cdot 1{,}0609$ | $= 1\,060{,}90$ |
| 2 | 1 060,90 | $\cdot 1{,}0609$ | $= 1\,125{,}51$ |
| 3 | 1 125,51 | $\cdot 1{,}0609$ | $= 1\,194{,}05$ |

Erhöht man die Zahlungen pro Jahr weiter, ergibt sich bei einer monatlichen Zahlung und einem Nominalzins von 6% ein Effektivsatz von 6,17%.

$$IRR_{ann} = \left(1 + \frac{0{,}06}{12}\right)^{12} - 1 = 0{,}0617 = 6{,}17\%$$

Auch der Zukunftswert kann dann leicht in Abhängigkeit von der Häufigkeit der Kuponzahlungen ermittelt werden.

$$FV = PV \cdot \left(1 + \frac{Nominalzinssatz}{Kupons\ pro\ Jahr}\right)^{Laufzeit \cdot Kupons\ pro\ Jahr}$$

$$1194{,}05 = 1000 \cdot \left(1 + \frac{0.06}{2}\right)^{3 \cdot 2}$$

Mit dieser Formel kann dann der Effekt einer Verkürzung der Zinsperioden untersucht werden. Bei der Anlage von 100 zu 10% für 5 Jahre entstehen

- bei jährlicher Verzinsung $100 \cdot \left(1 + \frac{0{,}1}{1}\right)^{1 \cdot 5} = 161{,}05$

- bei halbjährlicher Verzinsung $100 \cdot \left(1 + \frac{0{,}1}{2}\right)^{2 \cdot 5} = 162{,}89$

- bei monatlicher Verzinsung $100 \cdot \left(1 + \frac{0{,}1}{12}\right)^{12 \cdot 5} = 164{,}53$

– bei täglicher Verzinsung $100 \cdot \left(1+\frac{0,1}{365}\right)^{365 \cdot 5} = 164,86$

Die Veränderung der Verzinsung nimmt zwar bei jeder Verkürzung der Verzinsungsperiode zu, jedoch werden die Unterschiede immer kleiner. Bei einer "**sekündlichen**" Verzinsung erreicht man dann fast den Grenzwert einer **kontinuierlichen Verzinsung**. Dies ist eine Funktion der natürlichen Zahl *e= 2,718* (vgl. 7.2).

$$\left(1+\frac{Nominalzinssatz}{Kupons\,pro\,Jahr}\right)^{Laufzeit \cdot Kupons\,pro\,Jahr} = \left(1+\frac{1}{\alpha}\right)^{\alpha \cdot Nominalzins \cdot Laufzeit}$$

$$mit\,\alpha = \frac{Kupons\,pro\,Jahr}{Nominalzinssatz} \quad \text{Kupons pro Jahr} \rightarrow \infty \text{ dann } \alpha \rightarrow \infty$$

$$\lim_{\alpha \to \infty}\left(1+\frac{1}{\alpha}\right)^{\alpha \cdot Nominalzins \cdot Laufzeit} = \left(\lim_{\alpha \to \infty}\left(1+\frac{1}{\alpha}\right)^{\alpha}\right)^{Nominalzins \cdot Laufzeit} = e^{Nominalzins \cdot Laufzeit}$$

Damit ergibt sich für die kontinuierliche Verzinsung:

$$FV = PV \cdot e^{Laufzeit \cdot r_{cont}}$$

mit $r_{cont}$ = kontinuierlicher Vergleichszins.

Bei einer Verzinsung von 10% und einer Laufzeit von 5 Jahren ergibt sich bei Anlage von 100:

$$FV = 100 \cdot 2,71828^{5 \cdot 0,1} = 164,872$$

Der Wert unterscheidet sich kaum noch von der täglichen Verzinsung. Der kontinuierliche Zins ist sehr wichtig in der Optionstheorie. Dabei spielt es eine Rolle, die **Zinssätze** ineinander **umrechnen** zu können. Damit der Zukunftswert bei diskreter und kontinuierlicher Verzinsung identisch ist, muss gelten:

$$PV \cdot e^{r_{cont} \cdot n} = FV = PV \cdot \left(1 + \frac{Nominalzins}{Kupons\ pro\ Jahr}\right)^{Kupons\ pro\ Jahr \cdot n}$$

$$\Leftrightarrow e^{r_{cont} \cdot n} = \left(1 + \frac{Nominalzins}{Kupons\ pro\ Jahr}\right)^{Kupons\ pro\ Jahr \cdot n}$$

$$\Leftrightarrow r_{cont} = Kupons\ pro\ Jahr \cdot \ln\left(1 + \frac{Nominalzins}{Kupons\ pro\ Jahr}\right)$$

Ein jährlicher Zinssatz von 10% entspricht also einer kontinuierlichen Verzinsung von 9,53%.

$$r_{cont} = 1 \cdot \ln\left(1 + \frac{0{,}1}{1}\right) = 9{,}53\%,$$

da $100 \cdot e^{0{,}0953 \cdot 5} = 161{,}05$

Die Umrechnung von Zinssätzen ist bei allen Anleiheformen möglich.

Bei einem Zerobond mit halbjährlicher Zinsverrechnung gilt entsprechend folgende Formel:

$$P = \frac{Rückzahlung}{\left(1 + \frac{IRR}{2}\right)^{n \cdot 2}}$$

So lässt sich der Jahreseffektivzins mit

$$IRR = 2 \cdot \left[\left(\frac{Rückzahlung}{P}\right)^{\frac{1}{n \cdot 2}} - 1\right]$$ errechnen.

Also ergibt sich die Effektivverzinsung eines 5-jährigen Zerobonds mit einer Laufzeit von 5 Jahren und einem Ausgabekurs von 62,09 auf 9,76% wie folgt:

$$IRR = 2 \cdot \left[\left(\frac{100}{62{,}09}\right)^{\frac{1}{5 \cdot 2}} - 1\right] = 0{,}0976 = 9{,}76\%$$

Die meisten **Anleihen** sind jedoch mit einem **Kupon** ausgestattet, so dass die Analyse des Zahlungsstroms schwieriger wird. In der allgemeinen Formel kann dann statt der Zahlung (Z) der identische **Kupon** (*C*) benutzt werden.

$$P = \frac{C_1}{(1+IRR)^1} + \frac{C_2}{(1+IRR)^2} + \frac{C_3}{(1+IRR)^3} + \ldots + \frac{C_n + Rückzahlung}{(1+IRR)^n}$$

Dieser Zahlungsstrom setzt sich einerseits aus der Rückzahlung am Ende der Laufzeit und andererseits aus den Kuponzahlungen während der Laufzeit zusammen.

$$P = \frac{Rückzahlung}{(1+IRR)^n} + \sum_{i=1}^{n} \frac{C}{(1+IRR)^i}$$

Die Summe der Kuponzahlungen ist eine endliche geometrische Reihe (vgl. 8.1). Unter Ausnutzung der Summenformel kann die Gleichung wie folgt umgeformt werden:

$$P = \frac{Rückzahlung}{(1+IRR)^n} + C \cdot \frac{(1+IRR)^n - 1}{(1+IRR)^n \cdot IRR}.$$

Diese Gleichung lässt sich **nicht mehr einfach nach der Verzinsung auflösen**, so dass das Ergebnis durch **"Probieren"**, also durch ein Suchverfahren, gefunden werden muss. Dies ist heutzutage mit Computern und Taschenrechnern relativ einfach.

**Beispiel:**

Bei einer 9%-Anleihe mit Restlaufzeit 5 Jahre und einem Rückzahlungskurs von 102 ergibt sich bei einem Kurs von 114,13 folgende Gleichung:

$$114{,}13 = \frac{102}{(1+IRR)^5} + 9 \cdot \frac{(1+IRR)^5 - 1}{(1+IRR)^5 \cdot IRR}$$

Der Taschenrechner zeigt einen Effektivzins von 6%. Dies kann durch Einsetzen leicht überprüft werden:

$$\frac{102}{(1{,}06)^5} + 9 \cdot \frac{(1{,}06)^5 - 1}{(1{,}06)^5 \cdot 0{,}06} = 76{,}22 + 9 \cdot \frac{0{,}3382}{0{,}0803} = 114{,}13$$

Insoweit ist der Effektivzins unabhängig von der Rechenmethode, bei **glatten Laufzeiten** wird bei **allen Verfahren in dieser Weise** gearbeitet.

*Literatur: Wagner (1988), Weston (1993)*

## 2.3.2 Anleihen mit besonderen Tilgungsformen

Im Allgemeinen werden Anleihen am Ende der Laufzeit getilgt, jedoch kommen auch andere Tilgungsformen vor. Generell muss dann dieser Zahlungsstrom entsprechend diskontiert werden, um dann durch "Probieren" eine Lösung zu ermitteln.

$$P = \frac{Z_1}{(1+IRR)^1} + \frac{Z_2}{(1+IRR)^2} + \frac{Z_3}{(1+IRR)^3} + ..... + \frac{Z_n}{(1+IRR)^n}$$

$Z_n$ = Zahlung zum Zeitpunkt $n$

Eine häufige Variante, die insbesondere aus dem Kreditgeschäft bekannt ist, ist die **Verbindung von Tilgung und Zinszahlungen.** Der Bond leistet also über die gesamte Laufzeit in jeder Periode die gleiche Rate, wobei der Zinsanteil ständig abnimmt, während der Tilgungsanteil steigt. Somit ist in der letzten Periode ohne zusätzliche Zahlung die gesamte Schuld zurückgeführt.

**Beispiel:**

Bei einem 4-jährigen Bond wird jeweils eine Rate von 31,55 fällig. Der Kurs liegt bei 100, so dass durch "Probieren" ein Effektivsatz von 10% ermittelt wird. Dies lässt sich leicht veranschaulichen:

$$\frac{31{,}55}{1{,}1^1} + \frac{31{,}55}{1{,}1^2} + \frac{31{,}55}{1{,}1^3} + \frac{31{,}55}{1{,}1^4} = 28{,}68 + 26{,}07 + 23{,}70 + 21{,}55 = 100{,}00$$

Jedoch verändert sich der Anteil von Zins und Tilgung bei jeder Zahlung.

| Tabelle 2.4<br>RATENKREDIT | | | | |
|---|---|---|---|---|
| **Jahr** | **Rate** | **Zinszahlung** | **Tilgung** | **Restschuld** |
| 0 | | | | 100,00 |
| 1 | 31,55 | -100,00 · 0,1 | = 21,55 | 78,45 |
| 2 | 31,55 | -78,45 · 0,1 | = 23,71 | 54,74 |
| 3 | 31,55 | -54,74 · 0,1 | = 26,08 | 28,66 |
| 4 | 31,55 | -28,66 · 0,1 | = 28,68 | 0 |

An diesem Beispiel kann anschaulich die Idee des Effektivzinses erklärt werden. Der Effektivzins berücksichtigt jede Zahlung und diskontiert sie entsprechend ihres Zeitpunkts. So werden die Zinsen immer nur auf die Restschuld berechnet. Mit jeder Zahlung nimmt diese Restschuld ab, so dass der Zinsanteil von 10 auf 2,866 zurückgeht. Gleichzeitig wächst der Tilgungsteil von 21,55 auf 28,68.

## 2.3.3 Fallstudie Neuemissionen

Die Firma Power plant die Aufnahme von 100 Millionen € für fünf Jahre. Eine Möglichkeit ist die Emission einer Anleihe, wobei den Usancen gemäß Power eine Gebühr von 2% des Nominalbetrags und 200 000 € am Zahltag als Emissionskosten aufwenden müsste. Das Entscheidungskriterium für Power sind die All-in-Kosten, also der Effektivsatz, der alle Zahlungen berücksichtigt.

Wenige Tage vorher wurde von der Firma Boom bereits eine 8%-Anleihe mit fünf Jahren Laufzeit platziert. Da Power und Boom vom Kapitalmarkt ähnlich eingeschätzt werden, wird diese Anleihe für den Renditevergleich auf der Investorenseite herangezogen. Die Anleihe handelt unter Banken zum Kurs 98,00. Damit errechnet sich eine Effektivverzinsung von 8,51%.

Der Markt scheint im Moment eher an höheren Kupons interessiert zu sein, und so entscheidet sich die Emissionsbank für 8,25%. Bei einem Ausgabekurs von 99% ergibt sich eine Rendite von 8,50%.

$$99{,}00 = \frac{8{,}25}{(1{,}085)^1} + \frac{8{,}25}{(1{,}085)^2} + \frac{8{,}25}{(1{,}085)^3} + \frac{8{,}25}{(1{,}085)^4} + \frac{108{,}25}{(1{,}085)^5}$$

Da die Handelsabteilung für eine solche Ausstattung Bedarf sieht, kann ein Angebot an Power unterbereitet werden. Um die Effektivkosten zu berechnen, müssen vom Emissionspreis 2% der Nominalsumme und zusätzlich 200 000 € abgezogen werden. Damit fließen Power 96,8 Mio. € bei Emission zu. Die Effektivverzinsung liegt damit bei 9,07%.

$$96{,}8 = \frac{8{,}25}{(1{,}0907)^1} + \frac{8{,}25}{(1{,}0907)^2} + \frac{8{,}25}{(1{,}0907)^3} + \frac{8{,}25}{(1{,}0907)^4} + \frac{108{,}25}{(1{,}0907)^5}$$

Power muss nun vergleichen, ob andere Anleihen oder Kredite zu einer günstigeren Finanzierung führen. Ist dies nicht der Fall, wird Power das Emissionsangebot annehmen.

## 2.3.4 Effektivverzinsung unter Steuergesichtspunkten

Bei der Ermittlung von Effektivzinsen blieben **Steuern** bisher außer Acht. Da aber im Regelfall nicht die zufließenden Beträge, sondern die netto verfügbaren Gelder wichtig sind, muss eine **Effektivverzinsung nach Steuern** berechnet werden.

Die meisten Steuersysteme behandeln **Zinsen** und **Kapitalerträge** bei privaten Investoren unterschiedlich. Im **Privatvermögen** müssen **Zinsen** nach Erreichen des Freibetrags mit dem individuellen Grenzsteuersatz **versteuert werden,** hingegen sind **Kapitalerfolge** unter Wahrung bestimmter Haltedauern **steuerfrei.** Bei Neuemissionen sind in Deutschland jedoch bestimmte Grenzen für das Disagio gesetzlich festgelegt.

Für jeden Anleger kommt es dann je nach Situation und **persönlichem Steuersatz** zu unterschiedlichen Anlageentscheidungen. Bei der Ermittlung der Effektivverzinsung wird beim Kupon nur der netto zufließende Betrag berücksichtigt, jedoch der gesamte Rückzahlungsgewinn.

$$P = \frac{Rückzahlung}{\left(1 + IRR_{nach\ Steuer}\right)^n} + \sum_{i=1}^{n} \frac{\left(1 - Steuersatz\right) \cdot C}{\left(1 + IRR_{nach\ Steuer}\right)^i}$$

**Beispiel:**

Am Markt können folgende 3-jährige Anleihen gekauft werden:

Tabelle 2.5
**ANLEIHEN**

| Kürzel | Laufzeit | Kupon | Preis netto |
|---|---|---|---|
| A | 3 Jahre | 6% | 96,20 |
| B | 3 Jahre | 10% | 102,70 |

Die beiden Investoren Poor und Rich haben einen marginalen Steuersatz von 20% bzw. 60%. Ihre Freibeträge sind bereits ausgeschöpft. Entsprechend ergibt sich eine Effektivverzinsung der Anleihen von:

*A*) Kupon = 6%, Preis = – 96,20 $r_{vor\ Steuern} = 7{,}46\%$
Netto Zufluss Poor sind 80% von 6 = 4,8 $r_{Poor} = 6{,}23\%$
Netto Zufluss Rich sind 40% von 6 = 2,4 $r_{Rich} = 3{,}76$

*B*) Kupon = 10%; Preis = – 102,7 $r_{vor\ Steuern} = 8{,}93\%$
Netto Zufluss Poor sind 80% von 10 = 8 $r_{Poor} = 6{,}97\%$
Netto Zufluss Rich sind 40% von 10 = 4 $r_{Rich} = 3{,}04\%$

Obwohl vor Steuern die Anleihe *B* eindeutig eine höhere Verzinsung erbrachte, ergibt sich nach Steuerbetrachtung, dass sich nur Poor für diese Anleihe entscheiden sollte.

Durch das Disagio der Anleihe *A* fließt Rich ein steuerfreier Kapitalgewinn zu. Dies bedeutet eine Effektivverzinsung nach Steuern von 3,76% und ist für ihn der höhere Satz. Diese Steuerproblematik stellt sich bei den meisten Anleihetypen, so dass eine sinnvolle Auswahl für Privatinvestoren unbedingt die steuerliche Seite berücksichtigen muss. Weiterhin wird zwischen **Privatvermögen** und **Betriebsvermögen** unterschieden. Generell müssen beim Betriebsvermögen sowohl die Zinsen als auch der Kapitalerfolg versteuert werden. Im Allgemeinen können dabei Kapitalverluste aus der **Differenz von Erwerbs- und Tilgungskurs über die Laufzeit verteilt** abgeschrieben werden, **sonst** gilt das **Realisationsprinzip**. Somit sind im Betriebsvermögen oft die Zeitpunkte des Zuflusses über den Effektivzins hinaus wichtig.

Literatur: Uhlir/Steiner (1991)

## 2.4 Bedeutung der Zinsstrukturkurve

Eine große Schwierigkeit bei der Bewertung mit **Effektivzinsen** ist die Tatsache, dass alle Zahlungen mit dem **gleichen Zinssatz diskontiert** werden. In der Realität werden jedoch oft unterschiedliche Zinssätze in Abhängigkeit von der Laufzeit vergütet. Dies wird in der Regel durch eine **Zinsstrukturkurve** beschrieben. Bei einem horizontalen Verlauf sind die Zinsen in den Laufzeitsegmenten annähernd gleich, bei steigender Kurve (auch oft als "normale" Zinskurve bezeichnet) liegen die langfristigen Zinsen über den kurzfristigen, beim inversen Verlauf ist es dann umgekehrt. Bei einer **nicht horizontalen Zinskurve** muss also der **Effektivzins** einen **Durchschnitt** bilden, man versucht mit einer einzigen Zinszahl eine Zinsstruktur zu beschreiben. Solange relativ **ähnliche Zahlungsströme** in Bezug auf Struktur und Laufzeit verglichen werden, ist die **Gefahr einer Fehlentscheidung relativ gering**. Bei **komplizierteren Strukturen** ist das **Effektivzinskriterium nicht unbedingt ausreichend**.

### 2.4.1 Spot Rates und Forward Rates

Eine Alternative ist die Diskontierung der Zahlungen mit den periodengerechten Zinssätzen, um dann die Barwerte mit dem Preis am Markt zu vergleichen. Betrachten wir diesen Ansatz näher:

$$P = \frac{C_1}{(1+r_1)^1} + \frac{C_2}{(1+r_2)^2} + \frac{C_3}{(1+r_3)^3} + \ldots + \frac{C_n + Rückzahlung}{(1+r_n)^n}.$$

Bei einer gegebenen Zinsstruktur kann leicht der Gegenwartswert und damit der finanzmathematisch richtige Preis errechnet werden. Dazu werden die **Spot Rates** ($r_{sn}$) herangezogen, also der Zerozins, der genau für den Zeitraum von heute bis n verlangt wird.

Gegebene Zinsstruktur:

Laufzeit von heute bis Ende Jahr 1 $r_{s1} = 10\%$

Laufzeit von heute bis Ende Jahr 2 $r_{s2} = 11\%$

Laufzeit von heute bis Ende Jahr 3 $r_{s3} = 12\%$

Für einen 3-jährigen Bond mit einem Kupon von 10% ergibt sich dann ein Gegenwartswert von 95,50.

$$PV = \frac{10}{1,1} + \frac{10}{(1,11)^2} + \frac{110}{(1,12)^3} = 95,50$$

Bei der Berechnung des Effektivzinses für den Preis von 95,5 ergibt sich 11,87%, die Zinsstruktur geht damit verloren.

Bei solchen Strukturen kann das Effektivzinskriterium in die Irre führen. Dies soll folgendes Beispiel verdeutlichen.

**Beispiel:**

Am Markt wird die folgende Zinsstruktur beobachtet:

$r_{s1} = 10\%$ $r_{s2} = 11\%$ $r_{s3} = 12\%$

Zwei 3-jährige Anleihen mit einem Kupon von 6% bzw. 12% haben einen finanzmathematisch richtigen Barwert von 85,77 bzw. 100,37.

$$\frac{6}{1,1} + \frac{6}{1,11^2} + \frac{106}{1,12^3} = 85,77 \Rightarrow IRR = 11,92\%$$

$$\frac{12}{1,1} + \frac{12}{1,11^2} + \frac{112}{1,12^3} = 100,37 \Rightarrow IRR = 11,85\%$$

Bei diesem Preis scheint der 6%-Kupon jedoch eine höhere Verzinsung mit einem Satz von 11,92% im Vergleich zu 11,85% zu erzielen. Das Effektivzinskriterium täuscht einen Wertunterschied von 0,07% vor.

Zur korrekten Analyse müssen zuerst **Spot Rates** errechnet werden. Die einfachste Möglichkeit, aus dem Kapitalmarkt Spot Rates abzuleiten, ist die **Analyse von Zerobonds** der entsprechenden Laufzeit, da ja explizit keine Zahlungen in den Zeitraum fallen sollen.

Für einen Zerobond mit der Restlaufzeit von $n$ Jahren und jährlicher Verzinsung errechnet sich der Effektivzins mit:

$$r_{sn} = \left( \frac{Rückzahlung}{Preis} \right)^{\frac{1}{n}} - 1$$

Entsprechend können aus den Kursen dreier Zerobonds, die mit 100 zurückgezahlt werden, die Spot Rates errechnet werden.

**Beispiel:**

| | |
|---|---|
| Laufzeit 1 Jahr | Kurs: 90,91 |
| Laufzeit 2 Jahre | Kurs: 81,16 |
| Laufzeit 3 Jahre | Kurs: 71,18 |

Spot Rates:

$$r_{S1} = \left( \frac{100}{90{,}91} \right)^{\frac{1}{1}} - 1 = 10\%$$

$$r_{S2} = \left( \frac{100}{81{,}16} \right)^{\frac{1}{2}} - 1 = 11\%$$

$$r_{S3} = \left( \frac{100}{71{,}18} \right)^{\frac{1}{3}} - 1 = 12\%$$

Während die Spot Rates zur Diskontierung eines Cash Flows die einfachste Möglichkeit darstellen, können aus der Spot-Rate-Struktur auch implizit die Sätze für zukünftige Perioden errechnet werden. Diese Forward Rates ($r_{fn}$) sind ein **in der Zukunft beginnender einperiodiger Zinssatz.** Sie beruhen auf der Idee, dass eine Anlage über zwei Jahre genau so viel Zinsen erbringen muss, wie die Anlage für ein Jahr und gleichzeitiger Abschluss einer Forward-Anlage in einem Jahr für ein Jahr. Dabei bezeichnet also $r_{fn}$ eine Anlage vom Jahr $n$–1 bis zum Jahr $n$. **Aus den Spot Rates** sollten sich bei informationseffizienten Märkten immer die **Forward Rates (implied) errechnen** lassen. Eine Anlage für $n$–1 Jahre bei gleichzeitigem Abschluss einer zukünftigen Anlage einschließlich der Zinsen in $n$–1 Jahren für ein Jahr muss den gleichen Ertrag ergeben, wie die Anlage des Betrages für $n$ Jahre. Es gilt daher:

$$\left(1+r_{s(n-1)}\right)^{n-1} \cdot \left(1+r_{fn}\right) = \left(1+r_{Sn}\right)^{n}$$

$$\Leftrightarrow r_{fn} = \frac{\left(1+r_{Sn}\right)^{n}}{\left(1+r_{s(n-1)}\right)^{n-1}} - 1$$

**Beispiel:**

Aus den o.g. Angaben ergibt sich folgende Forwardstruktur:

Die Forward Rate ($r_{f2}$) in einem Jahr für ein Jahr liegt bei 12,01%.

$$r_{f2} = \frac{\left(1+r_{S2}\right)^{2}}{\left(1+r_{S1}\right)^{1}} - 1 = \frac{\left(1{,}11\right)^{2}}{1{,}1} - 1 = 12{,}01\%$$

Der Forwardsatz in zwei Jahren für ein Jahr liegt bei 14,03%.

$$r_{f3} = \frac{\left(1+r_{S3}\right)^{3}}{\left(1+r_{S2}\right)^{2}} - 1 = \frac{\left(1{,}12\right)^{3}}{\left(1{,}11\right)^{2}} - 1 = 14{,}03\%$$

Definitionsgemäß gilt:

$$r_{f1} = r_{s1} = 10\%$$

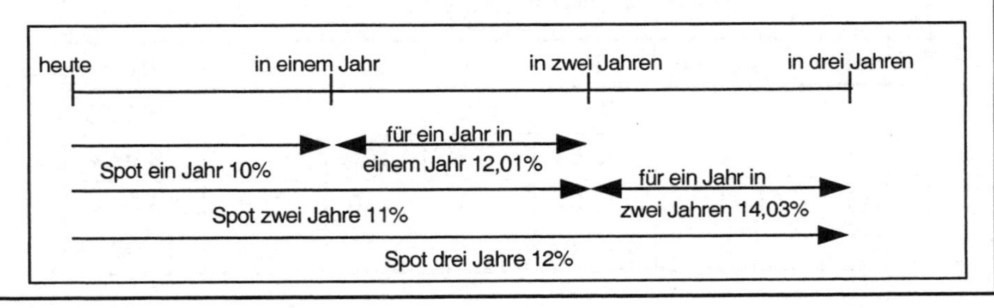


Abbildung 2.1: **Zinsstruktur mit Spot- und Forward Rates**

Es fällt sofort auf, dass eine steigende Zinskurve deutlich stärker steigende Forwards zur Folge hat. Um die Rechnung für die impliziten Forwards zu überprüfen, wird ein Betrag von 100 einmal zum Spotsatz für 2 Jahre angelegt. Dies ergibt:

$$FV = 100 \cdot (1+r_{s2})^{2} = 100 \cdot (1{,}11)^{2} = 123{,}21$$

Alternativ können 100 zum Spotsatz für ein Jahr angelegt werden und gleichzeitig eine weitere Anlage einschließlich der Zinsen in einem Jahr für ein Jahr abgeschlossen werden.

$$FV = 100 \cdot (1 + r_{s1}) \cdot (1 + r_{f2}) = 100 \cdot 1{,}1 \cdot 1{,}1201 = 123{,}21$$

Die **impliziten Forwards** stellen also keine Meinung über zukünftige Sätze dar, sondern sind ein **reines Arbitrageergebnis** aus der heutigen Zinskurve und können damit auch risikofrei abgesichert werden.

## 2.4.2 Spot Rates als Bewertungskriterium

Im Regelfall liegt aber **keine ausreichende Zahl liquider Zerobonds** vor. Als Hilfestellung können beispielsweise die Festsatzseite von Swaps und der Geldmarkt benutzt werden. Eine weitere interessante Möglichkeit ist das **Zerlegen von Kupon-Bonds** in ihre Bestandteile, d.h., es wird sozusagen eine Folge von künstlichen Zerobonds gebildet. Durch diesen Ansatz ist es möglich, die Anleihen mit Hilfe des **Zinssatzes**, der **für die letzte Periode** gezahlt wird, zu vergleichen. Dies wird an folgender Anleihenstruktur deutlich:

Tabelle 2.6
MARKTSITUATION AM ANLEIHENMARKT

| Anleihe | Laufzeit | P | C1 | C2 | C3 | IRR |
|---|---|---|---|---|---|---|
| A1 | 1 | 100,00 | 108 | - | - | 8,00% |
| A2 | 2 | 96,54 | 7 | 107 | - | 8,97% |
| A3 | 3 | 95,00 | 8 | 8 | 108 | 10,00% |
| B3 | 3 | 102,49 | 11 | 11 | 111 | 10,00% |

Der Spot Rate der ersten Periode ist leicht mit 8% zu ermitteln.

$$r_{s1} = \frac{8}{100} = 8\%$$

Der zweite Zahlungsstrom wird in die Zahlung von 7 in einem Jahr und die Zahlung von 107 in zwei Jahren zerlegt. Diskontiert man die erste Zahlung (7) mit dem Spotsatz für ein Jahr, ergibt sich deren Barwert. Dieser wird vom Preis der Anleihe abgezogen.

$$96{,}54 - \frac{7}{1{,}08} = 90{,}0585$$

Für die Zahlung von 107 in zwei Jahren werden entsprechend 90,0585 aufgewandt.

Daraus lässt sich ein Spotsatz für 2 Jahre errechnen.

$$90{,}0585 = \frac{107}{(1+r_{s2})^2} \quad => \quad (1+r_{s2})^2 = 1{,}1881 \quad => \quad r_{s2} = 9{,}00\%$$

Daraufhin können nun die Anleihen *A3* und *B3* bewertet werden. Beide Anleihen haben eine Effektivverzinsung von 10%, müssten nach diesem Kriterium also gleichwertig sein. Zieht man jedoch den Spot Rate der letzten Periode heran, ergibt sich ein anderes Bild:

$$95{,}00 = \frac{8}{1{,}08} + \frac{8}{1{,}09^2} + \frac{108}{(1+r_{s3A3})^3} => 80{,}86 = \frac{108}{(1+r_{s3A3})^3}$$

$$(1+r_{s3A3})^3 = 1{,}33564$$

$$r_{s3A3} = 10{,}13\%, \quad IRR_{A3} = 10\%$$

$$102{,}49 = \frac{11}{1{,}08} + \frac{11}{1{,}09^2} + \frac{111}{(1+r_{s3B3})^3} => 83{,}05 = \frac{111}{(1+r_{s3B3})^3}$$

$$(1+r_{s3B3})^3 = 1{,}33654$$

$$r_{s3B3} = 10{,}15\% \quad IRR_{B3} = 10\%$$

Die Anleihe *B3* ist nach dem Kriterium der Spot Rate in der letzten Laufzeit-Periode vorzuziehen. Durch eine Bewertung mit Hilfe des Effektivzinses wird die Wiederanlagemöglichkeit nur verzerrt wiedergegeben. Folglich muss es möglich sein, aus der Kombination von *A1*, *A2* und *B3* den Cash Flow von *A3* zu reproduzieren, jedoch zu einem geringeren Kurs.

Dazu benötigt man für jeweils 100 nominal der Anleihe (vgl. Tabelle 2.7):

1. Zur Reproduktion der Endzahlung von 108:

$$\frac{108}{111} = 0{,}97297 \text{ der Anleihe } B3.$$

2. Zur Reproduktion des Cash Flows in der zweiten Periode muss der Arbitrageur $\frac{2{,}7}{107} = 0{,}0252336$ Anteile der Anleihe *A2* verkaufen, um die zu hohe Zahlung aus *B3* auszugleichen. Zur Duplikation der Zahlung in Periode 1 müssen dann $\frac{2{,}52}{108} = 0{,}0233333$ Anteile der Anleihe *A1* verkauft werden. Folglich ist ein Leerverkauf sinnvoll. Damit ergibt sich folgendes Arbitrage-Portfolio:

Tabelle 2.7
**ARBITRAGE-PORTFOLIO ZUR REPRODUKTION VON *A3***

| Anleihe | Laufzeit | P | C1 | C2 | C3 |
|---|---|---|---|---|---|
| *A1* | 1 | 100,00 | 108 | - | - |
| *A2* | 2 | 96,54 | 7 | 107 | - |
| *A3* | 3 | 95,00 | 8 | 8 | 108 |
| *B3* | 3 | 102,49 | 11 | 11 | 111 |
| **Arbitrage-Portfolio** | | | | | |
| +*B3* • 0,973 | 3 | 99,72 | 10,7 | 10,7 | 108 |
| –*A2* • 0,025 | 2 | –2,44 | –0,18 | –2,7 | |
| –*A1* • 0,023 | 1 | –2,33 | –2,52 | 0 | 0 |
| Summe | 3 | 94,95 | 8 | 8 | 108 |

Mit Hilfe der Arbitrage ist es gelungen, den Cash Flow von *A3* zu reproduzieren, jedoch kostet dieses Portfolio 0,05 weniger als die Anleihe *A3*. Trotz gleicher Effektivverzinsung ist es also sinnvoller, die Anleihe *B3* zu erwerben, da das entscheidende **Kriterium** zum Vergleich der Anleihen einer **Laufzeitklasse,** die **Spot Rates** des letzten Zeitraums sind. Dabei sollten die Anleihen mit den jeweils höchsten Spot Rates gekauft und die mit den niedrigsten verkauft werden.

### 2.4.3 Beispiel Coupon Stripping

Coupon Stripping bezeichnet den Vorgang der Trennung von Mantel und Bogen einer ursprünglichen Kuponanleihe. Die Anleihe wird dadurch in ihre einzelnen Cash Flows zerlegt, die anschließend zu ihrem jeweiligen Barwert veräußert werden. Die einzelnen Komponenten (Zinsscheine und Stammrecht) werden als Strips bezeichnet. Sie sind wirtschaftlich gesehen Nullkuponanleihen, da sie heute zu ihrem jeweiligen Barwert erworben werden können und bei Fälligkeit zum Nennwert zurückgezahlt werden, laufende Kuponzahlungen finden nicht statt.

Das Coupon Stripping ist seit Juli 1997 bei Bundesanleihen zulässig. Damit wird es möglich, die Zahlungsströme einer Bundesanleihe einzeln als Zerobond zu handeln. Strippingberechtigt sind sowohl institutionelle als auch private Investoren, während die Wiederzusammenführung der Strips zur Ursprungsanleihe, das sog. Rebundling, institutionellen Anlegern bzw. für zinsabschlagpflichtige Anleger Kreditinstituten vorbehalten ist. Durch diese Möglichkeit entstehen neue Investitionsstrategien. Dem Investor wird nun eine Vielzahl von Zerobonds mit der Bonität des Bundes angeboten und damit das Problem der geringen Verfügbarkeit von Nullkuponanleihen gelöst. Hinzu kommen steuerliche Aspekte, da der Strip (die Sequenz der Zerobonds) unter Umständen anders als die Anleihe behandelt wird.

Dem Stripping-Vorgang liegt die Überlegung zugrunde, dass es sich bei einem festverzinslichen Wertpapier um ein Portfolio aus Nullkuponanleihen mit unterschiedlichen Fälligkeiten handelt. Somit entstehen beispielsweise durch das Stripping einer zehnjährigen Kuponanleihe mit einem 10%-Kupon p.a. und jährlicher Zinszahlung beim Stripping 11 Nullkuponanleihen (10 Zinskupons mit Nennwert 10 €, plus 1 Stammrecht mit Nennwert 100 €). Die Bewertung der einzelnen Strips erfolgt durch Diskontierung des Nennwertes mit dem jeweiligen Zerozins der Zinsstrukturkurve. Bei Emission wird für die Cum-Anleihe (mit Kupons) eine Wertpapier-Kenn-Nummer (WKN) vergeben. Zusätzlich erhalten die einzelnen Strippingkomponenten (Zinsscheine und Stammrecht) jeweils separate Kennnummern.

Das Stripping ist für Investoren am deutschen Rentenmarkt in zweierlei Hinsicht attraktiv.

1. Seit 1985 die Begebung von Nullkuponanleihen in Deutschland möglich wurde, sind im Verhältnis zum Volumen des Rentenmarktes relativ wenige emittiert worden. Die durch Stripping von Bundesanleihen entstehenden Bund-Strips könnten den Markt für die unter Analysten beliebten Nullkuponanleihen in Deutschland beleben. Durch ein breites Laufzeitband „Zeros“ würden viele — bisher unter Zuhilfenahme von Kuponanleihen konstruierte — Anlagestrategien eine neue Qualität gewinnen.

2. Das weitere Charakteristikum von stripbaren Anleihen ist die unterschiedliche steuerliche Behandlung von Kuponanleihen und Strips. Stripbare Anleihen beinhalten eine Option, die dem Besitzer der Anleihe das Recht einräumt, zwei Portfolios gegeneinander zu tauschen. Die ungestripte Anleihe und das jeweils korrespondierende Portfolio der Strips können durch Stripping bzw. Rebundling gegeneinander getauscht werden. Somit hat der Investor eine zusätzliche Option und kann dieses Recht je nach steuerlichem Umfeld mehrfach ausüben.

Beim Stripping kann der Zusammenhang der Renditen von Kuponanleihen im Bezug auf Zeroanleihen des Bundes anschaulich erläutert werden. Zur Zeit werden meist aus den Zinssätzen der Kuponanleihen mit Hilfe des Bootstrapping die impliziten Preise für die Zerobonds ermittelt. Als Beispiel wird ein Markt mit drei Kuponanleihen (*K*1 bis *K*3) betrachtet:

Tabelle 2.8

**MARKTSITUATION AM ANLEIHENMARKT VOR STRIPPING**

| Anleihe | Laufzeit | Preis | C1 | C2 | C3 | Rendite |
|---|---|---|---|---|---|---|
| *K*1 | 1 | 100 | 108 | - | - | 8,00% |
| *K*2 | 2 | 96,54 | 7 | 107 | - | 8,97% |
| *K*3 | 3 | 95 | 8 | 8 | 108 | 10,00% |

Der Zinssatz für einen einjährigen Zerobond $r_{z1}$ ist leicht mit 8% zu ermitteln:

$$r_{z1} = \frac{8}{100} = 8\%$$

Der zweite Zahlungsstrom wird in die Zahlungen von 7 in einem Jahr und 107 in zwei Jahren zerlegt. Diskontiert man die erste Zahlung (7) mit dem Zerosatz für ein Jahr ab, ergibt sich deren Barwert. Dieser wird vom Preis der Anleihe abgezogen:

$$96{,}54 - \frac{7}{1{,}08} = 90{,}0585$$

Für die Zahlung von 107 in zwei Jahren werden 90,0585 aufgewandt. Dies entspricht dem theoretischen Preis eines Zerobonds, der sich auf den gestripten letzten Kupon und die Rückzahlung der Kuponanleihe bezieht. Daraus lässt sich ein impliziter Zerozinssatz für zwei Jahre errechnen:

$$90{,}0585 = \frac{107}{(1 + r_{z2})^2} \quad \Leftrightarrow r_{z2} = 9{,}00\%$$

Mit der gleichen Logik wird dann die nächst längere Anleihe zerlegt. Dies ergibt für das Beispiel

$$95 = \frac{8}{1{,}08} + \frac{8}{1{,}09^2} + \frac{108}{(1 + r_{z3})^3} \quad \Leftrightarrow r_{z3} = 10{,}13\%$$

Während früher diese Zerlegung nur analytischer Natur war, ist sie nun tatsächlich direkt am Markt umsetzbar. Hinzu kommen jetzt für Anlageentscheidungen die entsprechenden gestripten Bonds (*Z*1 bis *Z*4).

Tabelle 2.9

**MARKTSITUATION AM ANLEIHENMARKT NACH STRIPPING**

| Anleihe | Laufzeit | Preis | C1 | C2 | C3 | Rendite |
|---|---|---|---|---|---|---|
| *K*1 | 1 | 100,00 | 108 | - | - | 8,00% |
| *K*2 | 2 | 96,54 | 7 | 107 | - | 8,97% |
| *K*3 | 3 | 95,00 | 8 | 8 | 108 | 10,00% |
| *Z*1a | 1 | 6,48 | 7 | - | - | 8,00% |
| Z1b | 1 | 7,41 | 8 | - | - | 8,00% |
| *Z*2a | 2 | 90,06 | - | 107 | - | 9,00% |
| *Z*2b | 2 | 6,73 | - | 8 | - | 9,00% |
| *Z*3 | 3 | 80,86 | - | - | 108 | 10,13% |

Zu beachten ist dabei, dass der Barwert des Strips dem Preis der Anleihe finanzmathematisch entsprechen muss. Da sich bei den Kuponanleihen die Rendite aus einem kapitalgewichteten Durchschnitt der Zerozinssätze ergibt, müssen die Zerorenditen bei einer normalen Zinsstrukturkurve über, bei einer inversen unter den Kuponrenditen liegen.

Dies ist eine wesentliche Überlegung, da sich sonst der Investor an der scheinbar höheren Zerorendite (normale Zinsstruktur) bzw. scheinbar kleineren Zerorendite (inverse Struktur) orientieren könnte. Der Effekt beruht auf der Möglichkeit, bei normaler Zinsstruktur die Kupons schon heute zum höheren Forwardsatz anlegen zu können (invers vice versa). Vergleicht der Investor die Anleihen jedoch auf der richtigen Basis, ergeben sich viele Vorteile aus Zerobonds:

- kein Wiederanlagerisiko von Kupons,
- keine Problematik mit „kleinen" Kuponzahlungen, die schwierig wieder anzulegen sind,
- stärkere Preisreaktion bei Zinsveränderung aufgrund der längeren Duration,
- Reproduktion beliebiger Cash-Flow-Profile,
- Abhängigkeit von nur einem Zinssatz (einfachere Bewertung),
- im Gegensatz zu Bundesschatzbriefen Marktbewertung.

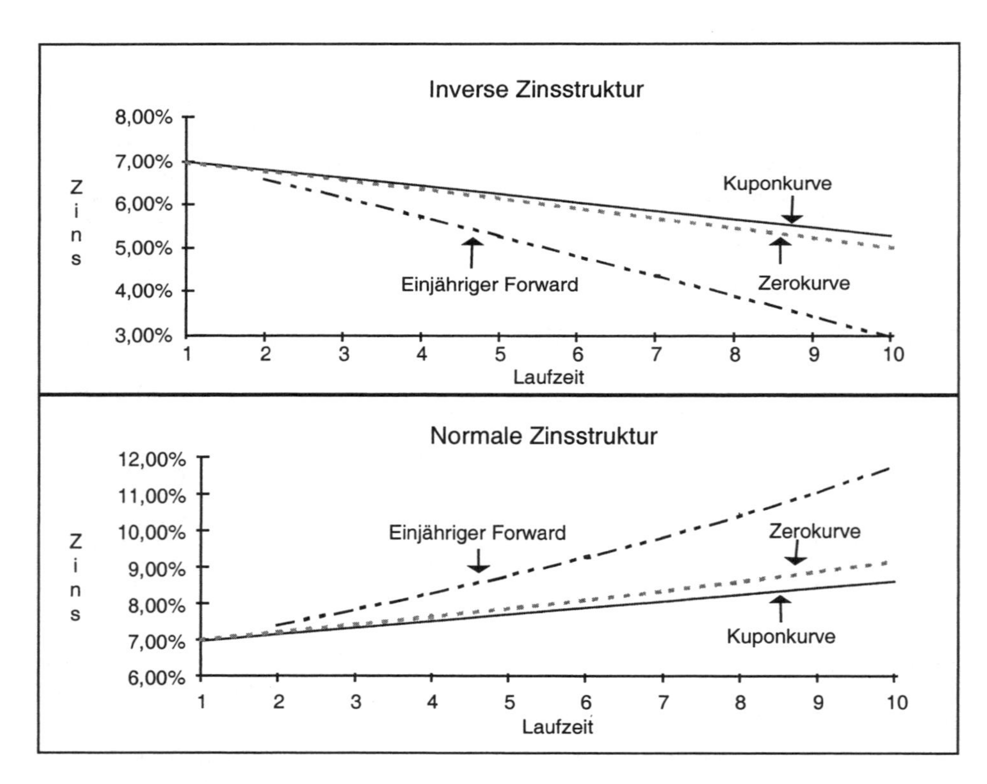


Abbildung 2.2: **Normale und inverse Zinsstruktur**

Diese Aspekte treffen jedoch auf alle Zeroanleihen zu, das Stripping führt nur zu einem größeren liquideren Markt in risikofreien Zerobonds, was aus Investorensicht sehr zu begrüßen ist. Echte Unterschiede ergeben sich in zwei Hinsichten:

1. Wenn Investoren verstärkt Nullkuponanleihen nachfragen und die einzelnen Strips am Markt zu einem höheren Gesamtpreis verkauft werden können als die Cum-Anleihe. Je nach Markteinschätzung der Marktteilnehmer wird die Anlage in Strips dem Kauf der Cum-Anleihe vorgezogen bzw. umgekehrt. Dies bedeutet, dass das Arbitragegleichgewicht zwischen Cum-Anleihe und Strips gestört ist. Durch Stripping oder Rebundling kann ein risikofreier Gewinn erzielt werden.
2. Wenn das Portfolio der Strips aufgrund unterschiedlicher steuerlicher Behandlung einen höheren Wert nach Steuern hat als die Cum-Anleihe. Dies hängt von der individuellen steuerlichen Situation jedes einzelnen Investors ab.

*Literatur: Heidorn/Bruttel (1993); Uhlir/Steiner (1991), Heidorn/Vogt (1997)*

## 2.5 Zinsänderungsrisiko

In den letzten Jahren ist die Analyse von Zinsrisiken immer mehr in den Vordergrund getreten. Viele Aktivitäten der Finanzabteilungen beschäftigen sich mit der Frage, in welcher Weise sich Zinskosten bzw. Kurse von **Wertpapieren** bei einer **Zinsänderung** entwickeln. Das Zinsänderungsrisiko kann im Allgemeinen am besten durch eine Veränderung des Marktwertes, also des **Barwertes** eines Zahlungsstroms, beschrieben werden. Dieser Ansatz wird auch im folgenden Abschnitt gewählt.

### 2.5.1 Sensitivitätsanalyse

Der **Marktwert** eines festverzinslichen Papiers hängt ab von:

- Marktzins,
- Laufzeit,
- Kupon,
- Tilgungsbetrag und -struktur.

Am besten kann die Wirkung einer Änderung dieser Parameter am Beispiel einer Anleihe untersucht werden. Generell muss sich der **Preis** beim Kauf einer Rente so einstellen, dass eine **marktgerechte Verzinsung** erfolgt. Dies gilt insbesondere dann, wenn der Marktzins vom Kupon abweicht. In diesem Abschnitt wird das **Zinsrisiko** als **Kursänderungsrisiko** in Bezug auf

Marktzinsänderungen analysiert. Als Beispiel dient eine Anleihe mit folgender Ausstattung:

**Beispielanleihe:**

Laufzeit: 10 Jahre
Kupon: 10%
Tilgung: 100

Entspricht der **Marktzins** dem **Kupon**, muss auch der Kurswert gleich der Tilgung sein.

**Beispiel:**

Marktzins: 10% $\Rightarrow$ Kurs: 100

Bei einem **Marktzins,** der **größer** als der **Kupon** ist, müssen die Zahlungen stärker diskontiert werden, so dass der Marktwert kleiner als der Tilgungsbetrag ist.

**Beispiel:**

Marktzins: 12% $\Rightarrow$ Kurs: 88,70 $\Rightarrow$ Rückgang um 11,30

**Fällt** der **Marktzins,** werden alle Zahlungen geringer abgezinst, der Kurswert muss also steigen.

**Beispiel:**

Marktzins: 8% $\Rightarrow$ Kurs: 113,42 $\Rightarrow$ Anstieg um 13,42

Daran wird deutlich, dass die Wertveränderungen nicht proportional sind, bei fallenden Zinsen sind die Änderungen größer als bei steigenden Zinsen. Dieser Effekt wird auch als Konvexität bezeichnet.

**❑ Abhängigkeit von der Restlaufzeit**

Der Kursänderungseffekt ist größer, je länger die Restlaufzeit ist, denn die Kursunterschiede müssen dann den Zinsunterschied für einen längeren Zeitraum ausgleichen.

**Beispiel:**

Marktzins: 12% bei Restlaufzeit 5 Jahre ⇒ 92,79 ⇒ Veränderung um 7,21

Aufgrund der sich automatisch verkürzenden Restlaufzeit verringert sich der Unterschied von Marktwert und Tilgungsbetrag sukzessiv, bis beide kurz vor Fälligkeit praktisch identisch sind.

❑ **Kupon-Höhe**

Ein **höherer Kupon** führt zu einer **kleineren Änderung**, da die Bindungsdauer der Anlage kürzer ist und entsprechend schneller wieder angelegt werden können.

**Beispiel:**

Marktzins: 13%, Kupon 11% ⇒ Kurs: 89,15 ⇒ Rückgang von 10,85

Am stärksten wirkt sich eine Zinsänderung bei einem Zerobond aus, da hier das gesamte Kapital für die Restlaufzeit gebunden ist.

❑ **Tilgungsstruktur**

Wird die Anleihe nicht zu 100 zurückgezahlt, sondern zu einem höheren Betrag, wirkt sich dies steigernd auf die absolute Kursveränderung aus, da eine sehr späte Zahlung auch stark diskontiert wird.

**Beispiel:**

Marktzins: 10% Tilgung 110 ⇒ Kurs: 103,86

Marktzins: 12% Tilgung 110 ⇒ Kurs: 91,92 ⇒ Rückgang von 11,93

(bzw. $\frac{11{,}93}{103{,}85} = 11{,}5\%$)

## 2.5.2 Sensitivität (Price Value of a Basis Point)

Häufig wird die **Sensitivität** (Price Value of a Basis Point) als Maßzahl für die Wertveränderung des Kurses benutzt. Sie gibt an, wie stark der Preis sich bei einer Marktzinsveränderung von 0,01% (ein Basispunkt) bewegt.

> **Beispiel:**
>
> Marktzins: 10% ⇒ Kurs 100
>
> Marktzins: 10,01% ⇒ Kurs 99,93858 ⇒ Veränderung um 0,06142
>
> Sensitivität: 0,06142

Bei einer Erhöhung des Zinsniveaus um einen Basispunkt fällt die Anleihe um ca. 0,06 €. Dieser Zusammenhang ist also eine spezielle Form der **Zinselastizität,** die wie folgt definiert ist:

$$\textit{Zinselastizität} = -\frac{\textit{relative Barwertänderung}}{\textit{relative Zinsänderung}}$$

> **Beispiel:**
>
> a)
>
> $$\textit{Zinselastizität} = -\frac{\frac{0,0614}{100}}{\frac{0,01}{10}} = -0,614$$
>
> b) Bei einer Anleihe mit 10 Jahren Restlaufzeit und einem Kupon von 8% ergibt sich bei einem Marktsatz von 10% ein Kurs von 87,71. Steigt der Marktsatz auf 10,01%, fällt der Kurs auf 87,65. Damit kann die Sensitivität mit –0,0561 und die Zinselastizität mit –0,6396 bestimmt werden.
>
> $$\textit{Zinselastizität} = -\frac{\frac{0,0561}{87,71}}{\frac{0,01}{10}} = -0,6396$$

Diese Sensitivität eignet sich zur **Abschätzung** von erwarteten **Kursänderungen,** denn generell gilt:

$$\textit{Kursveränderung} = -\textit{Sensitivität} \cdot \textit{Zinsänderung}_{\%Punkte}$$

Für das Beispiel kann die Kursveränderung mit 0,06 abgeschätzt werden:

$$Kursveränderung = -0{,}0561 \cdot 1 = -0{,}06$$

Da der Zusammenhang zwischen Kursveränderung und Marktzinsveränderung **nicht linear** ist, **steigt** der **Fehler** der Abschätzung mit der **Höhe der Zinsveränderung**.

**Beispiel:**

Zinsänderung auf 11%

$$abgeschätzte\ Kursveränderung = -\ 0{,}0561 \cdot 100 \ = -5{,}61$$
$$wirkliche\ Kursveränderung = 82{,}33 - 87{,}71 \ = -5{,}38$$

Zinsänderung auf 12%

$$abgeschätzte\ Kursveränderung = -0{,}0561 \cdot 200 \ = -11{,}22$$
$$wirkliche\ Kursveränderung = 77{,}40 - 87{,}71 \ = -10{,}31$$

Dieser Effekt kann leicht erklärt werden. Bei einer Abschätzung mit Hilfe der Zinselastizität wird ein linearer Zusammenhang unterstellt, d.h., man zeichnet eine Tangente an die wirkliche Wertveränderungskurve. Da diese jedoch konvex ist, muss der Schätzfehler bei größeren Zinsänderungen zunehmen (vgl. 2.5.3).

## 2.5.3 Duration

Bei der Analyse von festverzinslichen Anleihen steht die Bindungsdauer als wichtiges Kriterium im Mittelpunkt. Oft wird die Restlaufzeit herangezogen, um unterschiedliche Anleihen zu vergleichen. Jedoch berücksichtigt diese Überlegung nicht, dass schon vor der Fälligkeit im Regelfall Zahlungen erfolgen, die bei einem Vergleich eine wichtige Rolle spielen, da sie zum aktuellen Zinssatz wieder angelegt werden können. Als besseres Kriterium wurde daher die Duration entwickelt, die sich in modifizierter Form auch gut zum Abschätzen von Kursveränderungen eignet.

Das Konzept geht auf **Macaulay** (1938) zurück und wurde dann in den siebziger Jahren wiederentdeckt. Die **Duration** (*D*) gewichtet den Barwert der Zahlungen mit ihrem Zahlungszeitpunkt und setzt sie dann ins Verhältnis zum Barwert. Sie stellt damit die **durchschnittliche Bindungsdauer** des **Barwertes** eines Cash Flows dar.

$$D = \frac{\sum_{t=1}^{n} \frac{t \cdot C_t}{(1+r)^t}}{\sum_{t=1}^{n} \frac{C_t}{(1+r)^t}}$$

Im Nenner steht nichts anderes als der Barwert des Cash Flows, also der Kurs der Anleihe. Im Zähler hingegen wird jede Zahlung diskontiert, aber darüber hinaus mit der Zeitperiode gewichtet, die sie vom Starttag entfernt ist. Die Berechnung der Duration für eine Anleihe mit 8% Kupon und 5 Jahren Restlaufzeit bei einem Marktzins von 8,5% ergibt 4,3045 Jahre.

$$D = \frac{421{,}9693}{98{,}0297} = 4{,}3045$$

Bildlich kann man sich diese Berechnung als eine Reihe von Blöcken mit jeweils dem Gewicht des Barwertes der Zahlung, aufgereiht auf einem Brett, vorstellen. Wenn der Abstand der Blöcke von der linken Brettkante der jeweiligen Zeit bis zur Zahlung entspricht, liegt die Duration genau an der Stelle, an der das Brett im Gleichgewicht ist.

Tabelle 2.10

**BERECHNUNG DER DURATION EINER 5-JÄHRIGEN 8%-ANLEIHE BEI 8,5% RENDITE**

| Periode ($t$) | Zahlung | $PV_{Zahlung}$ | Periode $\cdot$ $PV_{Zahlung}$ | $\frac{PV_{Zahlung}}{PV_{gesamt}}$ | $\frac{PV_{Zahlung}}{PV_{gesamt}} \cdot t$ |
|---|---|---|---|---|---|
| 1 | 8 | 7,3733 | 7,3733 | 7,52% | 0,0752 |
| 2 | 8 | 6,7956 | 13,5913 | 6,93% | 0,1386 |
| 3 | 8 | 6,2633 | 18,7898 | 6,39% | 0,1917 |
| 4 | 8 | 5,7726 | 23,0904 | 5,89% | 0,2355 |
| 5 | 108 | 71,8249 | 359,1245 | 73,27% | 3,6634 |
| Summe | | 98,0297 | 421,9693 | 100,00% | 4,3045 |

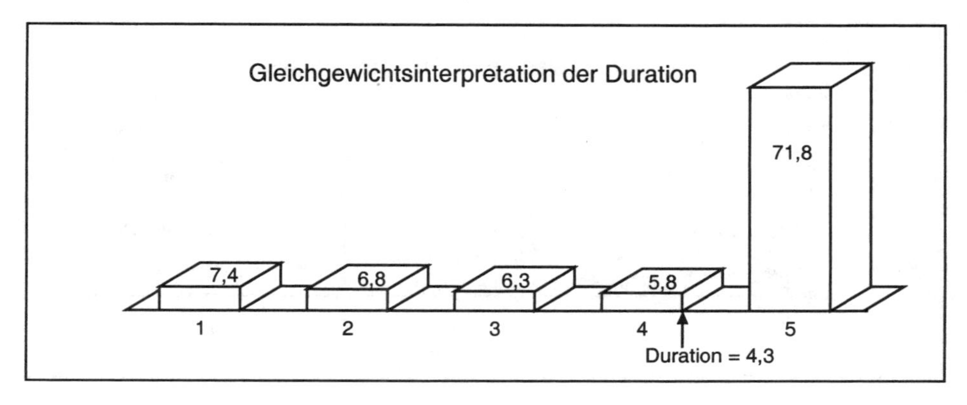


Abbildung 2.3: **Gleichgewichtsinterpretation der Duration**

*D* ist also ein Zeitmaß, nach dessen Erreichen die **Hälfte des zeitlich gewichteten Barwerts** an den Investor geflossen ist. Solange **keine Zahlungen** anfallen, **verkürzt** sich die **Duration** daher im selben Maß, **wie die Zeit vergeht**. Nach einem weiteren halben Jahr wäre damit $D = 4{,}3045 - 0{,}5 = 3{,}8045$.

Eine alternative Beschreibung bietet die letzte Spalte der Tabelle. Die Duration ist die Summe des prozentualen Anteils des Barwertes einer Zahlung am Kurs der Anleihe, gewichtet mit dem Zeitpunkt der Zahlung.

Vergleicht man die Duration von Kuponanleihen mit deren **Restlaufzeit,** wird deutlich, dass die **Duration** um so **kürzer** ist,

- je **höher** der **Kupon**,
- je **höher** die **vorzeitigen Tilgungen** (z.B. Annuitäten),
- je **früher** die **vorzeitigen Tilgungen**,
- je **höher** der **Marktsatz**

ist.

Dies läuft letzlich auf nichts anderes hinaus, als dass die Duration berücksichtigt, wie schnell der Barwert an den Investor zurückfließt. Jede Zinsänderung löst neben der Kursänderung immer einen entgegen wirkenden Wiederanlageeffekt aus, der langfristig auch überwiegt. Am Zeitpunkt der Duration gleichen sich Kursveränderung und Wiederanlageeffekt aus, so dass der Zukunftswert gegen Zinsänderungen immunisiert ist. Die folgende Grafik zeigt diesen Effekt am Beispiel einer 5-jährigen Anleihe mit 8%-Kupon und unterschiedlichen Marktzinsen zum Zeitpunkt 0.

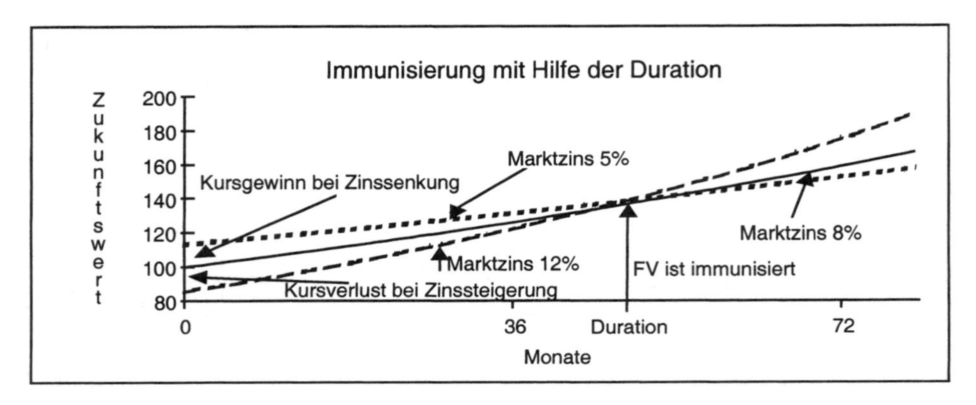


Abbildung 2.4: **Immunisierung mit Hilfe der Duration**

Eine weitere erfreuliche Eigenschaft der Duration ist ihre **Additivität**. Die Duration eines Portfolios kann leicht durch anteilige Gewichtung mit Hilfe des Barwerts der einzelnen Anleihen errechnet werden, da ein Zeitmaß addiert wird.

$$D_{Portfolio} = \sum_{i=1}^{n} \frac{PV_i}{PV_{Portfolio}} \cdot D_i$$

**Beispiel:**

Portfolio aus den Anleihen *A* und *B*

Anleihe *A*: Kurswert 30 Mio. mit Duration 6

Anleihe *B*: Kurswert 20 Mio. mit Duration 4

$$Duration_{Portfolio} = \frac{30}{50} \cdot 6 + \frac{20}{50} \cdot 4 = 5{,}2$$

Die Duration kann auch als **Risikomaß** herangezogen werden, da sich eine Beziehung von Zinsänderung und Kursänderung mit Hilfe der Duration ableiten lässt. Hierzu benötigt man jedoch die **modified Duration** ($D_{mod}$) die in einem anderen Zusammenhang schon von Hicks 1939 entwickelt wurde. Für Anleihen mit einem Kupon pro Jahr muss dabei die Macauly-Duration durch (1 + Marktzins) geteilt werden.

$$D_{mod} = \frac{D}{(1+r)}$$

Der Zusammenhang von Kursänderung und Zinsänderung ergibt sich, indem der Barwert einer Anleihe bezüglich des Marktzinses abgeleitet wird:

$$PV = \sum_{t=1}^{n} C_t \cdot (1+r)^{-t}$$

$$\frac{dPV}{dr} = \sum_{t=1}^{n} - C_t \cdot t \cdot (1+r)^{-t-1} = -\frac{1}{1+r} \cdot \sum_{t=1}^{n} C_t \cdot t \cdot (1+r)^{-t} = -\frac{1}{1+r} \cdot \frac{\sum_{t=1}^{n} C_t \cdot t \cdot (1+r)^{-t}}{PV} \cdot PV$$

$$\Leftrightarrow \frac{dPV}{dr} = -\underbrace{\frac{1}{1+r}}_{\substack{\text{modified} \\ \text{Duration}}} \cdot D \cdot PV \Rightarrow dPV = -\underbrace{\frac{1}{1+r}}_{\substack{\text{modified} \\ \text{Duration}}} \cdot D \cdot PV \cdot dr$$

bzw.

$$\textit{Preisveränderung} = -D_{mod} \cdot Kurs_{dirty} \cdot \textit{Zinsveränderung}$$

Die 8%-Kuponanleihe hat eine Restlaufzeit von fünf Jahren. Bei einem Marktsatz von 8,5% wurde die Duration mit 4,3045 Jahren und der Preis mit 98,03 berechnet. Bei einer Änderung des Zinsniveaus auf 8,8% (also $dr = 0{,}003$) kann die Preisveränderung der Anleihe mit $-1{,}167$ approximiert werden.

$$-\frac{4{,}3045}{1{,}085} \cdot 0{,}003 \cdot 98{,}03 = -1{,}167\ €$$

Dem steht eine rechnerische Kursveränderung von $96{,}87 - 98{,}03 = -1{,}16\,€$ gegenüber.

Die beiden Ergebnisse liegen also sehr nahe beieinander. Bei größeren Änderungen nimmt die Differenz aber deutlich zu. Fällt das Zinsniveau auf 7,5%, ergibt sich

$$dPV_{approx} = -\frac{4{,}3045}{1{,}085} \cdot 0{,}01 \cdot 98{,}03 = -3{,}889\ €$$

Die rechnerische Kursveränderung beträgt $102{,}03 - 98{,}03 = 4{,}00\,€$.

Zur schnellen Ermittlung der Duration wird die Formel oft auch direkt mit Hilfe der Preisveränderung errechnet. Bei einer Renditeveränderung um 0,01% ergibt sich entsprechend eine Sensitivität der betrachteten Anleihe von:

$$dPV_{8,5\%\rightarrow 8,51\%} = Sensi = 97{,}99079798 - 98{,}02967896 = -0{,}038881$$

Da diese Wertveränderung auch mit Hilfe der modified Duration berechnet werden kann, muss also gelten:

$$dPV_{8,5\%\rightarrow 8,51\%} = Sensi = -\frac{D}{1+r} \cdot 0{,}0001 \cdot PV$$

$$\Leftrightarrow -0{,}038881 = -\frac{D}{1{,}085} \cdot 0{,}0001 \cdot 98{,}03$$

$$\Leftrightarrow D = 4{,}3034$$

Die Sensitivität entspricht einer numerisch bestimmten Tangente durch Berechnung bei einer kleinen Zinsänderung, während die modified Duration die Tangente analytisch bestimmt, also für infinitesimal kleine Änderungen. In der Praxis kann der Unterschied meist vernachlässigt werden.

### 2.5.4 Konvexität (Convexity)

Wie im Abschnitt 2.5.2 gezeigt wurde, kann mit Hilfe der modifizierten Duration eine approximative Rechnung in Bezug auf die Preisveränderung einer Anleihe erstellt werden. Das Ergebnis weicht um so mehr vom wirklichen Wert ab, je größer die Renditeveränderung ist. Dieser Effekt kommt dadurch zustande, dass bei der Approximation an der Stelle des aktuellen Kurses eine Tangente an die wirkliche Rendite-Kurskurve gelegt wird. Da diese Kurve jedoch gekrümmt (konvex) ist, ist der Abstand zwischen der Kurve und der Tangente um so größer, je weiter der neue Anleihekurs vom alten entfernt ist. Die Formel für die **Convexity** an einer Stelle ergibt sich entsprechend als **zweite Ableitung der Rendite-Kurskurve** (Duration ist die erste Ableitung), erklärt also die **Veränderung der Duration** bei einer weiteren Veränderung der Zinsen.

$$Convexity = \frac{d^2PV}{dr^2}$$

$$\frac{dPV}{dr} = \sum_{t=1}^{n} -C_t \cdot t \cdot (1+r)^{-t-1}$$

$$\frac{d^2PV}{dr^2} = \sum_{t=1}^{n} -(-t-1) \cdot C_t \cdot t \cdot (1+r)^{-t-2} = \frac{1}{(1+r)^2} \cdot \sum_{t=1}^{n} \frac{t \cdot (t+1) \cdot C_t}{(1+r)^t}$$

Diese **"Gebogenheit"** ist bei Portfolios gleicher Duration auch eine sehr angenehme Eigenschaft, denn bei **größerer Konvexität** führt eine **Zinssteigerung** zu **kleineren Verlusten** und eine **Zinssenkung zu größeren Gewinnen** im Vergleich zu einer Kurve mit geringerer Konvexität.

Die **Schwierigkeiten** bei dieser Analyse sind die Annahmen

- einer Parallelverschiebung der Zinskurve

  und

- der **Konstanz der Spreads** (Renditedifferenz) verschiedener Anleihen bei einer Veränderungen der Zinsen.

Grundsätzlich **steigt** die **Convexity** einer Anleihe mit gleicher Duration bei:

- **sinkendem Kupon** (bei gleicher Rendite und Restlaufzeit),
- **sinkender Rendite** (bei gleichem Kupon und Restlaufzeit),
- **längerer Restlaufzeit** (bei gleichem Kupon und gleicher Rendite).

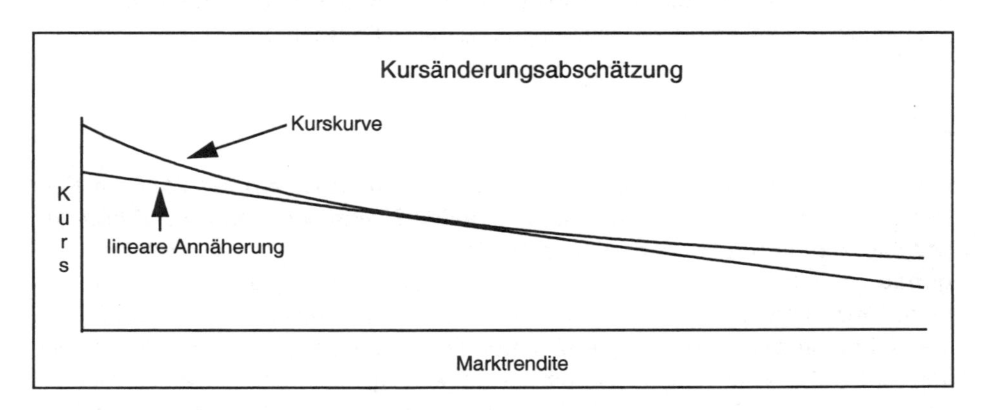


Abbildung 2.5: **Kursänderungsabschätzung**

Jedoch muss betont werden, dass bei Renditeveränderungen der **Löwenanteil** der **Preisveränderung** mit der **Duration** erklärt werden kann. Da der Preis für Convexity im Normalfall eine geringere Rendite bzw. eine Optionsprämie ist, sind meistens sehr starke Zinsänderungen für eine ertragreiche Steuerung der Convexity notwendig. Darüber hinaus überlagern die Veränderungen der Zinsstrukturkurve oft diesen Effekt, so dass die **Kernentscheidung** bei der Portfolioplanung immer die **Duration** sein muss. Erst dann sollte eventuell die Konvexität analysiert werden. Letztlich ist der "Kauf" zusätzlicher Konvexität nichts anderes als eine Vergrößerung der Position in Bezug auf Zinsvolatilität. Bei gleicher Duration ist die Anleihe mit der höheren Konvexität zu bevorzugen, da der Besitzer bei fallenden

Zinsen überproportional profitiert und bei steigenden Zinsen unterproportional verliert.

Bei der Aufstellung eines **Hedges** ist es immer vorteilhaft, wenn bei gleicher Duration die **Long Position konvexer** als die Short Position ist. Dies bedeutet bei einer Renditeerhöhung, dass die im Besitz befindliche Position langsamer an Wert verliert als die einzudeckende Position. Fällt der Zins, gewinnt die Long Position schneller an Wert als die Short Position verliert. Die **Wertveränderung** der Gesamtposition ist also **bei jeder Zinsveränderung positiv!**

*Literatur: Klotz (1985), Salomon Brothers (1985), Kempfle (1990), Uhlir/Steiner (1991)*

## 2.6 Effektivverzinsung bei gebrochenen Laufzeiten

Bei der Ermittlung einer Effektivverzinsung mit **gebrochenen Perioden** muss zuerst der zu zahlende Betrag ermittelt werden. Da zum Kurs die **Stückzinsen** hinzukommen, werden einige Anmerkungen zu deren Berechnung vorangestellt.

### 2.6.1 Stückzinsen

In vielen Ländern wird zur Vereinfachung bei den **Stückzinsen** das **Jahr** mit einer Basis von **360 Tage**n gerechnet, d.h., **jeder Monat wird mit 30 Zinstagen** gezählt. In **anderen** Ländern (u.a. in Deutschland) werden teilweise die **Zinstage genau** gezählt und dann mit der Basis 360, 365 oder **taggenau** (actual) kombiniert. Hinzu kommt im Rahmen der neuen Preisangabenverordnung die Teilung des Jahres in zwölf gleich lange Monate, dies entspricht also einer Monatslänge von $365/12 = 30{,}42$ Tagen. Darum ist es wichtig, die Usancen eines Marktes genau zu kennen. Diese Zählweisen spielen für die Stückzinsen, aber auch für die Kuponhöhe bei einem kurzen bzw. langen ersten Kupon eine Rolle. Im Folgenden sollen die wichtigsten Methoden kurz angesprochen werden.

Bei normalen Kuponbonds werden dazu folgende Informationen benötigt:

$T_{-1}$ = Termin der letzten Kuponzahlung vor dem Verkauf

$T_s$ = Abrechnungstag (Settlement oder Valuta-Datum)

$T_1$ = Termin für die nächste Kuponzahlung

Die Zeitspanne **zwischen** den **Kuponzahlungen** bestimmt dabei die **Basisperiode**. Die **gebrochene Periode** ($f$) dauert hingegen vom **Abrechnungstag bis** zur nächsten darauffolgenden **Kuponzahlung**, dabei spielt die gebrochene Periode eine wichtige Rolle bei der Abzinsung. Die gerechnete Länge der Zeit ist abhängig von der gewählten Usance. Im Folgenden soll dies mit der Anleihe der Deutschen Bundespost von 1986 als Beispiel erläutert werden. Dabei gehen wir von der Valuta 4.10.2000 aus. Die Anleihe ist am 2.4.2010 fällig und mit einem 5 $^3/_4$-Kupon ausgestattet.

❑ **Usance 30/360**

Volle Monate werden mit 30 Zinstagen gerechnet. Bei **Perioden pro Jahr** ($p$) ergibt sich also:

$$f = \frac{T_1 - T_s}{\frac{360}{p}}$$

$$Stückzinsen\ (S) = \frac{(1-f)\ Kupon}{p} \quad \text{für } f < 1 \text{ und } S = 0 \text{ für } f = 1$$

Dies ergibt für unser Beispiel:

$T_1 \quad = 2.4.2001$

$T_s \quad = 4.10.2000$

$T_1 - T_s \quad = 178$

$$f = \frac{178}{360} = 0{,}494444$$

$$Stückzinsen = 0{,}50556 \cdot 5{,}75 = 2{,}9069 = 2{,}91$$

Früher war bei Monaten mit 31 Tagen in der Regel der 31. kein Zinstag (d.h., die Zeit vom 1. bis 31. Mai zählte als 29 Zinstage, da der erste Mai als Valutatag nicht mitzählt). Heute wird meist mit der amerikanischen SIA Usance gearbeitet. Fällt das Enddatum auf den 31., wird dieser wie der 1. des Folgemonats behandelt.

❑ **Usance act/360**

Bei dieser Berechnung werden die Tage zwischen den Terminen zwar genau gezählt, jedoch als Basis ein Jahr mit 360 Tagen zugrunde gelegt.

$$f = \frac{(T_1 - T_s)}{\frac{360}{p}}$$

$$Stückzinsen = (T_S - T_{-1}) \cdot \frac{Kupon}{360}$$

$T_1 \quad = 2.4.2001$

$T_s \quad = 4.10.2000$

$T_1 - T_s \quad = 180$

$T_{-1} \quad = 2.4.2000$

$(T_s - T_{-1}) = 185$

$$f = \frac{180}{360} = 0{,}5$$

$$Stückzinsen = 185 \cdot \frac{5{,}75}{360} = 2{,}9549 = 2{,}95$$

❑ **Usance act/act** (gültig im Euro Anleihenmarkt)

Sowohl im Zähler als auch im Nenner werden die wirklichen Tage berücksichtigt. Dies ergibt daher

$$f = \frac{(T_1 - T_s)}{(T_1 - T_{-1})}$$

$$Stückzinsen = \frac{(T_s - T_{-1})}{(T_1 - T_{-1})} \cdot Kupon$$

Für unser Beispiel ergibt sich:

$T_1 - T_{-1} = 365$

$$f = \frac{180}{365} = 0{,}4932$$

$$Stückzinsen = \frac{185}{365} \cdot 5{,}75 = 2{,}9144 = 2{,}91$$

❑ **Usance 30,42/365**

Für die Angabe von Effektivzinsen im Kundengeschäft wird ab 1999 bei gleichen Monatsabständen der Zahlungen mit 30,42 Tagen pro Monat unabhängig von der wirklichen Monatslänge gearbeitet. Dies entspricht letztlich der 30/360-Methode. Ändern sich die Termine jedoch im Zeitablauf, muss die act/act-Methode angewandt werden.

## 2.6.2 Grundsätzliche Analyse

Während bei **glatten Laufzeiten** die Errechnung des **Effektivsatzes eindeutig** war, da jeder Kupon mit den entsprechenden Jahren abgezinst wurde, gibt es bei der gebrochenen Periode verschiedene Methoden. Die Unterschiede bestehen in den **Annahmen der Häufigkeit der Zinsverrechnung pro Jahr** und damit der Zinseszinswirkung, in der Art der Diskontierung und der Umrechnung in entsprechende periodenkonforme Zinssätze. Im Folgenden wird immer von der Usance 30/360 ausgegangen.

Grundsätzlich ändert sich der Zahlungsstrom nur leicht. Da die **Kupon- und Tilgungszahlungen** zu **unveränderten Terminen** erfolgen, verändert sich nur der ursprüngliche Bezugszeitpunkt $T_s$. Dabei wird die gebrochene Periode immer an den Anfang des Zahlungsstroms gestellt. Zusätzlich zum Kaufpreis müssen die Stückzinsen gezahlt werden.

Bei der **Verschiebung** um die **gebrochene Periode** ($f$) muss nur die Diskontierung um f erhöht werden. Dies wird an einem Beispiel deutlich. Beim Kauf einer Anleihe mit einem Kupon von 10% und einer Restlaufzeit von 1,5 Jahren müssen als Kaufpreis 98 zuzüglich Stückzinsen aufgewandt werden. Die Stückzinsen ergeben sich aus:

$$Stückzinsen = \frac{180}{360} \cdot 10 = 5$$

Damit ergibt sich ein Cash Flow von:

Tabelle 2.11
**CASH FLOW EINER ANLEIHE MIT 1,5 JAHREN RESTLAUFZEIT**

| **Datum** | **1.7.1999** | **1.1.2000** | **1.7.2000** | **1.7.2001** |
|---|---|---|---|---|
| | $= T_{-1}$ | $= T_s$ | $= T_1$ | $= T_2$ |
| **Tage** | 0 | 180 | 360 | 720 |
| **Cash flow** | | –103 | 10 | 110 |

Bei einer genauen Einbeziehung der Tage in die Effektivzinsberechnung muss dies entsprechend bei der Diskontierung berücksichtigt werden. Die entsprechenden Abzinsungsfaktoren werden nicht mehr mit den Jahren, sondern mit dem Zinstageabstand, geteilt durch 360, berechnet.

$$103 = \frac{10}{(1+IRR)^{\frac{180}{360}}} + \frac{110}{(1+IRR)^{\frac{540}{360}}}$$

Für die betrachtete Anleihe errechnet sich ein interner Zins von 11,4223%; es muss also gelten:

$$103 = \frac{10}{(1+0{,}114223)^{\frac{180}{360}}} + \frac{110}{(1+0{,}114223)^{\frac{540}{360}}} = \frac{10}{1{,}0556} + \frac{110}{1{,}1761} = 9{,}4736 + 93{,}5264$$

Jedoch hilft es zur Verallgemeinerung und Erklärung anderer Methoden, die Analyse einmal etwas anders aufzubauen. Betrachten wir zuerst die ungebrochenen Laufzeiten und diskontieren alle Zahlungsströme der Anleihe auf die Periode $T_1$ ab. Anschließend wird dann mit Hilfe der gebrochenen Periode die Zahlung auf den Kaufzeitpunkt abgezinst.

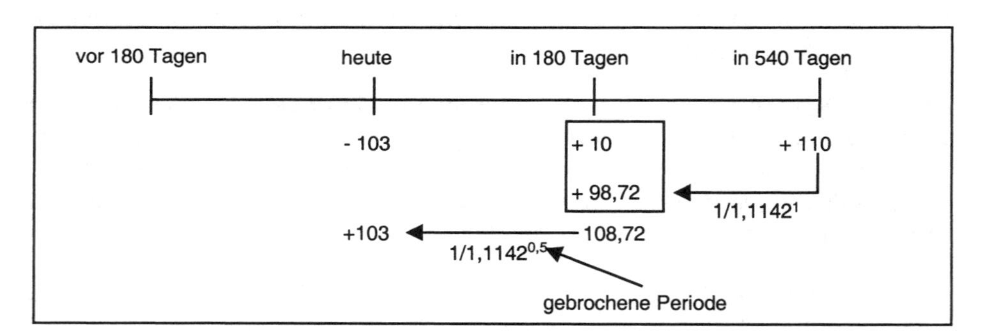


Abbildung 2.6: **Diskontierung der Zahlung auf den Kaufzeitpunkt**

Die Formel für glatte Laufzeitjahre ergab

$$P = \frac{Rückzahlung}{q^n} + \sum_{j=1}^{n} \frac{Koupon}{q^j}$$

mit $q = 1 + \frac{IRR}{100}$

Unter Ausnutzung der Summenformel lautet die Gleichung folgendermaßen:

$$P = \frac{Rückzahlung}{q^n} + C \cdot \frac{q^n - 1}{q^n \cdot (q-1)}$$

Dies muss jetzt um die Stückzinsen und die Verschiebung der gebrochenen Periode verändert werden. Es ergibt sich also:

$$P + Stückzinsen = \frac{1}{q^f} \cdot \left( \frac{Rückzahlung}{q^n} + C \cdot \frac{q^{n+1} - 1}{q^n \cdot (q-1)} \right)$$

Dies entspricht der Effektivverzinsung nach ISMA bei glatten Laufzeiten und kann als Basisformel für den Vergleich unterschiedlicher Berechnungsmethoden herangezogen werden.

## 2.6.3 Unterschiedliche Usancen

Während sich die unterschiedlichen Effektivzinsmethoden bei glatten und vollen Jahren Laufzeit nicht unterscheiden, sind die Annahmen in Bezug auf die gebrochene Periode, auf Restlaufzeiten unter einem Jahr und bei der Umrechnung vom Periodenzins auf den Jahreszins unterschiedlich. Dies soll hier an den gängigsten Verfahren kurz erläutert werden.

Als Beispiel dienen die Anleihen aus den Abschnitten 2.1 und 2.6 mit folgenden Ausstattungsmerkmalen:

**Beispielanleihen *A* und *B*:**

| | |
|---|---|
| Kupon: | 8% |
| Restlaufzeit: | 9 Jahre |
| Tilgung: | 102 |
| Kurs: | 110 |
| Anleihe *A*: | jährlicher Kupon |
| Anleihe *B*: | halbjährlicher Kupon |

| **Beispielanleihen *C* und *D*:** | |
|---|---|
| Kupon: | 5,75% |
| Valuta: | 4.10.2000 |
| Fälligkeit: | 2.4.2010 |
| Tilgung: | 100 |
| Kurs: | 85,20 |
| Anleihe *C*: | jährlicher Kupon |
| Anleihe *D*: | halbjährlicher Kupon |

### ❑ ISMA (AIBD)

Um die unterschiedliche Renditerechnung auf dem Euromarkt zu vereinheitlichen, beschloss die **Association of International Bond Dealers** (AIBD) die "Rule 803". Inzwischen hat sich die Vereinigung in International Securities Market Association (ISMA) umbenannt. Da die Methode weltweit angewendet wird, spricht man häufig auch von der internationalen Methode. Die ISMA-Formel geht im Prinzip genauso vor, wie im Abschnitt 2.6.1 beschrieben wurde. Alle Zahlungen werden **ab der ersten vollständigen Periode auf diesen Zeitpunkt abgezinst** und dann durch **exponentielle Abzinsung mit der gebrochenen Periode auf den Valutatag** gebracht. Erweitert man die Formel für *p* Kupons, ergibt sich:

$$P + Stückzinsen = \frac{1}{q^f} \cdot \left( \frac{Rückzahlung}{q^n} + \frac{C}{p} \cdot \frac{q^n - 1}{q^n \cdot (q-1)} \right)$$

$p$ = Anzahl der Kupons im Jahr

$n$ = Anzahl der Perioden

Diese Formel ergibt einen periodenbezogenen Effektivsatz, d.h., bei halbjährigem Kupon ist das Ergebnis semi annual. Da aber für die Vergleichbarkeit ein Jahreszins vorgeschrieben ist, wird er dann entsprechend nach der Formel:

$$IRR_{ann} = \left(1 + IRR_{Periode}\right)^{Periode} - 1$$

exponentiell umgerechnet (vgl. 2.3.1).

Für die letzte Periode des Bonds gibt es keine expliziten Angaben, es kann davon ausgegangen werden, dass die Rechenformel erhalten bleibt und nicht mit einer Geldmarktverzinsung gearbeitet wird (vgl. SIA).

Ergebnis für Anleihe A: $IRR_{pa} = 6{,}66\%$

Ergebnis für Anleihe B: $IRR_{sa} = \frac{6{,}67}{2}\% = 3{,}335\% \Rightarrow IRR_{pa} = 6{,}78\%$

Ergebnis für Anleihe C: $IRR_{pa} = 8{,}03\%$

Ergebnis für Anleihe D: $IRR_{sa} = \frac{8}{2}\% = 4\% \Rightarrow IRR_{pa} = 8{,}16\%$

(Anmerkung: Der Taschenrechner HP17B berechnet den Jahressatz mit multiplikativer Verknüpfung aus dem halben Jahr heraus; vgl. SIA.)

### ❑ SIA-Methode

Die Methode der **Securities Industry Association (SIA)** liegt vielen Taschenrechnern (z.B. HP17B und folgende) zugrunde. Sie entspricht weitgehend dem **ISMA-Verfahren** bis auf zwei **Ausnahmen**:

Bei der **Umrechnung auf den jährlichen Zins** wird nicht aufgezinst, sondern einfach **multipliziert**:

$$IRR_{ann} = IRR_p \cdot p$$

Außerdem wird in der letzten Periode vor Fälligkeit der Effektivsatz nach Geldmarktusancen berechnet, da Anleihen dann Opportunitätsprodukte für den Geldmarkt (vgl. 2.2) sind.

$$IRR = \left( \frac{Rückzahlung + \frac{C}{p}}{P + Stückzinsen} - 1 \right) \cdot \frac{100}{f}$$

Ergebnis für Anleihe *A*: $IRR_{pa} = 6{,}66\%$

Ergebnis für Anleihe *B*: $IRR_{sa} = \frac{6{,}67}{2}\% = 3{,}335\% \Rightarrow IRR_{pa} = 6{,}67\%$

Ergebnis für Anleihe *C*: $IRR_{pa} = 8{,}03\%$

Ergebnis für Anleihe *D*: $IRR_{sa} = \frac{8}{2}\% = 4\% \Rightarrow IRR_{pa} = 8\%$

### ❑ US-Treasury

Das **Schatzamt der Vereinigten Staaten** berechnet die glatten Perioden identisch mit der SIA-Methode, jedoch wird in der gebrochenen Periode nicht exponentiell, sondern **linear abgezinst**. Daraus ergibt sich folgende Formel:

$$P + Stückzinsen = \frac{1}{1 + f \cdot \frac{IRR}{100}} \cdot \left( \frac{Rückzahlung}{q^n} + \frac{C}{p} \cdot \frac{q^n - 1}{q^n \cdot (q-1)} \right)$$

In der letzten Periode mit $n = 0$ entspricht diese Formel dann genau der SIA-Methode. Auch die Umrechnung in den Jahreseffektivzins ist identisch mit SIA.

| | | |
|---|---|---|
| Ergebnis für Anleihe $A$: | $IRR_{pa} = 6{,}66\%$ | |
| Ergebnis für Anleihe $B$: | $IRR_{sa} = \frac{6{,}67}{2}\% = 3{,}335\%$ | $\Rightarrow IRR_{pa} = 6{,}67\%$ |
| Ergebnis für Anleihe $C$: | $IRR_{pa} = 8{,}02\%$ | |
| Ergebnis für Anleihe $D$: | $IRR_{sa} = 4{,}01\%$ | $\Rightarrow IRR_{pa} = 8{,}02\%$ |

### ❑ Moosmüller

Im deutschen Rentenhandel wird häufig nach der Moosmüller-Formel gerechnet. Die Rechenformel stimmt mit der **US Treasury-Methode** überein, die **gebrochene Periode** wird also **linear abgezins**t. Jedoch wird bei der **Umrechnung in einen Jahreseffektivzins** wie bei der ISMA-Methode **exponentiell** aufgezinst.

| | | |
|---|---|---|
| Ergebnis für Anleihe $A$: | $IRR_{pa} = 6{,}66\%$ | |
| Ergebnis für Anleihe $B$: | $IRR_{sa} = \frac{6{,}67}{2}\% = 3{,}335\%$ | $\Rightarrow IRR_{pa} = 6{,}78\%$ |
| Ergebnis für Anleihe $C$: | $IRR_{pa} = 8{,}02\%$ | |
| Ergebnis für Anleihe $D$: | $IRR_{sa} = 4{,}01\%$ | $\Rightarrow IRR_{pa} = 8{,}17\%$ |

Um dieses Ergebnis zu verdeutlichen, wird im Folgenden das Beispiel aus der grundsätzlichen Analyse (vgl. 2.6.2), also eine Anleihe mit einem Kupon von 10% bei einer Restlaufzeit von 1,5 Jahren zum Kurs von 98, dargestellt. Nach ISMA ergab sich eine Verzinsung von 11,423%; hingegen errechnet sich bei Moosmüller eine Rendite von 11,301%, da die gebrochene Periode linear abgezinst wird. Dies ergibt dann folgendes Bild:

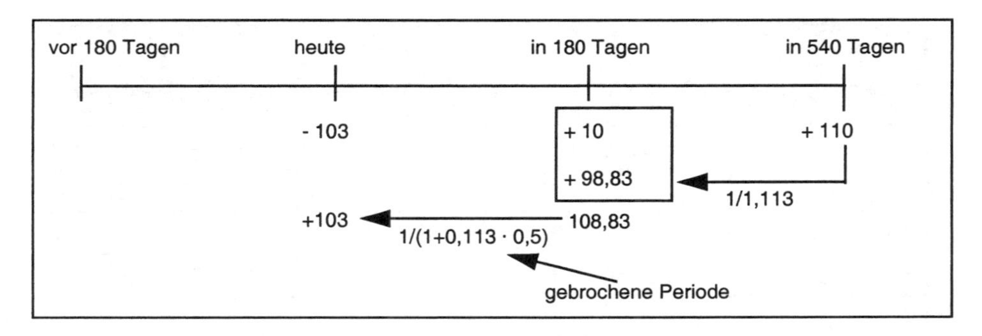


Abbildung 2.7: Abbildung 2.7: **Renditeberechnung nach Moosmüller**

### ❑ Preisangabenverordnung (PAngV)

Auf Basis der Verbraucherkreditrichtlinie wird in Europa im Regelfall mit einem taggenauen Abstand (act/act) und exponentieller Diskontierung (ISMA) gearbeitet. Da Kredite jedoch keine Stückzinsen zahlen, liegt die gebrochene Periode am Ende der Laufzeit, während sie bei Anleihen meist am Anfang liegt. Der deutsche Gesetzgeber wird vermutlich bei monatlichen Krediten die Usance 30,42/365 nutzen, da dann bei gleichem Cash Flow der Effektivzins nicht mit dem Tag der Aufnahme schwanken kann.

Um die Auswirkungen der unterschiedlichen Verfahren zu demonstrieren, sind in den folgenden Tabellen die Annahmen und einige Ergebnisse der Verfahren bei unterschiedlichen Bedingungen angegeben.

Tabelle 2.12

**ÜBERSICHT ÜBER UNTERSCHIEDLICHE EFFEKTIVZINSVERFAHREN**

| | ISMA/PAngV | SIA | Treasury | Moosm. |
|---|---|---|---|---|
| **Zins ver.** | bei jeder Zahlung | | | |
| **Diskont gebr. Per.** | exponentiell | | linear | |
| $r_{e_{ann}}$ | expo. | Multiplikation mit p | | expo. |

| Tabelle 2.13<br>ÜBERSICHT ÜBER RENDITEUNTERSCHIEDE DER EFFEKTIVZINSVERFAHREN | | | | | | | | | | | |
|---|---|---|---|---|---|---|---|---|---|---|---|
| **Kurs** | 100 | 100 | 100 | 90 | 90 | 90 | 98 | 98 | 98 | 98 | 98 |
| **Kupon** | 8 | 8 | 8 | 8 | 8 | 8 | 8 | 8 | 8 | 8 | 8 |
| **Kupon/Jahr** | 1 | 2 | 2 | 1 | 1 | 1 | 1 | 1 | 1 | 1 | 1 |
| **Laufzeit:** | 5 | 5 | 1 | 9 | 9,1 | 9,5 | 1,1 | 1,2 | 1,37 | 1,5 | 1,9 |
| | | | | | | | | | | | |
| **ISMA** | 8,00 | 8,16 | 8,16 | 9,72 | 9,70 | 9,64 | 9,97 | 9,79 | 9,56 | 9,42 | 9,18 |
| | | | | | | | | | | | |
| **SIA** | 8,00 | 8,00 | 8,00 | 9,72 | 9,70 | 9,64 | 9,97 | 9,79 | 9,56 | 9,42 | 9,18 |
| **ISMA – SIA** | 0,00 | 0,16 | 0,16 | 0,00 | 0,00 | 0,00 | 0,00 | 0,00 | 0,00 | 0,00 | 0,00 |
| | | | | | | | | | | | |
| **Treasury** | 8,00 | 8,00 | 8,00 | 9,72 | 9,69 | 9,62 | 9,93 | 9,72 | 9,48 | 9,35 | 9,16 |
| **ISMA-Treasury** | 0,00 | 0,16 | 0,16 | 0,00 | 0,01 | 0,02 | 0,04 | 0,07 | 0,08 | 0,08 | 0,02 |
| | | | | | | | | | | | |
| **Moosmüller** | 8,00 | 8,16 | 8,16 | 9,72 | 9,69 | 9,62 | 9,93 | 9,72 | 9,48 | 9,35 | 9,16 |
| **ISMA – Moos** | 0,00 | 0,00 | 0,00 | 0,00 | 0,01 | 0,02 | 0,04 | 0,07 | 0,08 | 0,08 | 0,02 |

Es zeigt sich, dass bei einer Bewertung nach **ISMA und Moosmüller** deutliche **Unterschiede** der Renditen bei der Bewertung eines **identischen Cash Flows** möglich sind. Ein Vergleich von Renditen unterschiedlicher Verfahren kann also schnell zu Fehlschlüssen führen.

*Literatur: Wagner (1988), Fage (1987), Wimmer/Stöckl-Pukall (1998)*

# 3.

# Anwendung bei Finanzinnovationen

# 3 Anwendung bei Finanzinnovationen

Mit Hilfe der finanzmathematischen Grundlagen des Abschnitts 2 kann jetzt eine Vielzahl von **Termingeschäften** analysiert werden. Da es sich bei diesen Geschäftstypen nicht um die Schaffung eines neuen Kredits bzw. einer neuen Anlage, sondern lediglich um einen **Vertrag** handelt, werden diese Geschäfte oft auch als **Derivative** bezeichnet. Im Folgenden wird die Funktionsweise von **Forward Rate Agreements** (Absicherung eines Zinssatzes in der Zukunft) und von **Zinsswaps** (Austausch von Zinszahlungen) besprochen. Der **Bund Future** (börsengehandeltes Recht, ein Wertpapier zu kaufen oder zu verkaufen) wird im sechsten Kapitel behandelt. Dort werden auch **Hedgestrategien** mit Hilfe des Futures analysiert. Mit diesen Grundtypen von Geschäften sollten im Regelfall die meisten der Bewertungs- und Analyseprobleme der Praxis methodisch besprochen worden sein. Die symmetrischen Geschäfte des dritten Kapitels werden am Ende zur beispielhaften Analyse eines Reverse Floaters und eines Leveraged Floaters eingesetzt.

## 3.1 Forward Rate Agreement (FRA)

Bei Termingeschäften handelt es sich um eine Absicherung eines Preises in der Zukunft. Entsprechend gilt es bei einem Forward Rate Agreement, einen zukünftigen Zins schon heute zu sichern. Forward Rate Agreements bieten die Möglichkeit, Zinssätze für Perioden in näherer Zukunft (1 - 24 Monate) zu fixieren. Der *FRA* ist also eine Vereinbarung über einen Zinssatz, der für eine zukünftige Periode gelten soll. Es wird jedoch kein Kapital getauscht, es findet lediglich eine Ausgleichszahlung statt, wenn bei Ablauf der Vorlaufzeit der vereinbarte Zins vom aktuellen Satz abweicht.

Ein *FRA* setzt sich aus einer Vorlaufperiode (1 - 18 Monate) – also dem Zeitraum, der vor Beginn der abgesicherten Periode liegt – und dem eigentlichen Absicherungszeitraum (3 - 12 Monate) zusammen. Die Nominalbeträge im *FRA*-Handel schwanken zwischen 5 Mio. € und mehreren 100 Mio. €, als Referenzzinssatz steht EURIBOR bzw. LIBOR (Euro oder London Interbank Offered Rate) im Vordergrund.

Bei einem *FRA* gibt es folgende wesentliche Bestandteile:

- Kauf oder Verkauf eines Kreditzinssatzes,
- Nominalbetrag,
- *FRA*-Satz,

- Zeitraum (z.B. 3×9 bedeutet, dass in 3 Monaten die folgenden 6 Monate abgesichert sind),
- Referenzzinssatz.

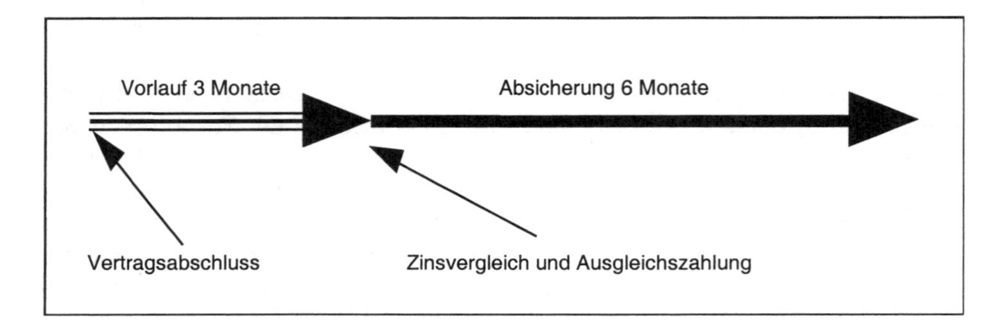


Abbildung 3.1: **Forward Rate Agreement 3×9**

Über Verknüpfungen von verschiedenen *FRAs* können auch längere Perioden abgesichert werden. So ergibt sich aus einem 3×9 und einem 9×15 eine Absicherung für ein Jahr in Bezug auf den 6-Monats-LIBOR mit Beginn in 3 Monaten. In diesem Bereich beginnt der Übergang zum Swapmarkt für Arbitragegeschäfte. Kurze Swaplaufzeiten werden ständig daraufhin überprüft, ob die quotierten Sätze sich im rechnerischen Gleichgewicht mit den entsprechenden Ketten von *FRAs* (*FRA*-Strips) befinden.

## 3.1.1 Funktionsweise des FRA

Der Käufer erwirbt mit einem *FRA* einen Festfinanzierungszinssatz und nicht, wie z.B. beim Future, ein zinsreagibles Wertpapier. Bei einer isolierten *FRA*-Transaktion profitiert der Käufer also von steigenden und der Verkäufer von sinkenden Zinsen.

Tabelle 3.1
SICHERUNG VON GELDMARKTSÄTZEN MIT HILFE EINES FORWARD RATE AGREEMENTS

| **Prognose** | **steigende Zinsen** | **fallende Zinsen** |
|---|---|---|
| **Einsatz des *FRA*** | Kauf | Verkauf |

Liegt bei Ende der Vorlaufzeit der Referenzsatz über dem *FRA*-Satz, so erhält der Käufer die Differenz, bezogen auf den Nominalbetrag, in diskontierter Form vergütet. Liegt der Referenzsatz unter dem *FRA*-Satz, so erhält der Verkäufer einen Barausgleich in Höhe der diskontierten Differenz. Da mit der Geldmarktusance gearbeitet wird, ergibt sich folgende Formel:

$$Ausgleichsbetrag = \frac{Nominalbetrag \cdot (LIBOR - FRA\,Satz) \cdot \frac{FRA\,Tage}{360}}{1 + LIBOR \cdot \frac{FRA\,Tage}{360}}$$

Selbstverständlich erfolgt auch die Ermittlung der Forwardzinsen für den *FRA* auf Geldmarktbasis. Es muss also gelten, dass eine Anlage über einen längeren Zeitraum genauso ertragreich ist, wie die Anlage für eine kürzere Zeit und Absicherung der Differenz mit Hilfe eines *FRA*.

**Beispiel:**

Auf dem €-Geldmarkt wird ein Jahreszinssatz von 7,00% und ein Halbjahreszinssatz (183 Tage) von 6,50% quotiert. Hieraus lässt sich der implizite Forwardsatz für ein halbes Jahr in einem halben Jahr errechnen:

$$\left(1 + 0{,}065 \cdot \frac{183}{360}\right) \cdot \left(1 + r_{f0,5\rightarrow1} \cdot \frac{182}{360}\right) = \left(1 + 0{,}07 \cdot \frac{365}{360}\right)$$

$$\Leftrightarrow 1 + r_{f0,5\rightarrow1} \cdot \frac{182}{360} = \frac{1{,}0709722}{1{,}0330417}$$

$$\Leftrightarrow r_{f0,5\rightarrow1} = 7{,}26\%$$

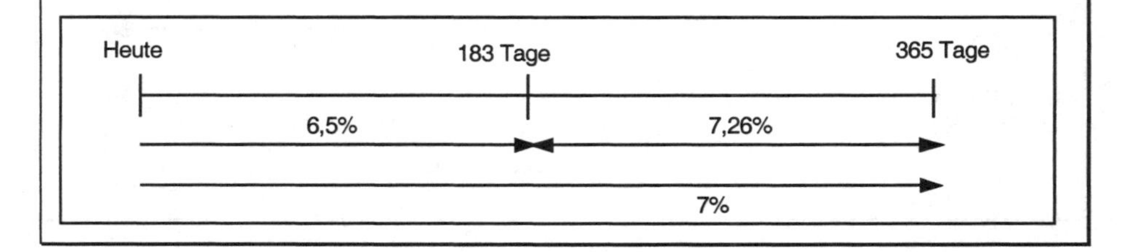


Abbildung 3.2: **Zinsstruktur auf dem Geldmarkt**

Geht ein Kreditmanager von **steigenden Zinsen aus,** kann er einen Kredit in einem halben Jahr für ein halbes Jahr mit Hilfe eines *FRAs* sichern. Bei einem Volumen von 10 Mio. € wird ein 6×12 *FRA* gekauft. Steht der aktuelle Zins in einem halben Jahr bei 7,26%, verfällt der *FRA*, da dann der Terminsatz mit dem aktuellen Satz identisch ist.

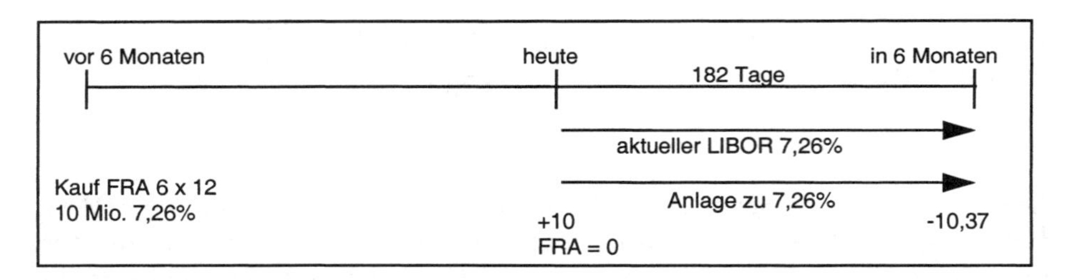


Abbildung 3.3: **Verfall eines *FRA***

Bewahrheitet sich die Prognose und der Zins steigt auf 8%, **erhält** der Käufer des *FRA* eine Ausgleichszahlung:

$$Ausgleichsbetrag = \frac{10 \text{ Mio.} \cdot (8\% - 7{,}26\%) \cdot \frac{182}{360}}{1 + 8{,}00\% \cdot \frac{182}{360}} = \frac{0{,}037 \text{ Mio.}}{1{,}0404} = 35\ 956{,}86$$

Die Zahlung von ca. 36 000 stellt ihn so, dass er bei Anlage für 6 Monate am Ende der Laufzeit genau die gleiche Kreditbelastung hat, wie er sie bei einem Marktzins von 7,26% gehabt hätte.

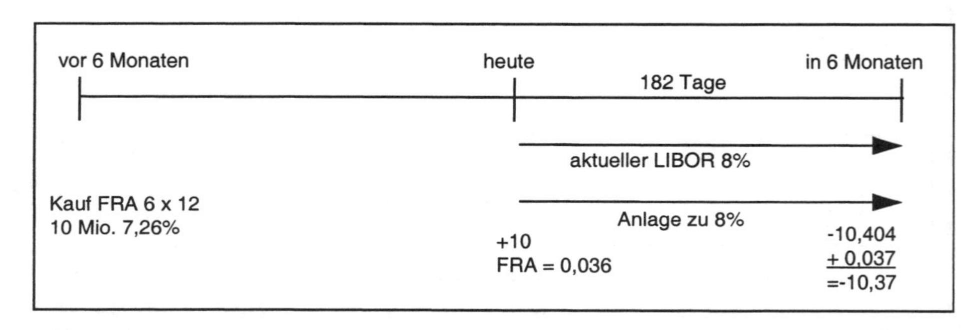


Abbildung 3.4: **Anstieg des Marktzinses beim *FRA***

Fällt der Zins allerdings auf 7%, muss eine Ausgleichszahlung **geleistet** werden.

$$\textit{Ausgleichsbetrag} = \frac{10\,\text{Mio.}\cdot(7\% - 7{,}26\%)\cdot\frac{182}{360}}{1 + 7{,}00\%\cdot\frac{182}{360}} = \frac{-0{,}0131\,\text{Mio.}}{1{,}0354} = -12\,695{,}18$$

Die Kreditsumme erhöht sich zwar jetzt um ca. 12 700, sie kann jedoch zu einem günstigeren Zinssatz finanziert werden. Entsprechend ist die Endbelastung wieder mit einem Zins von 7,26% identisch.

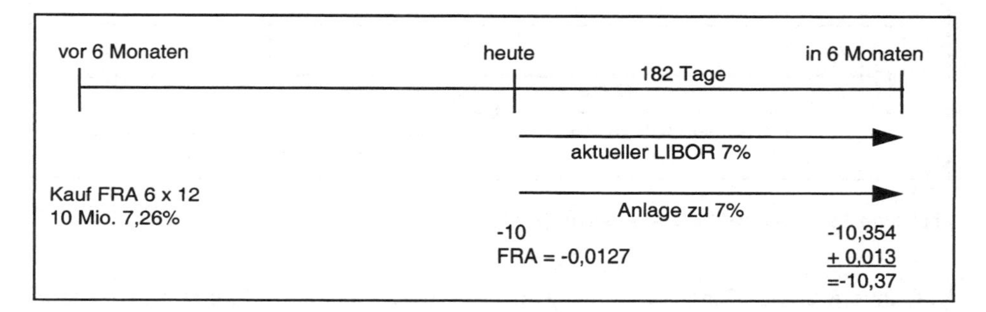


Abbildung 3.5: ***FRA* bei fallenden Zinsen**

Auf der anderen Seite wird an dem Beispiel gleichzeitig der Einsatz des *FRA* für den Anleger deutlich. Durch Verkauf des *FRA* ist er in der Lage, sich den Zinssatz von 7,26% zu sichern. Bei fallenden Zinsen profitiert er, indem er eine Ausgleichszahlung erhält.

Mit einem *FRA* können also zukünftige Geldmarktzahlungen abgesichert, aber auch bewertet werden. Diese Logik kann auch bei Bewertung eines Floaters entsprechend eingesetzt werden.

## 3.1.2 Einsatz des FRA in Abhängigkeit von der Zinserwartung

Der *FRA* ist ein Instrument der Zinssteuerung im **kurzen Laufzeitbereich**.

### ❑ Szenario I

Bei **inversen Zinsstrukturen** müssen die Forwardsätze unter den aktuellen Kassezinssätzen liegen. Wird von **keiner Veränderung** der Zinsen ausgegangen, kann die inverse Zinsstruktur mit den optisch günstigen Forward Rates zur Zinsverbilligung genutzt werden. Entsprechend kann dann der Zinsmanager über den

**Abschluss** eines ***FRA*** ohne Gegengeschäft die **Kreditkosten** für einen zukünftigen 6-Monats-Kredit **senken**. Wird das Jahr zur Vereinfachung mit zweimal 182 Tagen gerechnet, ergibt sich bei einem 12-Monats-LIBOR von 8% und einem 6-Monats-LIBOR von 9% ein Forwardsatz in 6 Monaten für 6 Monate (6×12) von 6,70%. Entsprechend wird der Kreditbedarf in einem halben Jahr für ein halbes Jahr mit einem 6×12 *FRA* über nominal 100 Mio. gesichert.

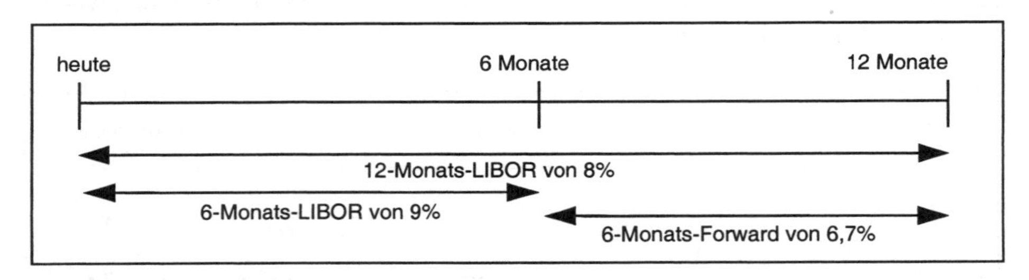


Abbildung 3.6: **Forward Rate Agreement (*FRA*)**

Bei unveränderter Zinsstruktur liegt in dem Beispiel der 6-Monats-LIBOR nach Ablauf eines halben Jahres weiterhin bei 9%. Wurde hingegen vor 6 Monaten ein *FRA* gekauft, konnten die Zinskosten deutlich gesenkt werden.

Finanzierung in einem halben Jahr zum aktuellen Satz:

$$100\text{ Mio.}\cdot\left(1+0{,}09\cdot\frac{182}{360}\right)=104\,550\,000{,}00$$

Rückzahlungsbetrag bei **LIBOR-Abschluss**.

Zum Vergleich die **Finanzierung** mit Hilfe eines *FRA*:

$$\mathit{Ausgleichsbetrag}=\frac{100\,000\,000\cdot(0{,}09-0{,}067)\cdot\frac{182}{360}}{1+0{,}09\cdot\frac{182}{360}}=1\,112\,173{,}87$$

$$(100\,000\,000-1\,112\,173{,}87)\cdot\left(1+0{,}09\cdot\frac{182}{360}\right)=103\,387\,222{,}22$$

Durch die richtige Prognose unveränderter Zinsen konnte die **Finanzierung** um über **1 Mio. € verbilligt** werden.

### ❑ Szenario II

Ein Unternehmen hatte eine **variabel verzinste Anleihe** auf Basis 6-Monats-**LIBOR** mit noch **einem Jahr** Restlaufzeit begeben. Der Zinsmanager geht von einem **Anstieg** des **LIBOR**, der im Moment bei 9% liegt, aus. Tatsächlich steigt der **LIBOR** auf 12%. (Zur Vereinfachung wird das Jahr mit zweimal 182 Tagen gerechnet.) Ohne Absicherung ergibt sich folgendes Bild:

Tabelle 3.2
**BELASTUNG AUS FLOATER**

| **Zeit** | **0** | **1/2** | **1** |
|---|---|---|---|
| **Anleihe** | +100 | – 4,55 | –106,067 |

Um sich **abzusichern**, hat der Zinsmanager jedoch einen **6×12** ***FRA*** zu einem Zinssatz von 9% (horizontale Zinskurve) **gekauft**. Da die Ausgleichszahlung bereits am Ende des ersten Halbjahres fließt, kann sie entsprechend auf dem Geldmarkt angelegt werden.

Tabelle 3.3
**HEDGE MIT HILFE EINES FORWARD RATE AGREEMENTS**

| **Zeit** | **0** | **1/2** | **1** |
|---|---|---|---|
| | | | |
| **Refin.** | + 100 | – 4,55 | – 106,067 |
| **6×12** [1] | + 0 | + 1,43 | |
| **Anlage Geldmarkt** | | – 1,43 | + 1,517 |
| **Gesamt** | 0 | – 4,55 | – 104,55 |

*zu 1)*

$$\textit{Ausgleichsbetrag} = \frac{100\,\text{Mio.}\cdot(12\% - 9\%)\cdot\frac{182}{360}}{1+12\%\cdot\frac{182}{360}} = \frac{1{,}516\,666\,\text{Mio.}}{1{,}0606} = 1{,}429\,918\,\text{Mio.}$$

Durch den Hedge wurden die Refinanzierungskosten mit 9% konstant gehalten.

## 3.2 Zinsswap

Ein **Zinsswap** stellt eine Vereinbarung über den Austausch von unterschiedlich gestalteten Zinszahlungsströmen dar. Es werden in der Regel **variable gegen feste Zinszahlungen** getauscht. Die Swapvereinbarung bezieht sich auf einen nominalen Kapitalbetrag, der allerdings nicht getauscht wird.

### 3.2.1 Grundidee eines Zinsswaps (komparativer Vorteil)

**Der Zinsswap** ist vielleicht zu einfach, so dass seine Erklärung oft schwierig ist. Formal stellt er eine Vereinbarung über den **Austausch von unterschiedlich gestalteten Zinszahlungsströmen** dar. Die Swapvereinbarung bezieht sich auf einen nominellen Kapitalbetrag, der allerdings in der Regel nicht ausgetauscht wird. Der beste Weg zum Verständnis ist ein Beispiel, wie mit Hilfe eines Zinsswaps alle Teilnehmer Geld sparen und die Swapbank Geld verdienen kann. Dies erscheint auf den ersten Blick sehr seltsam, ist aber durchaus möglich.

In der Entstehungsphase des Marktes für Zinsswaps waren die Transaktionen noch durch lange Verhandlungen und das Erkennen komparativer Vorteile gekennzeichnet. Entsprechend waren aber auch die möglichen Margen für eine Bank bei erfolgreicher Beratung substanziell. Das folgende Beispiel bezieht sich auf diese **Anfänge des Marktes**.

Bei einer Finanzierungsentscheidung können die Unternehmen entweder einen Festsatzkredit oder einen variabel verzinsten Kredit aufnehmen. Wenn sich die Zinsen aber der Entwicklung anpassen sollen, muss für den Kreditvertrag oder die Anleihe ein objektiver Maßstab für das Zinsniveau des Marktes gefunden werden. Dazu wird in der Praxis meist der **EURIBOR** oder **LIBOR** verwendet.

Eine Bank hat die Unternehmen Lucky und Unlucky als Firmenkunden. Das Unternehmen **Lucky** hat einen 100 Mio. **€-Kreditbedarf** für fünf Jahre. Der Treasurer geht dabei von **fallenden Zinsen** in der Zukunft aus. Durch das erstklassige

Rating (AAA) ist der Zugang zu den Kapitalmärkten unproblematisch. Die Kapitalmarktmöglichkeiten einer Verschuldung liegen für 5 Jahre im Variablenbereich bei 6-Monats-**LIBOR +0,5%,** während eine **Festsatz**anleihe mit **7%** verzinst werden müsste. Das Unternehmen **Unlucky** hat ebenfalls Bedarf über 100 Mio. € für fünf Jahre. Mit diesem Betrag soll eine neue Fabrik finanziert werden. Unlucky hat Interesse an einer Kreditaufnahme. Aufgrund der schlechteren Bonität (BBB) offeriert eine andere Bank bei 100% Auszahlung einen variablen Satz von **6-Monats-LIBOR +1%** und einen Festsatz mit **8,5%**. Unlucky möchte sich **fest verschulden.**

Tabelle 3.4
**DIREKTE FINANZIERUNGSMÖGLICHKEITEN AM MARKT**

| | LUCKY | UNLUCKY | Zinsdifferenz |
|---|---|---|---|
| **fest** | 7% | 8,5% | 1,5% |
| **variabel** | **LIBOR** + 0,5% | **LIBOR** + 1% | 0,5% |
| **Zielfinanzierung** | Variabel | fest | |

Das Ziel des Einsatzes derivativer Produkte ist es, dass beide Parteien profitieren. Da **Lucky** mit fallenden Zinsen rechnet, ist eine variable Kreditaufnahme sinnvoll. **Ohne** Nutzung **derivativer Märkte** läge die Belastung bei **LIBOR + 0,5%. Unlucky** sollte für die Investition einen Festsatzkredit aufnehmen. **Ohne** Ausnutzung des Swapmarktes läge der Satz bei **8,5%.** Kerngedanke des Zinsswaps ist die Nutzung **komparativer Vorteile**. Lucky erhält zwar bei beiden Typen der Kreditaufnahme die günstigeren Sätze, jedoch ist der relative Vorteil im Festsatzbereich am größten; hingegen hat Unlucky die relativ besten Möglichkeiten bei variablen Zahlungen [Zinsunterschied variabel 0,5%, fest 1,5%]. Da die Interessen über die gewünschte Finanzierungsform genau gegensätzlich zu den relativ günstigen Verschuldungsmöglichkeiten sind, bietet sich ein Zinsswap an.

**Lucky** emittiert daher eine **Festsatzanleihe**, während **Unlucky** den **variablen Kredit** aufnimmt; es wird also jeweils die relativ günstigste Form der Finanzierung gewählt wird. Die Kreditbeträge stehen den Firmen somit zur Verfügung, jedoch ist die Form der Zinsbelastung noch nicht wunschgemäß, da Lucky Festsatz bezahlt, während Unlucky eine variable Belastung hat. Es ergibt sich daher folgendes Bild der Zinsströme:

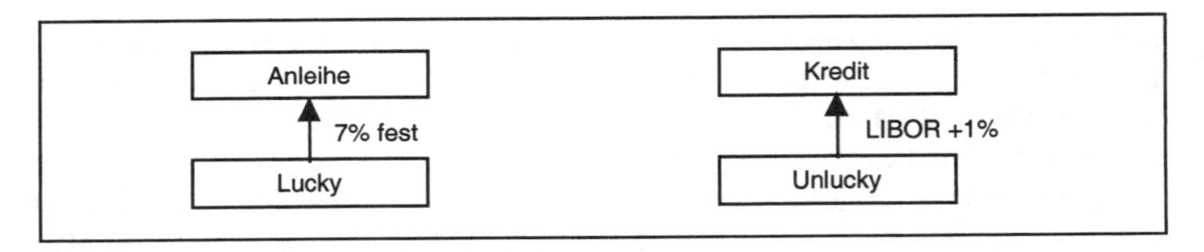


Abbildung 3.7: **Zinsströme vor einem Swap**

In dieser Situation ist ein Zinsswap sinnvoll, d.h., die Zinszahlungen auf den Nominalbetrag werden getauscht. Bei einem Zinsswap wird der "Preis" in der Regel als Festsatz gegen **LIBOR**-Strom ausgedrückt. **Lucky** muss aus dem Swap also **mindestens 6,5% erhalten** (vgl. Abbildung 3.8), damit sich die vorherige Belastung von 6-Monats-**LIBOR** +0,5% ergibt. Hingegen kann **Unlucky bis zu 7,5%** auf der Fixseite zahlen, da insgesamt dann eine Belastung von 8,5% entsteht. Dies wäre die Reproduktion des Status quo, es gäbe keinen Grund für einen Swap. Jedoch bleibt ein Zinsunterschied von 1% zum Verteilen an Lucky, Unlucky und die Swapbank.

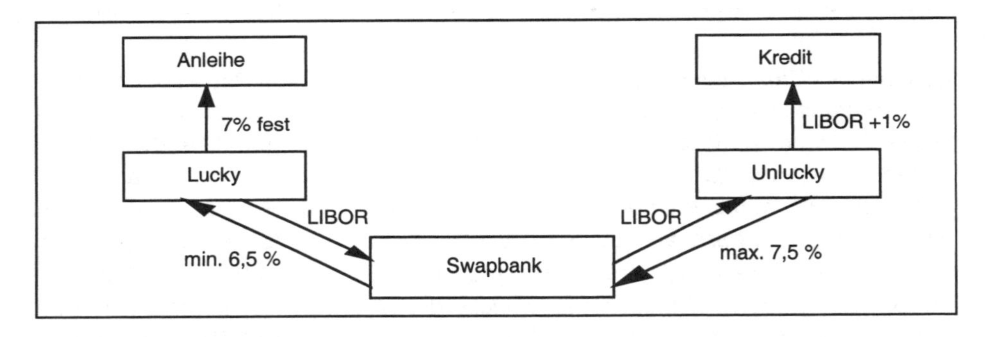


Abbildung 3.8: **Möglichkeiten für einen Zinsswap**

Um die Verteilung sinnvoll vorzunehmen, sollte zuerst der Status der Unternehmen untersucht werden. Eine Aufteilung des Vorteils je Unternehmen ergibt eine Spanne von 0,5. Da Lucky mit einwandfreier Bonität kein besonderes Risiko darstellt, könnten beispielsweise 0,35 weitergegeben werden. Hingegen liegen durch einen möglichen Ausfall von Unlucky erhebliche Bonitätsrisiken vor, so dass dort beispielsweise nur 0,15 weitergegeben werden. Die Bank bietet also Lucky an, für fünf Jahre auf den Nominalbetrag 6,85% an Lucky zu bezahlen (Payer) und dafür den sich alle sechs Monate anpassenden Interbankensatz LIBOR von Lucky zu bekommen. Hingegen wird Unlucky vorgeschlagen, einen entsprechenden LIBOR-Strom zu bekommen und dafür 7,35% fest jährlich zu bezahlen.

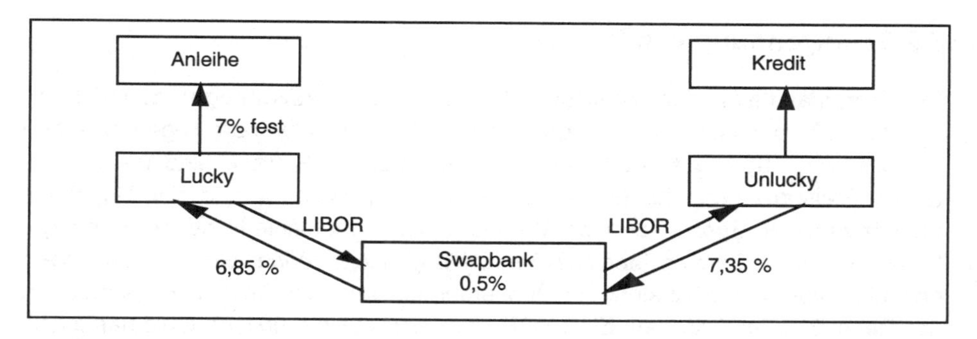


Abbildung 3.9: **Zinsströme nach einem Zinsswap**

Tabelle 3.5

**VORTEILHAFTIGKEIT EINES ZINSSWAPS**

| | LUCKY | BANK | UNLUCKY |
|---|---|---|---|
| **Kredit/Anleihe** | + 7% | | LIBOR + 1% |
| **Swap fest** | – 6,85% | + 7,35% – 6,85% | + 7,35% |
| **Swap variabel** | + LIBOR | + LIBOR – LIBOR | – LIBOR |
| **Gesamtergebnis** | LIBOR + 0,15% | 0,5% | 8,35% |
| **Verbesserung** | 0,35% | | 0,15% |

Es wird deutlich, dass eine vorteilhafte Situation für alle Beteiligten erreicht wurde. Lucky hat eine variable Belastung von LIBOR + 0,15%, also einen Vorteil von 0,35% im Vergleich zu einer direkten Finanzierung, Unlucky hat einen Vorteil von 0,15%, und trotzdem verdient die Swapbank 0,5% pro Jahr auf den Nominalbetrag. Wie ist das möglich? Das Geheimnis liegt in der unterschiedlichen Bonitätseinschätzung des Marktes für die beiden Parteien. Durch den Swapmarkt entsteht für alle Beteiligten die Möglichkeit, die Gelder dort aufzunehmen, wo sie relativ am günstigsten sind, um sie dann in die gewünschte Finanzierungsform zu tauschen, also zu swappen. Inzwischen ist der Swapmarkt sehr liquide geworden, so dass nur noch von Swapbanken die Festsatzseite quotiert wird, dagegen steht dann implizit ein LIBOR-Strom.

### 3.2.2 Anwendung von Zinsswaps

Der Swapmarkt ist in den wichtigsten Währungen im **Laufzeitsegment** von **2 - 10 Jahren** äußerst liquide. Die Standardgrößen der Nominalbeträge liegen zwischen 5 Mio. € und 100 Mio. €. Aber auch deutlich größere Beträge sind meist ohne starke Preisbewegung handelbar. Bei einem Zinsswap wird in der Regel ein **Festzinssatz quotiert.** Je nach Währung sind unterschiedliche Usancen gebräuchlich (im €-Bereich jährliche Zinszahlung, jeder Monat wird mit 30 Tagen gezählt; 30/360). Implizit steht der Quotierung ein variabler Zinssatz gegenüber (in der Regel 3- oder 6-Monats-EURIBOR), der sich auf die übliche Geldmarktbasis (wirkliche Tage/360 = act/360) bezieht.

Da mit dem Abschluss von Swaps keine Bewegung von Liquidität verbunden ist, können auch größere Zinspositionen sehr schnell aufgebaut und entstandene Risiken schnell abgesichert werden. Auch ist es möglich, Finanzierungs- und Anlagevorteile von einem Marktsegment in ein anderes zu überführen. Bei einer Swapquotierung von 7,10 - 7,20% für einen 5-Jahres-Swap ist die quotierende Bank bereit, auf den Nominalbetrag eine Kette von LIBOR-Zahlungen abzugeben und dagegen eine Festsatzzahlung von 7,20% zu empfangen. Außerdem ist sie bereit, die LIBOR-Kette für 7,10% zu kaufen.

Mit Hilfe des Swapmarktes kann ein Unternehmen oder eine Bank also jederzeit die Art der Kreditbelastung (des Zinseinkommens) anpassen, ohne die eigentlichen Kredite (das Portfolio) und damit die Bilanz verändern zu müssen. Bei einer Prognose steigender Zinsen ist es beispielsweise sinnvoll, den Anteil der variablen Verschuldung zu verringern. Im folgenden Schaubild wird eine Festsatzbelastung mit Hilfe des eben quotierten Fünf-Jahres-Swaps in eine variable Verschuldung „gedreht“. Gelingt es einem Unternehmen, im Kreditmarkt Einstände unter der Swapquotierung zu erreichen (z.B. 7%), kann mit Hilfe eines Swaps eine Finanzierung unter LIBOR erreicht werden (LIBOR –10). Dies wird als Liability Swap bezeichnet und ist immer dann vorteilhaft, wenn eine indirekte Finanzierung günstiger ist als eine direkte Aufnahme der Mittel.

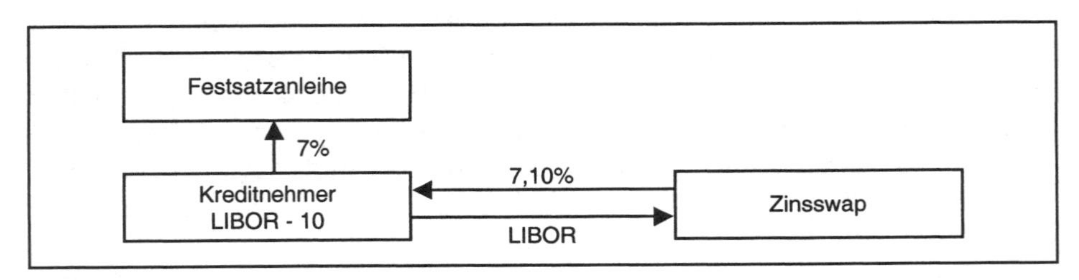


Abbildung 3.10: **Liability Swap**

Ähnlich kann ein Investor sein Zinseinkommen aus einer Anleihe durch einen Swap verändern. Geht er von steigenden Zinsen aus, ist es sinnvoll, ein variables Zinseinkommen zu erhalten. Er wird entsprechend einen Swap abschließen, bei dem er den Festsatz **zahlt** (Payer Swap) und die variable Zahlung **empfängt**. Grundsätzlich ist bei einer guten Adresse ein Einkommen über LIBOR interessant, da dies zu LIBOR refinanziert werden kann, um so eine sichere Marge ohne Kapitaleinsatz zu verdienen.

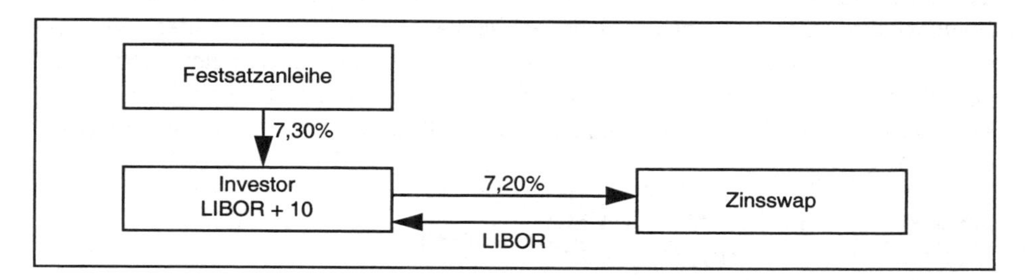


Abbildung 3.11: **Asset Swap**

Ziel eines Asset Swaps ist meist, eine Investition mit einem Aufschlag auf den LIBOR (LIBOR+) bei einem guten Rating aufzubauen. Im Allgmeinen bezieht sich LIBOR auf den besten Kreditsatz für eine gute Adresse (AA-Rating oder besser). Gelingt es einem AA-Unternehmen Sub-LIBOR aufzunehmen, wird es Anleihen emittieren und beim Swap als Festsatzempfänger auftreten. Durch das steigende Angebot an Anleihen muss deren Preis fallen, bis die Anleiherendite in etwa der Festsatzseite des Swaps entspricht (LIBOR flat). Liegt die Rendite bei AA-Anleihen im Markt über dem Festsatz des Swaps, werden Investoren die Anleihen kaufen und diese mit einem Asset Swap in ein AA-Investment über LIBOR verwandeln. Der Investor kauft die Anleihen, daher steigen die Preise, und die Rendite gleicht sich wieder dem Swap an. Aus dieser Arbitrage ist ersichtlich, dass die Festsatzseite eines Swaps in etwa der Festsatzseite einer AA-Anleihe entsprechen soll.

Ein weiterer Vorteil von Swaps ist die Möglichkeit, die Position jederzeit auf die gewünschte Verzinsungsform anpassen zu können, ohne die eigentlichen Kapitalströme zu bewegen. So kann ein derivatives Steuern geringere Transaktionskosten hervorrufen als eine direkte Umschichtung der Kredite bzw. des Underlyings. Bei der Steuerung ist somit auch die relativ einfache Reversibilität ein entscheidender Vorteil. So kann die Position durch den Abschluss eines **Gegengeschäfts** (es wird für die Restlaufzeit ein gegenläufiger Swap kontrahiert) oder durch eine **Close-Out-Vereinbarung** (d.h., alle im Swap vereinbarten Zahlungsströme werden zu aktuellen Marktsätzen bewertet, und es findet ein entsprechender Barausgleich zwischen den Kontrahenten mit anschließender Aufhebung der Swapvereinbarung statt) geschlossen werden.

Auf dieser Basis kann auch das Adressenausfallrisiko eines Swaps besprochen werden. Wenn der Swapkontrahent ausfällt, muss die Position neu eingedeckt werden. Dabei sind die LIBOR-Zahlungen nur noch für die kurze Restlaufzeit bis zum nächsten Fixing interessant. Die Werthaltigkeit des Swaps liegt also auf der Festsatzseite. Bei unserem Investorenbeispiel ergibt sich folgendes Bild: Ursprünglich wurde der Swap für fünf Jahre über 100 Mio. € abgeschlossen. Fällt der Swappartner nach einem Jahr aus, muss ein Ersatzswap zum neuen Marktsatz (z.B. 7,30%) abgeschlossen werden. Dies führt zu einem Barwertverlust von:

$$\frac{0{,}1\ \text{Mio.}}{1{,}073}+\frac{0{,}1\ \text{Mio.}}{1{,}073^2}+\frac{0{,}1\ \text{Mio.}}{1{,}073^3}+\frac{0{,}1\ \text{Mio.}}{1{,}073^4}=0{,}34\ \text{Mio.}$$

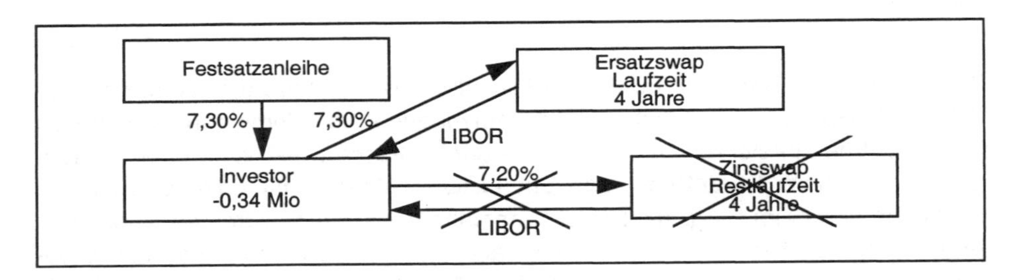


Abbildung 3.12: **Ausfallrisiko eines Swaps**

Das Ausfallrisiko (und gleichzeitig der Wert) liegt also in einer vorteilhaften Entwicklung der Festsatzseite begründet, da sich nach dem Ausfall der Wert des Zahlungsstroms entsprechend reduziert. Wäre der Zins gefallen, hätte der Swapkontrakt weiter bedient werden müssen. Das Adressenrisiko entsteht also in erster Linie durch diese Asymmetrie, durch die der Kontrakt nur in unvorteilhaften Situationen bei einem Konkurs nicht mehr bedient wird. So ist es zur Bewertung nötig, den Ausfallzeitpunkt und den dann herrschenden Zins zu kennen. Dies ist ex post leicht, ex ante aber sehr schwer. Eine ungefähre Abschätzung dieses Risikos für einen AA-Partner ist bei einem Zinsswap etwa die Geld-Briefspanne von 0,05%. Eine schlechtere Adresse muss daher deutlich andere Sätze zahlen. Hinzu kommt bei einem Receiverswap noch das Vorleistungsrisiko für den LIBOR (meist halbjährig).

Der Swap ist also ein hoch interessantes Produkt zur Steuerung und Bewertung im Zinsbereich. Durch ihn können Zahlungen verändert und im Zeitablauf verschoben werden, jedoch sollte bei den Abschlüssen durch Portfoliobildung und Auswahl der Handelspartner auf das Ausfallrisiko Rücksicht genommen werden.

### 3.2.3 Einsatz von Zinsswaps in Abhängigkeit von der Zinserwartung

Ein Industriebetrieb hatte eine **festverzinste Anleihe** in Höhe von 100 Mio. € mit einem Kupon von 8% und einer Restlaufzeit von jetzt 3 Jahren begeben. Der Zinsmanager **erwartet fallende Zinsen**, also eine Parallelverschiebung der Zinsstrukturkurve nach unten. Aus der Anleihe ergibt sich folgender Zahlungsstrom in Bezug auf die Zinszahlungen:

Tabelle 3.6

**ZINSZAHLUNGSSTROM EINER FESTSATZANLEIHE**

| **Zeit** | **0** | **1/2** | **1** | **1,5** | **2** | **2,5** | **3** |
|---|---|---|---|---|---|---|---|
| **Anleihe** | 0 | +0 | –8 | +0 | –8 | +0 | –8 |

Um die erwartete **Zinssenkung auszunutzen, kontrahiert** der Betrieb einen 100 Mio. **€ Zinsswap**, bei dem er für drei Jahre 8% **Festsatz empfängt** und dafür 6-Monats-LIBOR (LI) zahlt. Die Zinsen fallen wie angenommen auf 7%, jedoch gilt für die erste LIBOR-Zahlung im Swap noch der alte Satz von 8% (horizontale Zinsstruktur, ein Jahr mit 364 Tagen), so dass sich folgendes Gesamtbild ergibt:

Tabelle 3.7

**ZINSZAHLUNGSSTROM EINER FESTSATZANLEIHE NACH SWAP**

| **Zeit** | **0** | **1/2** | **1 (jetzt)** | **1,5** | **2** | **2,5** | **3** |
|---|---|---|---|---|---|---|---|
| **Anleihe** | 0 | + 0 | – 8 | + 0 | – 8 | + 0 | – 8 |
| **Swap I fest.** | 0 | 0 | + 8 | 0 | + 8 | 0 | + 8 |
| **Swap I var.** | 0 | – 4,04 | – 3,54 | – LI | – LI | – LI | – LI |
| **Gesamt** | 0 | – 4,04 | – 3,54 | – LI | – LI | – LI | – LI |

Um den **Erfolg** des Geschäfts mit der ursprünglichen Anleihe zu **vergleichen**, muss die halbjährige Zahlung mit 7% **aufgezinst** werden:

$$4{,}04 \cdot \left(1 + 0{,}07 \cdot \frac{182}{360}\right) = 4{,}183$$

Im **ersten Jahr** können also die **Zinszahlungen** von 8 Mio. € auf 7,72 Mio. € **reduziert** werden. Das Zinsmanagement geht **jetzt** allerdings von einer **zukünftigen Steigerung der Zinsen** aus (Parallelverschiebung der Zinsstrukturkurve nach oben). Daher wird zum jetzt herrschenden Zinsniveau ein neuer Zweijahresswap abgeschlossen, um den **Zinsvorteil** für die Restlaufzeit der Anleihe zu **sichern**. Bei dem neuen Swap wird der aktuelle **Festsatz** von 7% gezahlt und LIBOR empfangen. Somit ergibt sich folgendes Bild:

Tabelle 3.8

ZINSZAHLUNGSSTROM NACH GEGENGESCHÄFT

| **Zeit** | **0** | **1/2** | **1 (jetzt)** | **1,5** | **2** | **2,5** | **3** |
|---|---|---|---|---|---|---|---|
| **Anleihe** | 0 | + 0 | − 8 | + 0 | − 8 | + 0 | − 8 |
| **Swap I fest.** | - | 0 | + 8 | 0 | +8 | 0 | + 8 |
| **Swap I var.** | - | − 4,04 | − 3,54 | − LI | − LI | − LI | − LI |
| **Swap II fest.** | - | - | - | 0 | − 7 | 0 | − 7 |
| **Swap II var.** | - | - | - | + LI | + LI | + LI | + LI |
| **Gesamt** | 0 | − 4,04 | − 3,54 | 0 | − 7 | 0 | − 7 |

Durch den Abschluss des **neuen Swaps** ist es also gelungen, auch in den beiden **folgenden Jahren** die **Zinszahlungen** pro Jahr um eine Million **zu senken**. Um einen Gesamterfolg aus heutiger Sicht zu analysieren, ist es sinnvoll, den Blick auf eine **Alternative** zu lenken. Statt einen neuen Swap abzuschließen, hätte auch ein **Close Out** des ersten Swaps vereinbart werden können. Dieser **Close Out** berechnet sich nur auf den Zinsvorteil der festen Swapseite, da sich die LIBOR-Zahlungen genau ausgleichen (keine Zeitverschiebung). Die beiden Zahlungen müssen also diskontiert werden. Für das Beispiel wird der Zweijahreszinssatz von 7% benutzt, alternativ wäre auch eine Diskontierung mit den jeweiligen Spot Rates denkbar.

$$\frac{1\text{ Mio.}}{1{,}07}+\frac{1\text{ Mio.}}{1{,}07^2}=1{,}8080\text{ Mio.}$$

Mit der **Close-Out-Vereinbarung** ergäbe sich folgendes Bild der Zahlungsströme:

Tabelle 3.9
**ZINSZAHLUNGSSTROM NACH CLOSE OUT**

| **Zeit** | **0** | **1/2** | **1 (jetzt)** | **1,5** | **2** | **2,5** | **3** |
|---|---|---|---|---|---|---|---|
| **Anleihe** | 0 | + 0 | − 8 | + 0 | − 8 | + 0 | − 8 |
| **Swap I fest.** | - | 0 | + 8 | - | - | - | - |
| **Swap I var.** | - | − 4,04 | − 3,54 | - | - | - | - |
| **Close Out** | - | - | + 1,81 | - | - | - | - |
| **Gesamt** | 0 | − 4,04 | − 1,73 | 0 | − 8 | 0 | − 8 |

Durch den Einsatz des Swaps konnte der Industriebetrieb aus der Sicht des Jahres 1 **Zinszahlungen** mit dem Gegenwartswert von über 2 Mio. € einsparen werden.

$$(8\text{ Mio.}-4{,}18\text{ Mio.}-3{,}54\text{ Mio.})+1{,}8\text{ Mio.}=2{,}08\text{ Mio.}$$

Bei einer normalen Zinsstrukturkurve werden die Effekte noch verstärkt, da die kurzfristige Finanzierung dann günstiger als die langfristige Finanzierung ist.

## 3.2.4 Forwardswap

Ein Zinsswap ist der Austausch zweier Zinszahlungsströme gegeneinander. Bei einem Forwardswap beginnt dieser Austausch jedoch erst in der Zukunft und wird entsprechend mit der Vorlaufzeit und der Länge der Swapperiode beschrieben. Ein „in-zwei-für-drei"-Zinsswap beginnt also in zwei Jahren und hat dann drei Jahre Laufzeit. Bisher wurden Zeroforwardzinssätze ermittelt, für die Bewertung eines Forwardswap sind jedoch Forwardkuponsätze notwendig. Diese unterscheiden sich in der Logik genau wie Kupon und Zerozinsen in der Kasse.

Die Idee bei der Ermittlung des fairen Forwardsatzes beruht wieder auf der Duplizierung. Finanzanalytisch ist der Swap einfach der Tausch einer Festsatzanleihe gegen einen Floater. Wenn beide zu Marktzinsen bewertet sind, liegen im Zeitpunkt der Entstehung der Wert des Floaters und der Wert der

Festsatzanleihe bei Par, Gleiches gilt bei Fälligkeit. Deshalb kann der Kapitalaustausch entfallen. Da der Barwert der variablen Seite bei der Zinsfestsetzung auch in der Zukunft wieder par sein muss, beschränkt sich die Bewertung auf die Festsatzseite. Für den Forwardswap muss ein Kupon konstruiert werden, der bei Beginn der Laufzeit des Swaps aus heutiger Sicht Par wert ist. Dieser Forwardkuponsatz entspricht dem Zins einer Anleihe, die zu diesem zukünftigen Zeitpunkt einen Wert von 100 hat.

Der Barwert der Festsatzseite errechnet sich aus den diskontierten Zinszahlungen (Kuponsätze $r_{cLaufzeit}$) und dem Barwert des Kapitals (100% = 1). Bei Marktsätzen muss der Wert also bei 100% liegen. Dies bedeutet bei einer Laufzeit von n Jahren und jährlicher Zahlung:

$$\sum_{i=1}^{n} \frac{r_{cn}}{(1+r_{si})^{i}} + \frac{1}{(1+r_{sn})^{n}} = 1$$

Dies gilt entsprechend auch für einen m-jährigen Swap auf Marktzinsniveau:

$$\sum_{i=1}^{m} \frac{r_{cm}}{(1+r_{si})^{i}} + \frac{1}{(1+r_{sm})^{m}} = 1$$

mit:

$n$ = Vorlaufzeit der Forward-Vereinbarung in Jahren

$m$ = Gesamtlaufzeit der Forward-Vereinbarung in Jahren

$r_{cn}$ = Bond-Zinssatz (Kuponsatz) für die Vorlaufzeit

$r_{cm}$ = Bond-Zinssatz (Kuponsatz) für die Gesamtlaufzeit

$r_{si}$ = Zero-Zinssatz (Spotzins) für die jeweilige Laufzeit

Aus der Arbitragebedingung folgt, dass der zu errechnende Forwardswapsatz nur die Differenz zwischen den Barwerten der in der Vorlaufperiode anfallenden Zinszahlungen und der für die Gesamtlaufzeit anfallenden Zinszahlungen ausgleichen soll. So ergibt sich eine Kuponreihe von $n$-mal dem $n$-jährigen Kupon ($r_{cn}$) und m minus n mal dem Forwardkupon in $n$ Jahren für m Jahre ($r_{cfn;m}$) zuzüglich der diskontierten Rückzahlung. Dies muss dem Wert der Reihe für m mal dem $m$-jährigen Kupon und dem Barwert der Rückzahlung entsprechen.

$$\sum_{i=1}^{n} \frac{r_{cn}}{(1+r_{si})^{i}} + \sum_{i=n+1}^{m} \frac{r_{cfn;m}}{(1+r_{si})^{i}} + \frac{1}{(1+r_{sm})^{m}} = \sum_{i=1}^{m} \frac{r_{cm}}{(1+r_{si})^{i}} + \frac{1}{(1+r_{sm})^{m}} = 1$$

Da der Wert des m-jährigen Bonds bei Marktsätzen 100% betragen muss, kann dessen Barwert durch den Barwert der $n$-jährigen Anleihe ersetzt werden.

$$\sum_{i=1}^{n} \frac{r_{cn}}{(1+r_{si})^{i}} + \sum_{i=n+1}^{m} \frac{r_{cfn;m}}{(1+r_{si})^{i}} + \frac{1}{(1+r_{sm})^{m}} = \sum_{i=1}^{n} \frac{r_{cn}}{(1+r_{si})^{i}} + \frac{1}{(1+r_{sn})^{n}}$$

Löst man die Gleichung nach dem Forwardswapsatz in $n$ Jahren für m Jahre $r_{cfn;m}$ auf, ergibt sich:

$$r_{cfn;m} = \frac{\frac{1}{(1+r_{sn})^{n}} - \frac{1}{(1+r_{sm})^{m}}}{\sum_{i=n+1}^{m} \frac{1}{(1+r_{si})^{i}}}$$

## 3.2.5 Darstellung einer kompletten Zinsstruktur

Um die Berechnungslogik verschiedener Zinstypen und deren Zusammenhänge beispielhaft zu zeigen, wird im Folgenden eine komplette Zinsstruktur für die unterschiedlichen Produkte entwickelt. Aus einer Zerostruktur von

$$r_{s1} = 10\%, \quad r_{s2} = 11\% \quad \text{und} \quad r_{s3} = 12\%$$

ergeben sich die einjährigen Zero-Forwardsätze in einem und in zwei Jahren.

$$r_{f2} = \frac{(1+r_{S2})^{2}}{(1+r_{S1})^{1}} - 1 = \frac{(1{,}11)^{2}}{1{,}1} - 1 = 12{,}01\% \qquad r_{f3} = \frac{(1+r_{S3})^{3}}{(1+r_{S2})^{2}} - 1 = \frac{(1{,}12)^{3}}{(1{,}11)^{2}} - 1 = 14{,}03\%$$

Entsprechend kann der Forwardzerosatz in einem für zwei Jahre mit Hilfe der Spotsätze oder der Forwards bestimmt werden.

$$r_{f1,2} = \sqrt[2]{\frac{(1+r_{S3})^{3}}{(1+r_{S1})^{1}}} - 1 = \sqrt{\frac{(1{,}12)^{3}}{(1{,}10)^{2}}} - 1 = 13{,}02\%$$

$$r_{f1,2} = \sqrt[2]{(1+r_{f2})\cdot(1+r_{f3})} - 1 = \sqrt[2]{(1+0{,}1201)\cdot(1+0{,}1403)} - 1 = 13{,}02\%$$

Die Swapsätze oder die Kuponsätze von Par Bonds müssen nach Diskontierung mit den Spotsätzen 100% ergeben.

$$\sum_{i=1}^{m} \frac{r_{cm}}{(1+r_{si})^{i_i}} + \frac{1}{(1+r_{sm})^m} = 1$$

$$\frac{r_{c2}}{(1+0{,}1)^1} + \frac{r_{c2}}{(1+0{,}11)^2} + \frac{1}{(1+0{,}11)^2} = 1 \Rightarrow r_{c2} = 10{,}95\%$$

$$\frac{r_{c3}}{(1+0{,}1)^1} + \frac{r_{c3}}{(1+0{,}11)^2} + \frac{r_{c3}}{(1+0{,}12)^3} + \frac{1}{(1+0{,}12)^3} = 1 \Rightarrow r_{c3} = 11{,}85\%$$

Der Forwardswap in einem Jahr für ein Jahr wird wie folgt ermittelt:

$$r_{cf1,3} = \frac{\frac{1}{(1+r_{s1})^1} - \frac{1}{(1+r_{s3})^3}}{\sum_{i=1+1}^{3} \frac{1}{(1+r_{si})^i}} = \frac{\frac{1}{(1+0{,}1)^1} - \frac{1}{(1+0{,}12)^3}}{\left(\frac{1}{(1+0{,}11)^2} + \frac{1}{(1+0{,}12)^3}\right)} = 12{,}95\%$$

Für den Terminkauf der dreijährigen Anleihe in einem Jahr ergäbe sich (vgl. 6.1):

$$Terminkurs_{Anleihe} = Kassakurs_{Anleihe} + \underbrace{Finanzierungskosten - Stückzinsertrag}_{Cost\ of\ Carry} =$$

$$Terminkurs_{dreijährige\_in\_einem\_Jahr} = 100 + \underbrace{10 - 11{,}85}_{-1{,}85} = 98{,}15$$

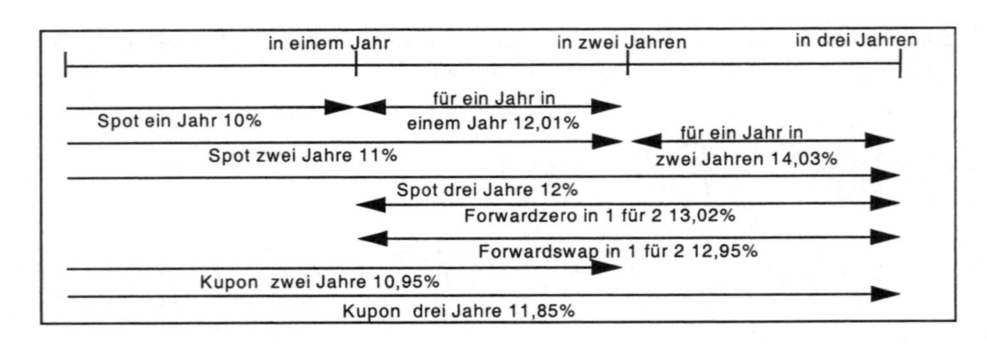


Abbildung 3.13: **Zinsstruktur mit Spot-, Forward - und Par Rates**

## 3.2.6 Anwendungsbeispiel Risikoanalyse strukturierter Produkte

Bei der Anlage in einen Festsatzkupon-Bond wird im Regelfall unter dem Zinsänderungsrisiko ein Sinken des Marktpreises verstanden. Wie bereits besprochen, wird dieses Risiko um so größer, je länger die Duration eines Bonds (bzw. je höher die Sensitivität) ist. Bei einer variablen Anleihe entspricht die Duration der Restlaufzeit der aktuell gefixten variablen Periode. Dies bedeutet für einen Floater mit 6-Monats-LIBOR-Kupon eine Duration von 0,5 Jahren direkt nach dem Fixing. Jedoch geht dabei der Effekt verloren, welcher Zins im Laufzeitband die stärkste Auswirkung hat. Daher ist eine sinnvolle Alternative, die Sensitivitäten der Anleihen auf die entsprechenden Zerosätze der Zinsstrukturkurve zu berechnen. Dies gibt oft ein besseres Bild der Zinsexposure als eine reine Durationsbetrachtung.

Um die Möglichkeiten der Risikoanalyse besser aufzeigen zu können, werden im Folgenden drei strukturierte Anleihen untersucht. Der Leveraged Floater zahlt halbjährig zweimal den aktuellen LIBOR minus eines Festsatzes und verstärkt so die Auswirkung eines Zinsanstiegs im kurzen Bereich. Der Reverse Floater hingegen schüttet einen Kupon minus LIBOR aus, so dass der Investor von einem fallenden Geldmarktsatz profitieren kann. Beim Double Reverse Floater wird dieser Effekt auf einen Festsatz minus zweimal LIBOR verstärkt. Im Folgenden wird bei der Analyse von einer horizontalen Zinsstruktur bei 10% ausgegangen.

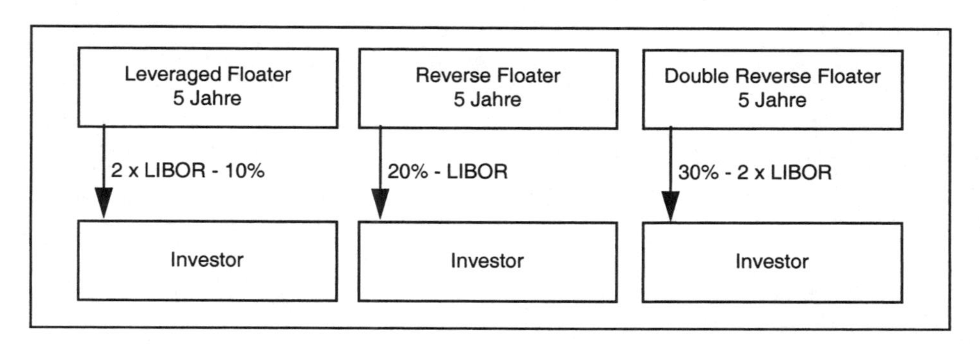


Abbildung 3.14: **Strukturierte Anleihen bei einem Zinsniveau von 10%**

Um die Anleihen zerlegen zu können, wird zuerst das Zinsänderungsrisiko (bezogen auf den Barwert) für eine fünfjährige 10%-Kupon-Anleihe mit Tilgung 100 und einer entsprechenden variablen Anleihe (Floater) analysiert.

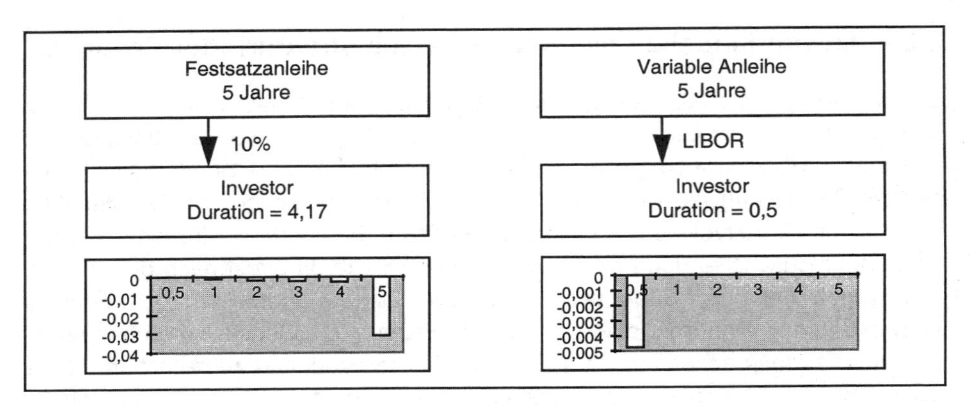


Abbildung 3.15: **Festsatzanleihe und Floater mit Sensitivitätenanalyse bei 10% Zinsniveau**

In der Abbildung wird die jeweilige Sensitivität der Anleihen auf die Zerozinssätze von 0,5 bis 5 Jahren gezeigt. Es wird sofort deutlich, dass die Festsatzanleihe am stärksten auf eine Steigerung des fünfjährigen Zinssatzes reagiert. Die Anleihe verliert pro hundert nominal ca. 0,03 € pro Basispunkt Zinssteigerung. Es besteht auch ein kleineres Exposure auf die Zinssätze von eins bis vier Jahren, weil dort Kuponzahlungen anfallen. Der Floater reagiert auf den halbjährigen Zins, jedoch viel schwächer, nämlich mit einem Verlust von unter 0,005 € pro Basispunkt.

Möchte man zur Risikoanalyse die Duration heranziehen, ergibt sich für die Festsatzanleihe:

$$D = \frac{\sum_{t=1}^{n} \frac{t \cdot C_t}{(1+r)^t}}{\sum_{t=1}^{n} \frac{C_t}{(1+r)^t}} = \frac{416,9865}{100} = 4,1698$$

Tabelle 3.10

**SENSITIVITÄTSANALYSE EINER ANLEIHE**

| Periode | Zahlung | Barwert | Zeitgewichteter Barwert | Sensitivität |
|---|---|---|---|---|
| **1** | 10 | 9,0909 | 9,0909 | $\frac{10}{1{,}1}-\frac{10}{1{,}1001}=-0{,}000826$ |
| **2** | 10 | 8,2645 | 16,5289 | $\frac{10}{1{,}1^2}-\frac{10}{1{,}1001^2}=-0{,}001502$ |
| **3** | 10 | 7,5131 | 22,5394 | $\frac{10}{1{,}1^3}-\frac{10}{1{,}1001^3}=-0{,}002048$ |
| **4** | 10 | 6,8301 | 27,3205 | $\frac{10}{1{,}1^4}-\frac{10}{1{,}1001^4}=-0{,}002483$ |
| **5** | 110 | 68,3013 | 341,5067 | $\frac{10}{1{,}1^5}-\frac{110}{1{,}1001^5}=-0{,}031038$ |
| **Summe** | | 100,0000 | 416,9865 | |

Die Anleihe reagiert auf eine **Zinssteigerung** von 1% mit einem Kursverlust von 3,79:

$$Kursänderung = -\frac{Duration}{1+r} \cdot Zinsänderung \cdot Kurs = -\frac{4{,}1698}{1{,}1} \cdot 0{,}01 \cdot 100 = -3{,}79$$

Dies entspricht der Summe der Sensitivitäten bei einer Zinsänderung von 100 Basispunkten. Der Floater hat eine Duration von 0,5, da er nach der nächsten Zinsfeststellung wieder zu par gehandelt wird. Es handelt sich finanzmathematisch um einen Zerobond mit einer Laufzeit von einem halben Jahr (bei Zerobonds entspricht die Restlaufzeit der Duration). Es ergibt sich daher ein Zinsänderungsrisiko von 0,45 € bei einer Zinssteigerung von 1%. Das Ergebnis entspricht etwa der Sensitivität, so dass hier die Duration das Risiko recht gut beschreibt.

$$Kursänderung = -\frac{0{,}5}{1{,}1} \cdot 0{,}01 \cdot 100 = -0{,}45$$

Ein Zinsswap kann nun als eine Kombination von Kauf (Long) und Leerverkauf (Short) dieser Anleihen interpretiert werden.

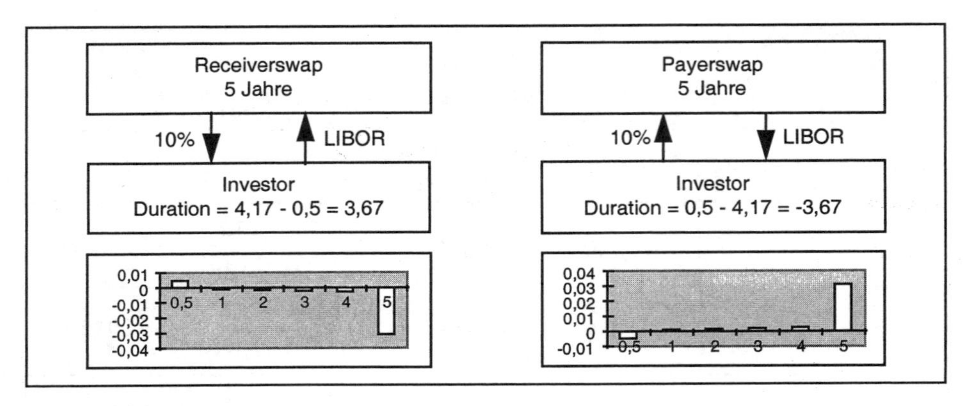


Abbildung 3.16: **Risiko eines Zinsswaps**

Wird ein Receiverswap abgeschlossen, d.h. der Investor empfängt den Festsatz und zahlt LIBOR, entspricht dies, gemessen am Zinsstrom, dem Kauf einer Festsatzanleihe und dem Leerverkauf eines Floaters. Da der Kaufpreis und die Rückzahlung durch die aktuelle Rendite der Anleihen bei par liegt, müssen die Kapitalflüsse nicht getauscht werden. Entsprechend ergibt sich die Duration der Swaps aus der Differenz der beiden Positionen. Sie beträgt beim Receiverswap durch die Longposition bei der Festsatzanleihe 3,67 Jahre. Hingegen profitiert der Payerswap von einer Zinssteigerung. Hier ist das Zinsrisiko also eine Zinssenkung im Fünf-Jahresbereich. Daran wird bereits deutlich, dass die Duration nur ein ungenaues Bild von den Risiken verschiedener Zinsen zeigt. Die Verkürzung der Duration liegt eben in einer Position im Halbjahresbereich, bei der sich die Zinsen deutlich anders verhalten können als in anderen Laufzeitsegmenten.

Betrachtet man das Zinsänderungsrisiko eines Floaters direkt nach der Feststellung des nächsten Kupons, kann diese Konstruktion als Kauf einer Festsatzanleihe und anschließendem Zinsswap (Festsatzzahler) interpretiert werden. Dies erscheint zwar auf den ersten Blick umständlich, erweist sich aber insbesondere bei strukturierten Produkten als sehr nützlich.

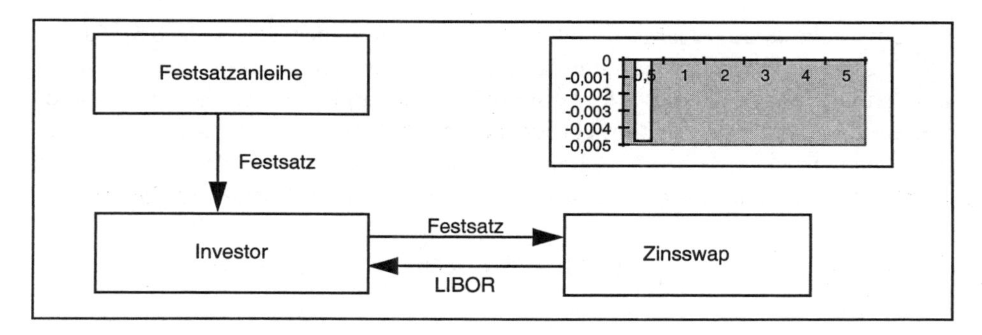


Abbildung 3.17: **Synthetischer Floater**

Der Zinsswap besitzt auf der Festsatzseite die gleiche Duration wie eine entsprechende Festsatzanleihe. Bei dem variablen Strom handelt es sich um einen 6-Monats-Zerobond. Daraus ergibt sich für den Swap eine Duration von $4{,}17 - 0{,}5 = 3{,}67$ Jahren. Da die Festsatzseite gezahlt wird, entspricht dies dem Verkauf einer Anleihe, so dass sich die Gesamtduration mit $4{,}17 - 3{,}67 = 0{,}5$ Jahren ergibt. Somit reduziert sich das Zinsänderungsrisiko auf:

$$\textit{Kursänderung} = -\frac{0{,}5}{1{,}1} \cdot 0{,}01 \cdot 100 = -0{,}45$$

War dieses Verfahren bei einem Floater sehr aufwendig, ergeben sich die Zinsänderungsrisiken nun leicht bei strukturierten Produkten. Betrachten wir zuerst einen Leveraged Floater, der als Kupon zweimal LIBOR minus 10% zahlt. Dies kann als eine variable Anleihe mit einem Payerzinsswap interpretiert werden.

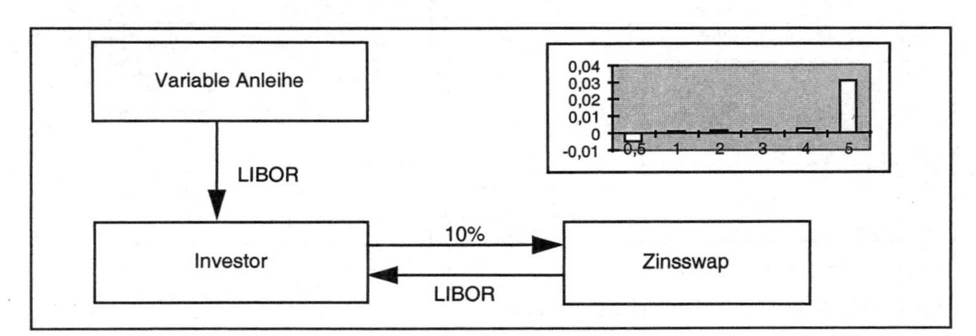


Abbildung 3.18: **Synthetischer Leveraged Floater**

Für den Leveraged Floater ergibt sich eine Gesamtduration von $0{,}5 - 3{,}67 = -3{,}17$ Jahren. Dieses Instrument hat also eine negative Duration, d.h. es profitiert von einer Zinssteigerung. Der Kauf eines Leveraged Floaters ist daher, bezogen auf das Zinsrisiko, mit dem Leerverkauf einer Anleihe zu vergleichen. Das Risiko dieser Position liegt somit bei **fallenden Zinsen im Kapitalmarktbereich (5 Jahre).** Dies ergibt bei einer Zinssenkung um 1% einen Wertverlust von ca.:

$$\textit{Kursänderung} \quad = -\frac{-3{,}17}{1{,}1} \cdot (-0{,}01) \cdot 100 = -2{,}88$$

Es wird deutlich, dass die Duration wenig über die Positionen in den einzelnen Zinssätzen aussagt. Letztlich wird in der Sensitivitätsanalyse deutlich, dass bei steigenden Zinsen im Fünfjahresbereich über 0,03 € pro Basispunkt gewonnen werden. Dagegen steht aber ein Verlust von ca. 0,01 € im Halbjahresbereich. Eine parallele Verschiebung ist in diesem Segment aber eher unwahrscheinlich, die Drehungsrisiken dieser Konstruktion werden bei der Duration also nicht erfasst.

Dieses Produkt eignet sich zur Absicherung von Festzinsdepots in Bezug auf Zinssteigerungen. Die Duration kann sehr schnell verkürzt werden. Zusätzlich sei erwähnt, dass der Kupon der besprochenen Anleihen meist nicht unter Null fallen kann. Diese Optionsteile bei Strukturierungen werden im Kapitel 5.2.5 analysiert.

Betrachten wir nun einen Reverse Floater. Dieses Produkt zahlt einen festen Kupon minus LIBOR, im Beispiel also 20% minus LIBOR. Es lässt sich leicht in eine Festsatzanleihe und einen Receiverswap zerlegen.

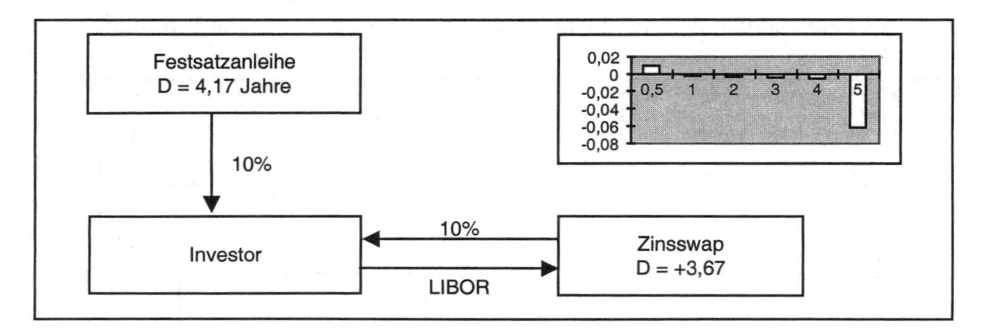


Abbildung 3.19: **Synthetischer Reverse Floater**

Auch dieses Gesamtprodukt reagiert mit seiner Duration von $4{,}17 + 3{,}67 = 7{,}84$, die also länger als die Laufzeit der Anleihe ist, sehr stark auf eine **Zinssenkung im Kapitalmarktbereich** (hier Fünfjahreszins).

$$\textit{Kursänderung} \qquad = -\frac{-7{,}84}{1{,}1} \cdot (-0{,}01) \cdot 100 = -7{,}13$$

Hier wird deutlich, dass die Duration mit fast acht Jahren wenig über das Zinsrisiko im fünfjährigen Bereich sagt. Die Sensitivitätsanalyse zeigt hingegen, dass die Position eher mit zwei fünfjährigen Anleihen zu vergleichen ist, von denen eine mit einem Geldmarktkredit finanziert wird. Das Produkt eignet sich zu einer schnellen Durationserhöhung des Portfolios, um so auf fallende Zinsen zu reagieren.

Einen noch größeren Leverage bietet der Double Reverse Floater mit einem Zinssatz von 30% – zweimal LIBOR. Dies ergibt folgendes Bild:

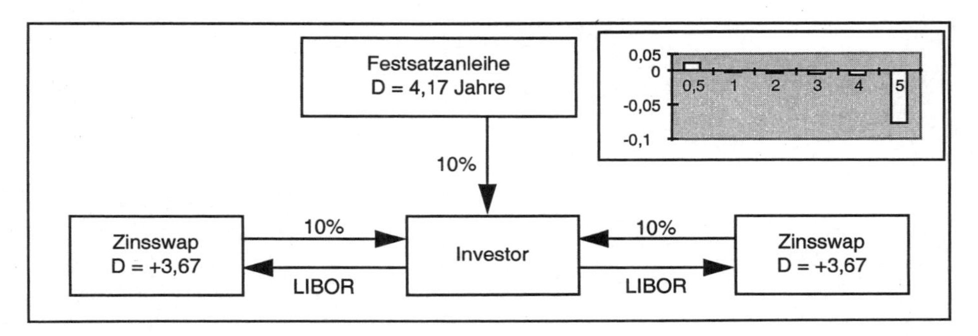


Abbildung 3.20: **Double Reverse Floater**

Mit einer Duration von $4{,}17 + 3{,}67 + 3{,}67 = 11{,}51$ reagiert dieses Produkt extrem auf fallende Zinsen im Kapitalmarktbereich:

$$\textit{Kursänderung} \qquad = -\frac{11{,}51}{1{,}1} \cdot 0{,}01 \cdot 100 = -10{,}46$$

Jedoch bleibt das Risiko in erster Linie im fünfjährigen Zerozins, was die Sensitivität mit fast –0,01 € pro Basispunkt deutlich zeigt.

Diese strukturierten Produkte eignen sich also ausgezeichnet, um schnell die Duration eines Portfolios zu verändern. Sie bieten besonders privaten Investoren die Möglichkeit, indirekt Zinsswaps bei der Steuerung des Portfolios einzusetzen. So entspricht der Leveraged Floater einem Payerswap mit einem Floater und der Reverse Floater einem Receiverswap mit Festsatzanleihe.

Daraus folgt allgemein, dass sich symmetrische Strukturen mit Hilfe der Duration beschreiben lassen. Dieser Aspekt vernachlässigt jedoch die Drehungsrisiken, die erst bei einer Sensitivitätsanalyse in Bezug auf die einzelnen Zerozinssätze deutlich werden. Das Durationskonzept findet jedoch seine Grenzen, sobald auch Optionsaspekte zu berücksichtigen sind. Deren Beschreibung fällt mit Sensitivitäten tendenziell deutlich leichter aus.

*Literatur: Dresdner Bank (1993), Heidorn/Bruttel (1993), Miron/Swanell (1991)*

# 4.

# Grundlagen der Aktienanalyse

# 4 Grundlagen der Aktienanalyse

Eine Kernfrage der Kapitalmarkttheorie ist der Zusammenhang von Risiko und Rendite. In diesem Abschnitt werden die grundlegenden Ideen der Aktienbewertung diskutiert.

## 4.1 Risiko und Rendite

Im ersten Kapitel wurde besprochen, dass es sinnvoll sein kann, beim Diskontieren den Zins um einen Risikofaktor zu adjustieren. Wie diese Risikoprämie bestimmt werden kann, ist somit eine Kernfrage der **Risikoanalyse.**

Die Entwicklung der modernen Kapitalmarkttheorie nahm in den **USA** ihren Anfang. Da das Zahlenmaterial für den **deutschen Kapitalmarkt nur relativ kurze Zeitreihen** liefert, soll die Risikotheorie an den ursprünglichen Ergebnissen aus den USA verdeutlicht werden.

Als Grundlage dient eine Studie von **Ibbotson Associates,** die die Entwicklung von vier Portfolios historisch analysiert. Die **vier Portfolios** bestanden aus:

1. **Treasury Bills** mit Laufzeiten von weniger als einem Jahr,
2. **langfristigen** US-**Regierungsanleihen**,
3. langfristigen **Industrie**anleihen,
4. Standard & Poor‘s **Index** (500 Firmen).

Alle Portfolios haben eine unterschiedliche **Risikostruktur. Portfolio 1** ist praktisch risikofrei, denn es gibt keine **Bonitätsprobleme,** und bei den kurzen Laufzeiten ist das **Zinsrisiko eng** begrenzt. **Portfolio 2** hat ein erhöhtes Risiko in Bezug auf **Zinssatzänderung**. **Portfolio 3** hat zusätzliche **Bonitätsrisiken** und **Portfolio 4** hat **Eigenkapitalrisiken.**

Bei der Studie wurde für jedes einzelne Jahr von 1926 - 1997 die Rendite der Portfolios einschließlich Dividenden, Zinsen (mit Wiederanlage) und Kursveränderungen berechnet und dann der arithmetische Durchschnitt über die Zeit gebildet. Die Berechnung einer realen Rendite erfolgte durch Abzug der Inflationsrate. Daraus ergab sich folgendes Bild:

Tabelle 4.1:
RENDITEN IN DEN USA VON 1926 BIS 1997 (VGL. BREALEY/MYERS 2000)

| Portfolio | Rendite nominal | Rendite real | Risikoprämie |
|---|---|---|---|
| 1 | 3,8 | 0,7 | 0 |
| 2 | 5,6 | 2,6 | 1,8 |
| 3 | 6,1 | 3,0 | 2,3 |
| 4 | 13,0 | 9,7 | 9,2 |

Die Risikogliederung entspricht der **Intuition**. Je risikoreicher ein Portfolio war, um so mehr Rendite hatte es in der Vergangenheit erwirtschaftet. Da die Renditen des Aktienportfolios sehr stark schwanken (+54% 1933; –43,3% 1931), muss zur **Schätzung der Risikoprämie** ein sehr **langer Zeitraum** gewählt werden. Dabei ist die Risikoprämie der Anteil der Rendite, um den ein risikobehaftetes Portfolio im langfristigen Durchschnitt höher rentiert als ein risikofreies Portfolio.

Der **Marktsatz** für ein Portfolio $i$ ($r_{mi}$) setzt sich aus dem **risikofreien Zins** ($r_{frei}$) und der **Risikoprämie** zusammen. Dies bedeutet, dass eine Investition einerseits den risikofreien Zins, darüber hinaus aber auch die notwendige Prämie in Abhängigkeit vom Risiko erwirtschaften muss. Um eine erwartete Rendite zu schätzen, bietet es sich also an, zum heutigen risikofreien Zins die langfristige ("normale") Risikoprämie zu addieren.

$$r_{mi}\left(heute\right) = \left(r_{frei}\right)\left(heute\right) + normale\ Risikopr\ddot{a}mie_i$$

Ein Portfolio wird jedoch im Regelfall mit zwei Parametern beschrieben. Einerseits steht der Erwartungswert der Rendite sicherlich im Mittelpunkt, jedoch ist das Risiko, gemessen als die Varianz bzw. die Standardabweichung der Renditen, im Zeitablauf ebenso wichtig. Der Erwartungswert errechnet sich dabei als "Durchschnittswert" für einen langen Zeitraum, während die Varianz eine Maßzahl für die Streuung um den Erwartungswert ist.

$$Varianz\left(r_m\right) = E\left(r_m - E\left(r_m\right)\right)^2 = \sigma^2$$

$$Standardabweichung = \sqrt{Varianz\left(r_m\right)} = \sigma$$

Zur Verdeutlichung hilft die Betrachtung eines Münzspiels. Dabei können zweimal jeweils 100 Euro auf einen Münzwurf gesetzt werden. Fällt Kopf, bekommt der Spieler zu seinem Einsatz 20% hinzu, fällt Zahl, verliert er 10%. Zur Errechnung der erwarteten Rendite und der Varianz gibt es folgende mögliche Ereignisse:

| | | | |
|---|---|---|---|
| Kopf | + | Kopf | + 40% |
| Kopf | + | Zahl | + 10% |
| Zahl | + | Kopf | + 10% |
| Zahl | + | Zahl | − 20% |

Der Erwartungswert für die Rendite errechnet sich, indem man die Ergebnisse mit ihrer Wahrscheinlichkeit gewichtet und dann summiert.

$$E(r_m) = (0{,}25 \cdot 40\%) + (0{,}5 \cdot 10\%) + (0{,}25 \cdot [-20\%]) = 10\%$$

Entsprechend kann nun die Varianz bestimmt werden.

Tabelle 4.2:

**Berechnung von Standardabweichung und Erwartungswert**

| $r_m$ | $P$ | $P \cdot r_m$ | $r_m - E(r_m)$ | $(r_m - E(r_m))^2$ | $P \cdot (r_m - E(r_m))^2$ |
|---|---|---|---|---|---|
| + 40 | 0,25 | 10 | + 30 | 900 | 225 |
| + 10 | 0,50 | 5 | 0 | 0 | 0 |
| − 20 | 0,25 | − 5 | − 30 | 900 | 225 |
| **Summe** | 1 | $E(r_m) = 10$ | | | $\sigma^2 = 450$ |

$$\sigma = \sqrt{450} = 21{,}21$$

Dieses Münzspiel hat also einen Erwartungswert von 10% bei einer Standardabweichung von ca. 21%. Diese Kennzahl beschreibt die Breite der **möglichen** Ergebnisse und damit das **Risiko** eines Portfolios. Bei einem risikofreien Wert ist die Standardabweichung Null, im Allgemeinen ist die Zukunft jedoch unsicher und die Standardabweichung daher größer als Null.

Verändert man das Münzspiel auf eine Gewinnmöglichkeit von +35%, jedoch bei einer Erhöhung des möglichen Verlustes auf –25%, ergibt sich ein Erwartungswert von weiterhin 10%, jedoch mit einer Standardabweichung von ca. 42%. Dieses Spiel ist also risikoreicher als das erste, ohne dass die erwartete Rendite steigt. Ein risikofreudiger Anleger könnte sich durchaus für diese Variante entscheiden, im Regelfall wird aber die relevante Gruppe eher **risikoavers** sein. Bei der Wahl zwischen den beiden Spielen ist dann die zweite Variante uninteressant. Die Masse der Anleger möchte bei **höherem Risiko** auch eine höhere Rendite erwarten können. Betrachtet man die Varianzen bei der Ibbotson-Studie, ergibt sich folgendes Bild:

Tabelle 4.3:
**VOLATILITÄTEN IN DEN USA VON 1926 BIS 1999**
(VGL. BREALEY/MYERS 2000)

| **Portfolio** | $\sigma$ | $\sigma^2$ |
|---|---|---|
| 2 | 9,2% | 84,6% |
| 3 | 8,7% | 75,7% |
| 4 | 20,3% | 412,1% |

Das erste **Münzspiel ähnelt** sehr stark der Anlage in das **Aktienportfolio** (Nr. 4 in Tabelle 4.3) in den USA. Der Erwartungswert von 13% für die Rendite und die Standardabweichung von 21% zeigen statistisch sehr ähnliche Proportionen wie das Spiel mit 10% und 21%. Nach einer Vielzahl von Untersuchungen gibt es viel Evidenz, dass Kursverläufe am ehesten mit einem **Zufallsmechanismus** beschrieben werden können. Auf dieser Einsicht baut dann die Portfolio- sowie die Optionspreistheorie auf. Eine weitere Evidenz für diesen Ansatz ist die folgende Grafik. Eine Linie baut auf einem Zufallsprozess einer Erhöhung um 20% mit der Wahrscheinlichkeit von 0,5 und dem Verlust von 10% mit einer Wahrscheinlichkeit von ebenfalls 0,5 auf. Es ist kaum möglich, ohne Achsenbeschriftung die Indexentwicklung des deutschen Aktienmarktes (1960 bis 1990) von diesem Zufallsprozess zu unterscheiden.

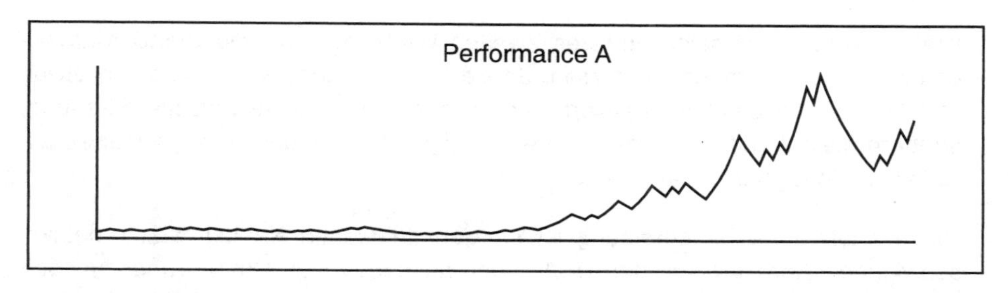


Abbildung 4.1: **Zufallsprozess**

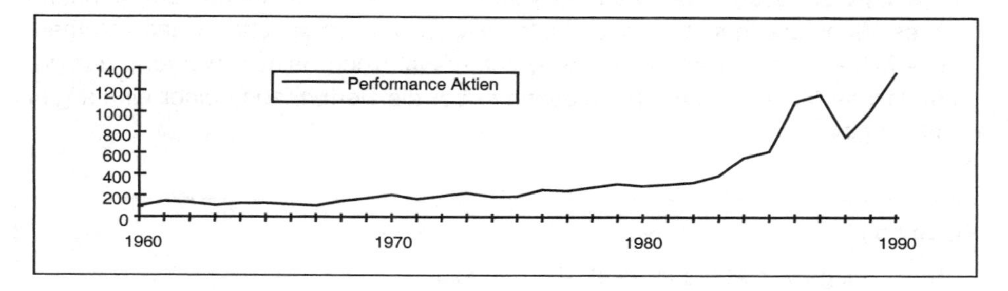


Abbildung 4.2: **Deutscher Aktienmarkt**

Jedoch ist es ein großes Problem, die **Standardabweichungen zu schätzen**. In der Regel sind die Werte im Zeitablauf nicht konstant. Für das Aktienportfolio ergaben sich für vergangene Zehnjahresperioden sehr unterschiedliche historische Ergebnisse.

Tabelle 4.4:
**ENTWICKLUNG DER AKTIENVOLATILITÄT IN DEN USA**

| Periode | $\sigma$ |
|---|---|
| 1926 – 1929 | 23,9% |
| 1930 –1939 | 41,6% |
| 1940 – 1949 | 17,5% |
| 1950 – 1959 | 14,1% |
| 1960 – 1969 | 13,1% |
| 1970 – 1979 | 17,1% |
| 1980 – 1989 | 19,4% |
| 1990 – 1997 | 14,3% |

Während der Depression und des Zweiten Weltkriegs war die Standardabweichung also eher größer. Jedoch wurde sie in den folgenden Jahrzehnten etwas stabiler. Den Investor interessiert letztlich aber nicht die historische Streuung, sondern die zukünftige, so dass deren richtige Abschätzung einen wesentlichen Anteil an einer guten Analyse ausmacht.

Diese analytische Beschreibung ist für den deutschen Kapitalmarkt erheblich schwieriger. Anders als in den USA liegen aussagefähige Daten frühestens seit den 50er Jahren vor. Hinzu kommt immer das Problem eines fairen Vergleichs in Bezug auf Steuern, die Zusammensetzung des Indexes und Annahme der Wiederanlage der ausgeschütteten Beträge. Auch eine Entscheidung über arithmetisches Mittel bzw. geometrisches Mittel fällt schwer. So spricht für das arithmetische Mittel der Vergleich über eine konstante jährliche Anlage, während das geometrische Mittel bessere Informationen über die Performance einer einmaligen Anlage gibt.

**Beispiel:**

Eine Anlage von 200 entwickelt sich wie folgt:

Tabelle 4.5:
**ANLAGEENTWICKLUNG EINER ANLAGE VON 200**

| Ursprung | nach einem Jahr | nach zwei Jahren |
|---|---|---|
| 200 | 100 | 175 |

$$Durchschnittsrendite_{arithmetisch} = \frac{-50\% + 75\%}{2} = 12{,}5\%$$

$$Durchschnittsrendite_{geometrisch} = \left(\frac{175}{200}\right)^{\frac{1}{2}} - 1 = -6{,}46\%$$

Eine sorgfältige Analyse auf Basis der Indizes des Statistischen Bundesamtes wurde von Bimberg (1993) vorgelegt. Aus dieser Arbeit ist die folgende Tabelle verändert entnommen.

Tabelle 4.6: (vgl. Bimberg 1993)
**RENDITEN DES DEUTSCHEN KAPITALMARKTES VON 1954 BIS 1992**

| | Aktien | Anleihen | Tagesgeld |
|---|---|---|---|
| **Nominalrendite (arithm. Mittel)** | 14,1 | 6,8 | 5,5 |
| **Nominalrendite (geom. Mittel)** | 11,2 | 6,7 | 5,4 |
| **Standardabweichung** | 27,2 | 5,5 | 2,6 |
| **Jahre mit positiver Nominalrendite** | 27 | 36 | 39 |
| **Jahre mit negativer Nominalrendite** | 12 | 3 | 0 |
| **Realrendite (arithm. Mittel)** | 10,8 | 3,6 | 2,2 |
| **Realrendite (geom. Mittel)** | 7,8 | 3,4 | 2,2 |
| **Höchste Realrendite** | 79,8% (54) | 14,7% (58) | 6,0 (92) |
| **Niedrigste Realrendite** | –33,9 (87) | –6,3 (79) | –1,9 (72) |
| **Längster Zeitraum ohne Realwertzuwachs** | 8/1960 bis 3/1983 | 3/1978 bis 3/1984 | 12/1974 bis 10/1977 |

Schon am sehr langen Zeitraum der negativen Realrendite für Aktien wird deutlich, wie empfindlich diese Analyse auf eine Änderung des Untersuchungszeitraums reagiert. Zur Unsicherheit trägt bei, dass die überzeugende Performance der Aktien in erster Linie auf die Erfolge der Jahre 1954, 1959 und 1985 zurückzuführen ist. In den übrigen Jahren lag die Aktienrendite nur um 0,5% über der Anleihenrendite.

Bei einem Vergleich des deutschen Aktienindexes (DAX) mit einer Anlage in zehn jährige Bundesanleihen und einer Geldmarktanlage seit 1980 zeigt sich für einen langen Anlagehorizont das bessere Abschneiden der risikoreicheren Anlage. Es wird aber auch deutlich, dass für einige Zeiträume die Rente überlegen war. Allerdings muss hinzugefügt werden, dass die steuerliche Betrachtung unterschiedlich ist, so dass der Vergleich zu Ungunsten des DAX verzerrt ist.

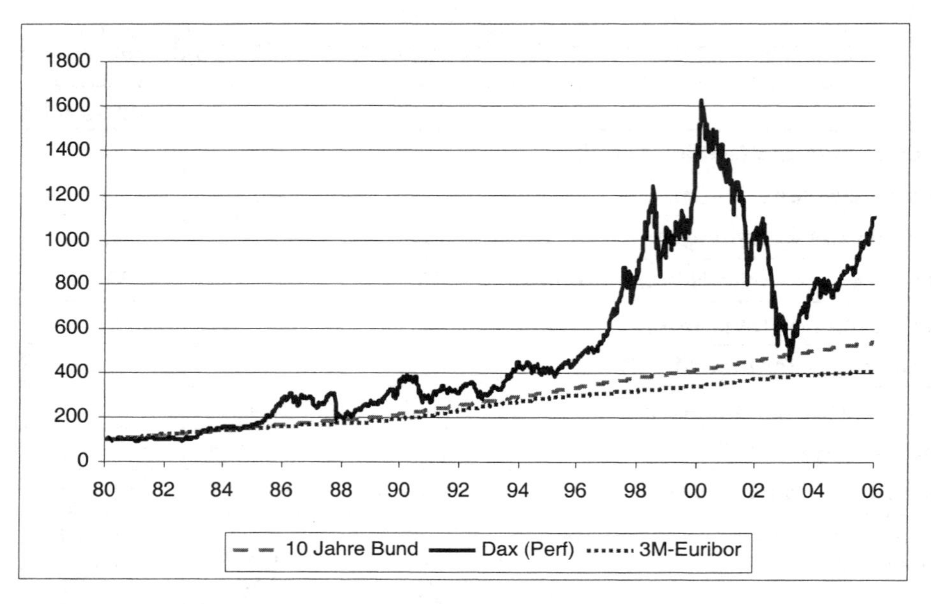


Abbildung 4.3: **Performancevergleich Deutschland 1980 bis 2006**

Eindeutig ist aber zu beobachten, dass die Volatilität des Aktienportfolios im selben Zeitraum erheblich größer ist als die Volatilität des Rentenportfolios.

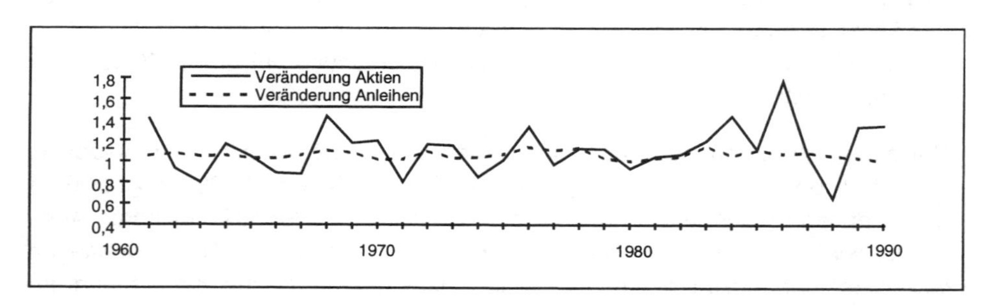


Abbildung 4.4: **Volatilität**

Grundsätzlich gilt aber auch im deutschen Markt, dass sich ein höheres Risiko (Standardabweichung) im Vergleich Aktien/Anleihen, gemessen an der Durchschnittsrendite, auszahlt. Dies sei zum Abschluss noch in einer Übersichtstabelle einiger wichtiger Kapitalmärkte gezeigt.

Tabelle 4.7: (vgl. Bimberg 1993)
INTERNATIONALE RENDITEVERGLEICHE

| | Aktien | Anleihen | Geldmarkt |
|---|---|---|---|
| **Deutschland 1954 - 1988** | | | |
| Nominalrendite | 15,0 | 6,8 | 5,1 |
| Standardabweichung | 27,9 | 5,3 | 2,5 |
| **Schweiz 1926 bis 1987** | | | |
| Nominalrendite | 8,9 | 4,5 | n.v. |
| Standardabweichung | 20,3 | 3,3 | n.v. |
| **Japan 1973 bis 1987** | | | |
| Nominalrendite | 13,3 | 8,9 | 7,3 |
| Standardabweichung | 16,3 | 6,2 | 2,5 |
| **USA 1954 bis 1988** | | | |
| Nominalrendite | 12,8 | 5,4 | 5,6 |
| Standardabweichung | 17,6 | 10,6 | 3,1 |

Dies war ein sehr knapper Einstieg in die Argumentation über Aktienkurse und Zufallsprozesse, er genügt aber in diesem Zusammenhang für das weitere Verständnis.

*Literatur: Brealey/Myers (2000), Uhlir/Steiner (1994), Graz/Günther/Moriabadi (1997)*

## 4.2 Externe Bewertung von Einzelaktien

*Wie hoch ist der faire Wert eines Unternehmens, und was ist die adäquate Methode zur Bestimmung dieses Wertes? Dies ist die grundlegende Frage, die sich der externen Unternehmensbewertung stellt. Der Aktienanalyst kann aus einer Fülle von traditionellen und modernen Bewertungsverfahren wählen. Grundsätzlich hat der Betrachter bei der Wahl der Methode zunächst das Problem, sich zwischen leicht verständlichen, aber methodisch zu kurz greifenden Verfahren einerseits (überwiegend die traditionellen Bewertungsverfahren), sowie hoher Komplexität und methodischer Validität (überwiegend die modernen

* Dieser Abschnitt wurde gemeinsam mit Sven Weier geschrieben

Bewertungsverfahren) andererseits, zu entscheiden. Bei den zuerst genannten Verfahren stehen die relativen, gewinnbasierten Bewertungsverfahren wie beispielsweise das Kurs-Gewinn-Verhältnis (KGV) im Vordergrund. Aufgrund ihrer mangelnden Erfassung der Dynamik und Verzerrung durch buchhalterische Vorgänge gerieten diese Bewertungsverfahren insbesondere durch das Aufkommen des Shareholder Value-Gedankengutes in die Kritik und wurden durch die komplexeren Discounted Cash Flow-Bewertungsverfahren ergänzt.

### 4.2.1 Relative, gewinnbasierte Verfahren

Die relativen, auf dem jahresabschlussrechtlichen Gewinn beruhenden Bewertungsverfahren repräsentieren die in der Praxis des Aktien-Research am häufigsten gebrauchten Verfahren. Dies liegt hauptsächlich daran, dass die Ermittlung der bewertungsrelevanten Größen vergleichsweise objektiv und einfach erfolgen kann. So wird hierbei die Frage nach dem theoretisch wahren Wert eines individuellen Unternehmens dadurch umgangen, indem man sich relativer Bewertungsmaßstäbe bedient. Diese werden wiederum auf das betrachtete Unternehmen bezogen. Es wird also implizit unterstellt, dass die zum Vergleich herangezogenen Unternehmen zum einen von der Geschäftstätigkeit und Profitabilität her vollkommen identisch sind, und zum anderen, dass diese richtig bewertet sind. Dabei leuchtet auf Anhieb ein, dass dies in der Realität wohl kaum der Fall sein wird. Offensichtlichen Unterschieden in Natur und Qualität der Unternehmen wird dabei meist mit pauschalen Bewertungsauf- bzw. -abschlägen Rechnung getragen, denen allerdings die theoretische Fundierung fehlt.

Das in der Praxis wohl am häufigsten gebrauchte Verfahren ist die Aktienbewertung mittels des **Kurs/Gewinn-Verhältnisses (KGV)**. Ausgangspunkt zur Bewertung eines Unternehmens anhand des KGV ist der aus dem Jahresüberschuss abgeleitete Gewinn je Aktie (Earnings per Share/EPS):

$$EPS = \frac{\text{Jahresüberschuss der Periode}}{\text{durchschnittliche Aktienstückzahl der Periode}}$$

Das KGV ist definiert als:

$$KGV = \frac{\text{aktueller Aktienkurs}}{EPS}$$

Beim KGV können drei verschiedene Typen unterschieden werden: (1) das **historische KGV**, welches das Verhältnis des Aktienkurses zum Gewinn in der Vergangenheit bestimmt, (2) das **relative KGV**, d.h. im Verhältnis zu einer Branche, zu vergleichbaren Unternehmen und/oder zum Gesamtmarkt sowie (3) das **prognostizierte KGV**, welches aus dem historischen oder relativen KGV abgeleitet wird. Für das relative KGV spricht, dass der Anleger seine Anlageentscheidung i.d.R. in Relation zu vergleichbaren Unternehmen trifft, und nicht etwa isoliert. In der Praxis kommt daher dem relativen KGV bei der Unternehmensbewertung besondere Bedeutung zu. Bei der Aktienbewertung, basierend auf dem (relativen) KGV, gelangt man zum fairen Aktienkurs, indem die prognostizierten EPS mit dem prognostizierten KGV multipliziert werden. Jedoch unterstellt diese Vorgehensweise, dass die Vergleichsunternehmen fair bewertet sind, was angezweifelt werden kann.

$$Fairer\ Aktienkurs = EPS_{prog} \cdot KGV_{prog}$$

Die Popularität des KGV in der Unternehmensbewertung resultiert aus dem Reiz einer Verhältniszahl, die den Aktienkurs ins Verhältnis zum Gewinn eines Unternehmens setzt und relativ leicht ermittelt werden kann. Theoretisch basiert das KGV auf dem Konzept der „ewigen Rente". Der Kehrwert des KGV-Bruches ist identisch mit der (Gewinn-) Rendite der Aktie auf dem aktuellen Kursniveau:

$$Rendite = \frac{EPS}{Aktienkurs}$$

Nach Umstellung ergibt sich der Aktienkurs als Kapitalisierung des Gewinns (Gordon Modell, vgl. 1.3.2):

$$Aktienkurs = \frac{EPS}{Rendite}$$

Dabei wird deutlich, dass die Verwendung des KGV zur Aktienbewertung ein Nullwachstum der Gewinne und gleichbleibende Renditen unterstellt. Diese Prämissen sind jedoch unrealistisch, da Gewinne und Renditen in der Realität schwanken. Zu den bedeutenden Einflussfaktoren auf das KGV zählen daher das Zinsniveau und das Gewinnwachstum. Ein erhöhtes Zinsniveau ist gleichbedeutend mit höheren Opportunitätszinsen und wirkt dämpfend auf das KGV. Aktien mit hohem Gewinnwachstum weisen meist ein hohes KGV auf, da sich die Verzinsungserwartungen schneller erfüllen als bei Aktien mit geringerem Gewinnwachstum.

Als Versuch, dem Problem der mangelnden Erfassung des Wachstums und der daraus resultierenden Nichteignung des KGV zur Bewertung von Wachstumsunternehmen gerecht zu werden, hat sich in der Bewertungspraxis die **Price/Earnings Growth-Ratio (PEG)** etabliert. Aktien mit hohem Gewinnwachstum weisen i.d.R. ein höheres KGV auf als Aktien mit niedrigerem Gewinnwachstum. Der Grund hierfür wird unmittelbar ersichtlich, wenn man das klassische Gordon Model etwas modifiziert, in dem der faire Aktienkurs als Kapitalisierung der EPS mit der erwarteten Aktienrendite (Cost of Equity/COE) abzüglich des Gewinnwachstums (g) ermittelt wird:

$$\text{Fairer Aktienkurs} = \frac{EPS}{\text{Cost of Equity} - g}$$

Nach Umstellung dieser Gleichung ergibt sich das faire KGV als:

$$\text{Faires KGV} = \frac{1}{\text{Cost of Equity} - g}$$

Je höher das Gewinnwachstum, desto höher sollte theoretisch also auch das KGV sein. Hier setzt auch die PEG-Ratio an. Die PEG-Ratio basiert auf der Annahme, dass das KGV positiv mit dem Gewinnwachstum eines Unternehmens korreliert ist. Die PEG-Ratio wird zum Teil verwendet, um Wachstumsunternehmen zu bewerten. Um ein optisches hohes KGV in Beziehung zu setzen, wird das KGV durch das erwartete Gewinnwachstum dividiert:

$$PEG = \frac{KGV}{g}$$

Als eine **Daumenregel** für die absolute PEG-Bewertung existiert in der Praxis die Annahme, dass eine **PEG-Ratio von unter 1** und insbesondere unter 0,75 als **attraktiv** gilt, da die Wachstumschancen in der Bewertung nicht adäquat berücksichtigt sind. Problematisch ist allerdings, dass eine theoretische Fundierung für dieses absolute Maß fehlt, was die Qualität dieses Maßstabes deutlich mindert. Des weiteren werden – wie schon beim KGV – Durchschnitte einer Branche gebildet und die PEG-Bewertungen einzelner Unternehmen in Relation hierzu gesetzt (relative PEG-Bewertung). Handeln Unternehmen einer Branche unterhalb dieses Durchschnitts – bei gleichzeitiger Identität der Wachstumscharakteristiken – so würde dies ein erstes Anzeichen für eine Unterbewertung darstellen. Beiden Vorgehensweisen gemeinsam ist die Annahme, dass die Höhe der PEG-Ratio ausschließlich von der Höhe des Gewinnwachstums abhängig ist. Abgesehen von der problematischen Bestimmung des geeigneten Zeithorizonts für die Ermittlung des durchschnittlichen Gewinnwachstums ergibt sich folgende Problematik: Die Höhe der PEG-Ratio wird nicht zuletzt auch durch unterschiedliche Eigenkapitalkosten (**C**ost **O**f **E**quity) und Eigenkapitalrendite (**R**eturn **O**n **E**quity), sowie die Investitionsintensität der betrachteten Unternehmen bestimmt. So ist es unmittelbar einleuchtend, dass ein Unternehmen, welches bei identischen Wachstumsraten einen höheren Equity-Spread erzielt, auch eine höhere PEG-Ratio aufweisen sollte. Mit Equity-Spread ist hierbei die Differenz zwischen den Eigenkapitalkosten und der Eigenkapitalrendite gemeint – also der Grad der Wertschaffung für die Aktionäre.

Diese Bewertungsmethodik hat einige Nachteile. Die Höhe der EPS und des ROE wird entscheidend durch die Finanzierungsstruktur eines Unternehmens geprägt. So kann der **ROE durch zusätzliche Fremdkapitalaufnahme angehoben** werden, obwohl das Aktionärsvermögen nicht zunimmt. Denn solange die Rentabilität zusätzlich fremdfinanzierter Projekte über den Fremdkapitalkosten liegt, steigt auch der ROE, selbst wenn der Verschuldungsgrad über dem optimalen Niveau liegt. Mit zunehmender Verschuldung steigen auch die Volatilität der Gewinne, die Wahrscheinlichkeit einer Insolvenz sowie die damit verbundenen direkten und indirekten Kosten. Somit sind die ausgewiesenen Gewinne nicht nur Ursprung operativer Tätigkeit, sondern bilden auch die Grundlage für die weitere Gestaltung der Finanzierungsstruktur. Während letzteres durch die steuerliche Abzugsfähigkeit durchaus wertschaffend sein kann, so sollte die Unternehmensbewertung unabhängig von unterschiedlichen Kapitalstrukturen erfolgen.

In der deutschen und internationalen Rechnungslegung finden sich Ansatz- und Bewertungswahlrechte, die zu einer **Verzerrung des ausgewiesenen Jahresüberschusses** führen können. Besonders im angelsächsischen Raum sind diese Wahlrechte jedoch sehr eng definiert und lassen somit weniger Spielraum für legale Manipulationsmöglichkeiten des Gewinnausweises. Zu Unterschieden im Ergebnisausweis kann es vor allem durch unterschiedliche Abschreibungsmethoden von Sachanlagen sowie des Geschäfts- und Firmenwertes, Rückstellungsbildung und die Bildung latenter Steuern, kommen. Nachteile beider Kennzahlen ergeben sich auch durch unterschiedliche Steuerbelastungen bzw. Steuergesetzgebungen. Insbesondere führen steuerliche Verlustvorträge im Extremfall zu einer steuerlichen Null-Belastung. Ist ein Aufbrauchen der Verlustvorträge absehbar, wird sich das Niveau des Jahresüberschusses normalisieren, d.h. verringern. In Antizipation dieser Entwicklung notieren Aktien solcher Unternehmen meist mit einem niedrigeren KGV bzw. PEG als vergleichbare Unternehmen mit *normaler* Steuerbelastung.

Während heutige Rechnungslegungsgrundsätze noch weitestgehend ihren Ursprung im Industriezeitalter haben, welches sich durch hohe materielle Kapitalintensität auszeichnete, zeichnen sich (Wachstums-) Unternehmen heutzutage durch **immaterielle Werte**, insbesondere im Forschungs- und Entwicklungsbereich (F&E), aus. Diese, dort unzweifelhaft langfristig geschaffenen Wettbewerbsvorteile werden von der nationalen bzw. internationalen Rechnungslegung weitestgehend mit Bilanzierungsverboten durch die Aberkennung des Status eines Vermögensgegenstandes belegt. Die in diesen Bereichen entstandenen Aufwendungen werden also sofort als Aufwand im Jahre der Entstehung verbucht. F&E-intensive Unternehmen werden dadurch im Vergleich zu anderen Unternehmen benachteiligt. Diesem Tatbestand wird bei der klassischen KGV- bzw. PEG-Bewertung nicht Rechnung getragen. So kann ein vergleichsweise hohes KGV bzw. eine hohe PEG auch daraus resultieren, dass das betrachtete Unternehmen über eine überlegene Produkt-Pipeline verfügt, die im Idealfall auf Jahre durch Patente geschützt ist.

Gerade im Bereich der **stark wachsenden Unternehmen** ist mit einer Profitabilität im herkömmlichen Sinne in den Anfangsjahren nicht zu rechnen. Der Unternehmenswert besteht hier aus zukünftig zu erwartenden Gewinnen. Sowohl das KGV als auch die PEG-Ratio – die zumeist auf den Gewinnen der nachfolgenden beiden Jahren basieren – erfassen diese Werte nicht.

### 4.2.2 Enterprise Value-Verfahren der Unternehmensbewertung

Der Unternehmenswert wird nicht durch den Wert seiner bilanziellen Passivseite bestimmt, sondern durch die Cash Flows, die mit den Aktiva generiert werden. Diese Cash Flows können dann zur Bedienung des Fremd- und Eigenkapitals verwendet werden. Ein weiterer Vorteil der Enterprise Value (EV)-Betrachtungsweise liegt darin, dass in Mergers & Acquisitions Transaktionen nicht etwa nur der Wert des Eigenkapitals eine Rolle spielt, sondern der gesamte Unternehmenswert, da das aufnehmende Unternehmen i.d.R. auch die Verschuldung übernimmt. Sehr anschaulich formuliert stellt der EV also den Betrag dar, den ein Erwerber aufbringen muss, um in den Besitz eines Unternehmens zu gelangen. Schließlich resultiert aus der EV-Betrachtung auch ein Anreiz, zwischen betriebsnotwendigem und nicht bertiebsnotwendigem Vermögen zu differenzieren. Hier setzen insbesondere Strategien zur Steigerung des Shareholder Value an, indem der Unternehmenswert durch den Verkauf von Randgebieten und die Konzentration auf das Kerngeschäft gesteigert werden kann. Ein klassisches Beispiel für nicht betriebsnotwendiges Vermögen sind Minderheitsbeteiligungen, die für die Erreichung des Betriebszweckes keine Bedeutung haben.

Die **Berechnung** des tatsächlichen **Enterprise Value (EV)** setzt im Gegensatz zum theoretisch fairen EV an der Passivseite der Bilanz an. Dies dient neben der relativ einfachen Wertbestimmung der einzelnen Komponenten auch der Sicherstellung der Zahlenkonsistenz bei der weiteren Verwendung des theoretisch fairen EV. Der tatsächliche EV setzt sich zusammen aus der derzeitigen Marktkapitalisierung zuzüglich der Nettoverschuldung, des Markwertes der Anteile Dritter, sowie der Pensionsrückstellungen, abzüglich des peripheren Vermögens. Es fällt auf, dass der EV nur diejenigen Kapitalien enthält, welche einen Verzinsungsanspruch – in jeglicher Form – beinhalten.

$$\textit{Enterprise Value} = \underbrace{\textit{Wert des Eigenkapitals}}_{\substack{=\textit{Marktkapitalisierung} \\ +\textit{Anteile Dritter} \\ +\textit{Peripheres Vermögen}}} + \underbrace{\textit{Wert des Fremdkapitals}}_{\substack{=\textit{Nettoverschuldung} \\ +\textit{Pensionsrückstellungen}}}$$

Bei der **Marktkapitalisierung** handelt es sich um den Börsenwert der ausstehenden Aktien. Ausstehend bedeutet, dass zur Berechnung der Marktkapitalisierung nur solche Aktien herangezogen werden, die tatsächlich an Dritte ausgegeben wurden, und nicht etwa als eigene Aktien im Treasury-Bestand gehalten werden.

Die **Anteile Dritter** werden zum EV hinzugerechnet. Dies ist besonders dann einleuchtend, wenn man bedenkt, dass diese Fremdkapitalcharakter haben. Zur Herstellung eines vollständigen Anspruchs auf die Gewinne eines nicht zu 100% gehaltenen Tochterunternehmens müssten diese entsprechend ausbezahlt werden.

Beim **peripherem Vermögen** kann es sich beispielsweise um Minderheitsbeteiligungen handeln. Der Wertansatz erfolgt entweder zum Marktwert (soweit vorhanden), durch Schätzung oder zum Marktwert/Buchwert-Multiplikator des Mutterunternehmens. Unter dem peripheren Vermögen sind aber auch steuerliche Verlustvorträge zu verstehen. Durch diese erlangt das Unternehmen eine Steuererleichterung. In der EV-Berechnung wird allerdings nicht der Nominalwert des Verlustvortrages, sondern dessen Barwert angesetzt. Das periphere Vermögen ist vom EV abzuziehen, da dies – um beim Eingangsbeispiel zu bleiben – im Falle eines Erwerbes verkauft bzw. zur Steuerersparnis genutzt werden könnte, und somit kaufpreismindernd wirken würde.

Die **Nettoverschuldung** stellt den Saldo zwischen den zinstragenden Finanzverbindlichkeiten und den kurzfristigen zinstragenden Aktiva dar. Aus Gründen der internationalen Vergleichbarkeit und wegen ihres zinstragenden Fremdkapitalcharakters werden die **Pensionsrückstellungen** zum EV addiert. Dies ist insbesondere für traditionelle Industriekonzerne von höchster Bedeutung, da diese meist sehr hohe Pensionsverpflichtungen haben. Bei der Berechnung der EV-Multiplikatoren werden deren meist niedrige KGVs somit deutlich relativiert.

Die **EV-Unternehmensbewertung** erfolgt anhand verschiedener Multiplikatoren, von denen die gebräuchlichsten im Folgenden dargestellt werden. Wie bereits beim KGV gezeigt wurde, eignet sich der ausgewiesene Jahresüberschuss nicht für die Unternehmensbewertung. Es ist deshalb angebracht, nach einer valideren Größe zu suchen. Da beim EV der gesamte Unternehmenswert – also für Eigenkapital- und Fremdkapitalgeber – betrachtet wird, muss diese Größe zwangsläufig vor dem Abzug von Fremdkapitalzinsen gesucht werden, um die Konsistenz zwischen Zähler und Nenner des Multiplikators zu wahren. Als erste Größe bietet sich hier das **Earnings before Interest and Tax (EBIT)** an. Das EBIT erfüllt zwei sehr wichtige Bedingungen: Es ist frei von Verzerrungen durch die Kapitalstruktur sowie durch unterschiedliche Steuerlegislation. Der EV/EBIT-Multiplikator ist daher auch in der Unternehmensbewertung sehr weit verbreitet:

$$EV/EBIT - Multiplikator = \frac{EV}{EBIT}$$

Ähnlich dem KGV findet dieser hauptsächlich in der relativen Bewertung Verwendung. Da das EBIT eine Größe nach Abschreibungen darstellt, bietet es sich vor allem für nicht kapitalintensive Unternehmen an. Außerdem trägt das EBIT in einer Welt, in der die Abschreibungen den Reinvestitionen entsprechen, der Investitionsintensität Rechnung. Allerdings bleibt dies wohl der theoretische Idealfall. Praktisch sind die Abschreibungen steuer- und bilanzierungsrechtlich geprägt. Deshalb eignet sich das EBIT bei kapitalintensiven Unternehmen und internationalen Vergleichen nur sehr eingeschränkt, da die Abschreibungen aufgrund abweichender Abschreibungsmodalitäten sehr unterschiedlich ausfallen können. Es liegt daher nahe, die **Verzerrungen durch die Abschreibungen auszuschalten**. Das **EBITDA (Earnings before Interest, Tax, Depreciation and Amortisation)** sind aufgrund der Cash Flow-Nähe von diesen Effekten unberührt. Auch der EV/EBITDA-Multiplikator ist daher häufig in der Unternehmensbewertung anzutreffen:

$$EV/EBITDA - Multiplikator = \frac{EV}{EBITDA}$$

Ein weiterer Vorteil des EBITDA liegt in der **Ausblendung** der Effekte der **Inflation** auf die Höhe der Abschreibung. Während nämlich in einem inflatorischen Umfeld die Preise der verkauften Güter steigen, passt sich die Höhe der Abschreibungen dieser Entwicklung nur zeitverzögert an. Im Gegensatz dazu ist für die zu tätigenden Investitionen schon ein inflationierter Betrag aufzuwenden. Problematisch bei der Verwendung des EBITDA ist, dass es die Investitionsintensität eines Unternehmens in keiner Weise widerspiegelt. Dies spielt für die Höhe der freien Cash Flows – die letztendlich den zur Verfügung stehenden Cash-Betrag darstellen – aber eine entscheidende Rolle. Somit kann auch der EV/EBITDA-Multiplikator nur ein Behelfsmultiplikator zur Bestimmung des fairen EV sein. Daher liegt es nahe, den EV in Beziehung zum freien Cash Flow zu setzten. Wichtig ist allerdings, dass hier der freie Cash Flow vor Zinsen betrachtet wird. Außerdem muss die Steuerzahlung auf Basis eines unverschuldeten Unternehmens neu berechnet werden. Dies geschieht sehr einfach durch die Multiplikation des EBIT mit dem Steuersatz.

$$EV/Free\,Cash\,Flow - Multiplikator = \frac{EV}{FCF}$$

Aufgrund der relativ komplexen Berechnung und Prognose des freien Cash Flow findet sich dieser Multiplikator aber eher selten in der Bewertungspraxis. Einen weiteren Nachteil, der jedoch allen EV-Multiplikatoren gemeinsam ist, kann auch dieser Multiplikator nicht ausräumen: das **mangelnde Erfassen von Dynamik**. Auch hier gilt nur die pauschale Aussage, dass, je höher und werthaltiger das Wachstum eines Unternehmens ist, desto höher auch der entsprechende Multiplikator sein sollte.

Bei allen **EV-Multiplikatoren** handelt es sich um **relative Bewertungsmaßstäbe**, d.h. diese werden aus einem Branchendurchschnitt gewonnen. Diese können dann – gegebenenfalls mit Zu- oder Abschlägen – auf die relevanten Größen des zu bewertenden Unternehmens bezogen werden, um zum theoretisch fairen EV zu gelangen. Zur fairen Marktkapitalisierung gelangt man durch Abzug der EV-Positionen mit Fremdkapitalcharakter und der Minderheitenanteile sowie durch Addition des peripheren Vermögens.

Zusammenfassend kann festgestellt werden, dass die **EV-Bewertung gegenüber** der Bewertung anhand des **KGV** bzw. der PEG eindeutig zu **bevorzugen** ist. Insbesondere löst die EV-Bewertung folgende Probleme der KGV- bzw. PEG-Bewertung:

- Keine Verzerrungen durch unterschiedliche **Kapitalstrukturen**
- Keine Verzerrungen durch verschiedene **Abschreibungsmethoden** (außer EV/EBIT)
- Keine Verzerrungen durch unterschiedliche **Steuersysteme**

Allerdings verbleiben auch bei der EV-Bewertung zwei **Hauptkritikpunkte**:

- **Keine** Erfassung der **Dynamik**
- Vernachlässigung **immaterieller Werte**

### 4.2.3 Cash Flow-Verfahren der Unternehmensbewertung

Die traditionellen Bewertungsmethoden kamen besonders mit dem Aufkommen des Shareholder Value-Gedankens immer mehr in die Kritik. Alfred Rappaport gilt zusammen mit Joel Stern als einer der Begründer dieses Gedankengutes, welches seit der zweiten Hälfte der achtziger Jahre in den USA und seit Anfang der neunziger Jahre in Deutschland Einzug in die Unternehmensführung bzw. -bewertung gehalten hat. Auch im Aktien-Research und Portfolio-Management haben bekannte Shareholder Value-Modelle immer größere Popularität erlangt.

Bei der **Discounted Cash Flow-Unternehmensbewertung (DCF)** handelt es sich um ein dynamisch/absolutes Modell, welches seinen Ursprung in der Investitionsrechnung hat. **Dynamisch** bedeutet, dass beim DCF eine Prognose der Cash Flows über mehrere Perioden hinweg erfolgt, der Hauptnachteil statischer Verfahren also umgangen wird. **Absolut** drückt aus, dass die Bewertung nicht in Relation zu anderen Unternehmen, sondern isoliert erfolgt. Die Ratio hinter der DCF-Methode unter investitionstheoretischen Aspekten ist, dass der Beitrag einer Investition zum Marktwert eines Unternehmens durch ihren Kapitalwert – also die Summe der diskontierten Zahlungsüberschüsse der Investition – bestimmt wird.

Beim DCF lassen sich grundsätzlich drei Modelle unterscheiden, die alle auf dem Kapitalwertkalkül beruhen, sich aber in der Abbildung der Fremdfinanzierung unterscheiden.

Mittels der **Entity-Methode** wird zunächst der Unternehmenswert $V^{ENTITY}$ ermittelt. Dies erfolgt anhand von entziehbaren Cash Flows ($C_t$), d.h. der versteuerten ($s$) Differenz aus Ein- ($E$) und Auszahlungen ($A$), abzüglich der Investitionen ($I$). Da der Unternehmenswert ermittelt werden soll, wird der Cash Flow vor Abzug der **Fremdkapitalzinsen (Cost of Debt/COD)** betrachtet:

$$C_t^{ENTITY} = (E_t - A_t) \cdot (1 - s) - I_t$$

Die entziehbaren Cash Flows werden in einem zweiten Schritt mit den gewichteten, durchschnittlichen Kapitalkosten – den *WACC* (Weighted Average Cost of Capital vgl. S.128) – auf ihren heutigen Wert diskontiert:

$$V^{ENTITY} = \sum_{t=1}^{T} \frac{C_t^{ENTITY}}{(1 + WACC_t)^t}$$

Nach Abzug des Fremdkapitals von $V^{ENTITY}$ ergibt sich der Eigenkapitalwert.

Bei der **Adjusted Present Value-Methode (APV)** erfolgt eine komponentenweise Ermittlung des Unternehmenswertes $V^{APV}$. Die Ermittlung der entziehbaren Cash Flows erfolgt auf gleichem Weg wie bei der Entity-Methode. Jedoch werden diese mit den **Eigenkapitalkosten bei vollständiger Eigenfinanzierung** (***COE****) diskontiert. In einem zweiten Schritt werden die Vor- bzw. Nachteile der realisierten Kapitalstruktur bzw. aus Innenfinanzierungseffekten ermittelt. Hierbei handelt es sich um die Wertbeiträge der Finanzierungsseite, d.h. den durch die Finanzierungsstruktur bewirkten Unternehmens- und Einkommenssteuereffekt, welcher mit $k^{APV}$, dem **risikoäquivalenten Zins des Steuerwertes**, diskontiert wird. Aus beiden Schritten ergibt sich $V^{APV}$ mit der **Schuldenhöhe (Debt / D)** als:

$$V^{APV} = \sum_{t=1}^{T} \frac{C_t^{ENTITY}}{(1+COE_t^*)} + \sum_{t=1}^{T} \frac{s \cdot COD_t \cdot D_{t-1}}{\prod_{t'=1}^{t}(1+k_{t'}^{APV})}$$

Der Wert des Eigenkapitals wird durch Abzug des Fremdkapitals von $V^{APV}$ ermittelt. Der Vorteil der getrennten Vorgehensweise liegt darin, wertbeeinflussende Merkmale getrennt zu bewerten und damit eine höhere Genauigkeit zu erreichen.

Bei der **Equity-Methode** – auch **Flows to Equity-Methode (FTE)** – erfolgt die Ermittlung des Eigenkapitalwertes direkt anhand entziehbarer Cash Flows, die den Eigenkapitalgebern zustehen ($C^{FTE}$), d.h. nach Abzug der Fremdkapitalzinsen ($COD_t \bullet D_{t-1}$) und -tilgung ($D_{t-1}-D_t$) sowie nach Steuern und Investitionen.

$$C_t^{FTE} = (E_t - A_t) - (E_t - A_t - COD_t \cdot D_{t-1}) \cdot s - COD_t \cdot D_{t-1} - (D_{t-1} - D_t) - I_t$$

Die Diskontierung dieser Cash Flows mit den *COE* ergibt den Eigenkapitalwert $(M^{FTE})$.

$$M^{FTE} = \sum_{t=1}^{T} \frac{C_t^{FTE}}{(1+COE_t)^t}$$

Die Vorteile der Entity- und der APV-Methode gegenüber der Equity-Methode liegen u.a. darin begründet, dass die unterschiedlichen Investitions- und Finanzierungsquellen des Unternehmens identifiziert und dabei die wichtigsten Leverage-Ansatzpunkte unter Wertaspekten erkennbar werden. Außerdem ist die Entity-Methode konsistent mit dem Kapitalbudgetierungsprozess, mit dem die meisten Unternehmen vertraut sind. Aufgrund der hohen praktischen Relevanz des DCF-Entity-Modells beziehen sich die nachfolgenden Aussagen ausschließlich auf die DCF-Entity-Bewertung.

Wie erkennbar wird, spielen vor allem zwei Schritte beim DCF eine kritische Rolle: (1) die Definition und **Prognose der Cash Flows** und (2) die Ermittlung adäquater **Kapitalkosten.** Der **Cash Flow** kann sowohl direkt als auch indirekt **ermittelt** werden. Die direkte Ermittlung erfolgt anhand der Saldierung der zahlungswirksamen Erträge und Aufwendungen, während bei der indirekten Ermittlung der Jahresüberschuss retrograd um den Saldo der zahlungswirksamen Erträge und Aufwendungen korrigiert wird. Beide Ermittlungsverfahren führen i.d.R. zum gleichen Ergebnis. Der für alle Kapitalgeber relevante Cash Flow wird üblicherweise als **Free Cash Flow (FC)** bezeichnet, wobei in der Literatur keineswegs eine einheitliche Definition des FC existiert. Die Prognose der Cash Flows „hat bis zu einem Zeitpunkt zu erfolgen, in dem der Barwert des zuletzt berücksichtigten Cash Flow den Unternehmenswert nicht mehr signifikant verändert". Da eine seriöse Prognose der Cash Flows jedoch nicht unendlich möglich ist, wird die Prognose in eine konkrete Prognoseperiode und den Zeitraum nach der Prognoseperiode aufgeteilt. In der Prognoseperiode werden die Cash Flows detailliert prognostiziert, wobei die Länge der Prognoseperiode abhängig von der Branche des Unternehmens ist. Eine Prognose der Cash Flows sollte für mindestens fünf Jahre möglich sein. Um den Wert der Cash Flows nach Ablauf der Prognoseperiode zu schätzen, wird der Cash Flow im letzten Jahr der Prognoseperiode zugrunde gelegt. Dieser wird mit den Kapitalkosten kapitalisiert, um zum Restwert zu gelangen.

Diese Vorgehensweise impliziert, dass nach der Prognoseperiode keine Investitionsrenditen erzielt werden, die über den Kapitalkosten liegen. Bei einer typischen Länge der Prognoseperiode von fünf Jahren beträgt der Anteil des Restwertes am Unternehmenswert ca. 80%. Hieraus wird ersichtlich, welches Gewicht der Restwert am Unternehmenswert haben kann und wie dieser entscheidend durch den Restwert beeinflusst wird. Durch diese Restwertsensitivität des Unternehmenswertes kann es dann, bei zu optimistischer Schätzung des Cash Flow im letzten Jahr der Prognoseperiode, zum *Hockeystick-Effekt* kommen – also zur Überschätzung des Unternehmenswertes.

Diese **Subjektivität der Cash Flow-Prognose** insbesondere bezüglich des Cash Flow-Wachstums ist auch gleichzeitig der **Hauptnachteil** aller DCF-Methoden. Deshalb ist eine kritische Betrachtung sowohl der Prognoseperiode selbst als auch der Annahmen für den Zeitraum nach der Prognoseperiode angebracht.

Die **Kapitalkosten** geben die Untergrenze der Verzinsung an, die beim Einsatz des Kapitals erreicht werden muss. Wird diese Untergrenze nicht erreicht, lohnt sich der Einsatz des Kapitals für die Kapitalgeber nicht, und der Marktwert sinkt. Die Ermittlung der **Weighted Average Cost of Capital (WACC)** erfolgt anhand eines gewichteten, durchschnittlichen Mittels aus Fremd- und Eigenkapitalkosten:

$$WACC = COE \cdot \frac{MV_E}{V} + (1-s) \cdot COD \cdot \frac{MV_D}{V}$$

Die Gewichte der einzelnen Komponenten werden durch die **Marktwerte des Eigenkapitals (*$MV_E$*)** und des **Fremdkapitals (*$MV_D$*)** in Relation zum **Unternehmenswert (*V*)** bestimmt. Die Verwendung von Marktwerten liegt in der Tatsache begründet, dass die WACC als Opportunitätszins einen Bezug zum Kapitalmarkt herstellen. Da sich die Verzinsungserwartungen bei veränderter Kapitalstruktur (Finanzrisiko) und bei veränderter Einschätzung des operativen Risikos entsprechend nach oben (bei höherem Risiko) oder unten (bei niedrigerem Risiko) anpassen, dienen die WACC neben der Barwertbestimmung auch der Risikoquantifizierung eines Cash Flow-Stroms.

Die Bestimmung der **Fremdkapitalkosten (*COD*)** bzw. deren Gewichtung bereitet in der Regel **keine Schwierigkeiten**, da diese explizit abfragbar sind. Außerdem wird bei den Fremdkapitalkosten die steuerliche Abzugsfähigkeit (1-s) der Fremdkapitalzinsen berücksichtigt (Tax Shield). Bei der Bestimmung des Gewichtes der **Eigenkapitalkosten (COE)** ergibt sich ein **Zirkularitätsproblem**, da ein Gewicht für einen Eigenkapitalwert bestimmt werden muss, zu dessen Höhe die COE entscheidend beitragen. Während das COE-Gewichtungsproblem mittels einer langfristigen **Ziel-Kapitalstruktur** umgangen werden kann, wird für die Bestimmung der COE auf ein finanzwirtschaftliches Modell, das Capital Asset Pricing Model (CAPM vgl. 4.3), zurückgegriffen. Dies liegt darin begründet, dass sich die *COE* als Verzinsungserwartungen der Eigenkapitalgeber aus Dividenden und Kurssteigerungen zusammensetzen, die nicht explizit ablesbar sind. Im CAPM werden die *COE* durch den risikofreien Zins ($r_{frei}$) und **die individuelle Aktienrisikoprämie [$\beta \bullet (r_{Markt} - r_{frei})$]**, also der Prämie, die über das Renditeniveau des Marktes ($r_{Markt}$) hinausgeht, ermittelt:

$$COE = r_f + \beta \cdot (r_{Markt} - r_{frei})$$

### 4.2.4 Economic Value Added (EVA) nach Stern/Stewart

Der EVA nach Stern/Stewart ist das wohl in der Literatur – aber auch in der Öffentlichkeit – meistdiskutierte **Contribution-Modell**. Hier wird der theoretisch faire Unternehmenswert auf Basis von Residualgewinnen ermittelt. Dieser Gewinn als absolute Größe bezeichnet in der Gesamtkapitalbetrachtung die Differenz zwischen Kapitalkosten und Gesamtkapitalrendite, während er in der Eigenkapitalbetrachtung die Differenz zwischen Eigenkapitalkosten und Eigenkapitalrendite ausdrückt. Der Economic Value Added (EVA) ist der zusätzlich geschaffene Wert, welcher den Kapitalgebern vor Abzug von Erweiterungsinvestitionen in das Anlage- und Umlaufvermögen verbleibt. Die Berechnung des EVA zeichnet sich durch die komplexe Ermittlung der relevanten Bezugsgrößen aus. So ergeben sich beim EVA bis zu 164 Anpassungsmaßnahmen der entsprechenden Kapital- und Gewinngrößen. Der ***EVA*** bezeichnet die absolute **Rentabilitätsspanne**, die basierend auf zwei Methoden ermittelt werden kann:

$$EVA_t = Capital_t \cdot (rent_t - \cos t_t)$$

$$oder\ EVA_t = NOPAT_t - (\cos t_t \cdot Capital_t)$$

Im ersten Term wird der EVA ermittelt, als die prozentuale Rentabilitätsspanne aus **Kapitalrentabilität (rent)** und **Kapitalkosten (cost)**, multipliziert mit der **Kapitalbasis (Capital)**. Der EVA der zweiten Gleichung ergibt sich aus der Differenz von **operativem Nettogewinn nach Steuern (NOPAT)** und den absoluten Kapitalkosten (*cost Capital*).

Die zum Abzug gebrachten Steuern entsprechen den cash abgeflossenen Steuern, und sind um den Steuervorteil der Fremdkapitalzinsen adjustiert. Des weiteren ist der NOPAT um **Aufwandsgrößen bereinigt**, die einen langfristigen Wert schaffen und, anstatt einmalig verausgabt, aktiviert und planmäßig abgeschrieben werden sollen. In diesem Zusammenhang spricht man von **Equity Equivalents**, die dem Kapital zugeschlagen werden, damit dieses eine ökonomische, statt buchhalterische Einheit widerspiegelt.

Die Rentabilität auf das investierte Kapital (*rent*) wird gemessen als:

$$rent_t = \frac{NOPAT_t}{Capital_t}$$

Die **Kapitalkosten** beim EVA (cost) werden zwar als gewichteter, durchschnittlicher Kapitalkostensatz ermittelt. Jedoch wird zur Bestimmung der Kosten neben dem **Beta-Faktor** des CAPM zusätzlich den **Business Risk Index (BRI)** vorgeschlagen. Der BRI setzt sich zusammen aus (1) dem operativen Risikomaß, (2) dem strategischen Risikomaß, (3) dem Risiko des Aktiva-Management, (4) der Unternehmensgröße und (5) dem Grad der geografischen Diversifikation. Der BRI ist damit sehr unternehmensspezifisch. Die Ermittlung der BRI-Daten beruht aber auf den vergangenen fünf Jahren.

Es ergeben sich drei Möglichkeiten der **Wertsteigerung**: (1) Erhöhung der Rentabilität, (2) Investition in Projekte mit rent > cost und (3) Desinvestition von Projekten mit rent < cost. Der Vorteil des EVA gegenüber dem FCF liegt in der Möglichkeit der jährlichen Erfolgskontrolle. Da der EVA aber ein absoluter, von der Unternehmensgröße abhängiger Wert und somit nicht mit den EVAs anderer Unternehmen vergleichbar ist, wird er meist standardisiert.

$$\text{Standardisierte } EVA_t = (rent_t - cost_t) \cdot \frac{Capital_t}{Capital_{Basisjahr}}$$

Die **Unternehmensbewertung** anhand des **EVA** erfolgt mittels der Economic Value Added to Capital-Methode, die bei identischen Prämissen den gleichen Wert ergibt wie die DCF-Entity-Methode. Hierbei erfolgt eine Prognose der EVA bis **Big T**, womit der **Zeitpunkt** beschrieben wird, in dem die **Eigenkapitalrendite** den **Kosten entspricht**. Die Dauer des Zeitraumes dieser Konvergenz liegt bei bis zu 30 Jahren, wobei die Länge des Zeitraumes abhängig ist vom makroökonomischen Umfeld (Inflation und Konjunkturaussichten) und von der mikroökonomischen Situation des Unternehmens (Wettbewerbsintensität, Management und Zyklizität). Die Prognose der zukünftigen EVAs stützt sich auf die Hauptwerttreiber NOPAT, Investitionen und die Rendite der Neuinvestitionen. Der Unternehmenswert $V^{EVA}$ entspricht der Summe aus *Capital, Barwerten zukünftiger EVA, Restwert* und dem **Marktwert des nicht betriebsbedingten Vermögens (MWnbV)**:

$$V^{EVA} = Capital_0 + \underbrace{\sum_{t=1}^{\text{"BIG"T}} \frac{(r_t - cost)\cdot Capital_t}{(1+cost)^t}}_{\substack{Barwert\\EVA}} + \left( \underbrace{\frac{1}{(1+cost)^{\text{"BIG"T}}} \cdot \frac{NOPAT_{\text{"BIG"T}+1}}{cost}}_{Restwert} \right) + MWnbV$$

Durch den Einbezug des Capital in die Unternehmensbewertung wird der Anteil des Restwertes am Unternehmenswert gesenkt. Außerdem wird aus dieser Gleichung ersichtlich, dass die absolute Höhe eines Ein-Perioden-EVA keinen Aufschluss über den Unternehmenswert gibt, sondern dafür vor allem die zukünftige Entwicklung der EVAs entscheidend ist.

Die Überlegungen zum EVA schließen die Ansätze zur Einzelaktienbewertung ab. Es wird deutlich, dass alle Verfahren eine hohe Subjektivität bei der Einschätzung zukünftiger Entwicklungen haben, sodass eine Aktienanalyse immer mehr einer Prognose, als einer Bewertung im engeren Sinn, entspricht. Im nächsten Abschnitt soll nun das Zusammenspiel mehrerer Aktien in einem Portfolio analysiert werden.

*Literatur: Copeland at al. (1994); Heidorn at al. (2001), Rappaport (1999), Stewart (1991)*

## 4.3 Grundlagen der Portfoliotheorie

Die Grundlage der modernen Portfoliotheorie ist die Arbeit von **Markowitz** (1952). Von der These eines Zufallsprozesses für die Erklärung der Aktienrenditen ausgehend, zeigte sich, dass dieser Prozess in vielen Fällen hinreichend durch eine **Normalverteilung** beschrieben werden konnte. Jedoch gibt es bei langen Perioden eine Verzerrung, da über 100% gewonnen, aber nur 100% verloren werden können. Markowitz begann entsprechend, Aktieninvestitionen mit Hilfe der **erwarteten Rendite** und der **Varianz** bzw. der Standardabweichung als Risikoparameter zu beschreiben. Dies lässt sich gut am Beispiel zweier Aktien verdeutlichen. Die meisten Investoren sind **risikoscheu**, bevorzugen also bei **gleicher erwarteter Rendite eine geringere Varianz.** Auf diesem Entscheidungskriterium baut die Portfoliotheorie auf.

Bei einer Betrachtung der Aktien von BASF und Daimler zeigt sich, dass **Daimler** die deutlich **höhere Rendite** ($r$) in der Vergangenheit erzielte, aber dafür auch deutlich **stärkere Schwankungen** ($\sigma$ = Standardabweichung) in Kauf genommen werden mussten. Die Zahlenbeispiele sind an eine historische Performance der beiden Aktien angelehnt.

BASF $r_B$ = 6% $\sigma_B = 20\%$

Daimler $r_D = 10\%$ $\sigma_D = 30\%$

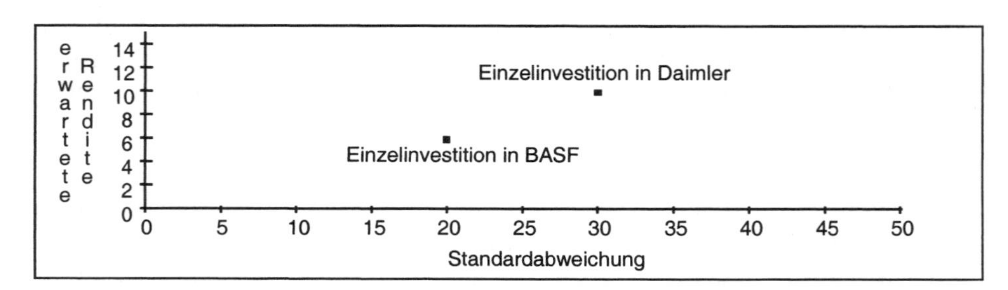


Abbildung 4.5: **Rendite-Risiko-Diagramm**

Die erwartete Rendite eines Portfolios lässt sich leicht als Durchschnitt der erwarteten Renditen der einzelnen Aktiva $\underline{r}_i$, gewichtet mit ihrem Anteil am Portfolio $w_i$, bestimmen.

$$r_{Portfolio} = \sum_{i=1}^{n} w_i \cdot r_i \qquad mit \sum_{i=1}^{n} w_i = 1$$

Bei einer Anlage von 60% des Portfolios in BASF und entsprechend von 40% in Daimler ergibt sich die erwartete Portfoliorendite mit 7,6%.

$$r_{Portfolio} = (0{,}6 \cdot 6\%) + (0{,}4 \cdot 10\%) = 7{,}6\%$$

Die Portfoliorendite kann also leicht als **gewichteter Durchschnitt** berechnet werden. Die Ermittlung des Risikos, also der Standardabweichung, ist etwas komplizierter. Die erste Intuition wäre, wie bei der Rendite vorzugehen.

$$(0{,}6 \cdot 20\%) + (0{,}4 \cdot 30\%) = 24\%$$

Das entsprechende Ergebnis von 24% ist im Regelfall **falsch.**

Um die Varianz eines Portfolios aus zwei Aktien zu analysieren, muss auch die **Kovarianz** (bzw. Korrelationen), also das Schwingen der Werte miteinander, in der Rechnung berücksichtigt werden. Die Kovarianz zweier Variablen ($\sigma_{12}$) steht durch den **Korrelationskoeffizienten** ($\rho_{12}$) im Zusammenhang mit den einzelnen Varianzen, wobei der Korrelationskoeffizient zwischen −1 und +1 liegt. Bei +1 schwingen die Kurse völlig gleichförmig, bei −1 sind sie genau gegenläufig, und bei 0 gibt es keinen statistischen Zusammenhang (vgl. 7.3.1).

$$\sigma_{12} = \rho_{12} \cdot \sigma_1 \cdot \sigma_2$$

Aus einer historischen Kovarianz von BASF und Daimler von 360 ($\sigma_{BD}$) kann dann der Korrelationskoeffizient ($\rho_{BD}$) wie folgt ermittelt werden:

$$360 = \rho_{BD} \cdot 20 \cdot 30$$

$$\rho_{BD} = 0{,}6$$

Die meisten Aktien bewegen sich in die **gleiche Richtung**, d.h., die **Korrelation** und die Kovarianz untereinander sind **positiv**. Um die Varianz des Portfolios zu bestimmen, werden die Aktien nicht nur mit den quadrierten Portfolioanteilen gewichtet, sondern hinzu kommt außerdem die gewichtete Kovarianz (vgl. 8.3.1).

Aktie 1: $w_1^2 \cdot \sigma_1^2$ und $w_1 \cdot w_2 \cdot \sigma_{12} = w_1 \cdot w_2 \cdot \rho_{12} \cdot \sigma_1 \cdot \sigma_2$

Aktie 2: $w_2^2 \cdot \sigma_2^2$ und $w_2 \cdot w_1 \cdot \sigma_{21} = w_2 \cdot w_1 \cdot \rho_{21} \cdot \sigma_2 \cdot \sigma_1$

$$\sigma^2_{Portfolio} = w_1^2 \cdot \sigma_1^2 + w_2^2 \cdot \sigma_2^2 + w_1 \cdot w_2 \cdot \rho_{12} \cdot \sigma_1 \cdot \sigma_2 + w_2 \cdot w_1 \cdot \rho_{21} \cdot \sigma_2 \cdot \sigma_1$$

$$= w_1^2 \cdot \sigma_1^2 + w_2^2 \cdot \sigma_2^2 + 2 \cdot w_1 \cdot w_2 \cdot \rho_{12} \cdot \sigma_1 \cdot \sigma_2, \quad da\ \rho_{12} = \rho_{21}$$

Für das Beispiel ergibt sich also eine Varianz von:

$$\sigma^2_{Portfolio} = 0{,}6^2 \cdot 400 + 0{,}4^2 \cdot 900 + 2 \cdot \rho_{BD} \cdot 0{,}6 \cdot 0{,}4 \cdot 20 \cdot 30$$

$$= 144 + 144 + \rho_{BD} \cdot 288 = 288 + \rho_{BD} \cdot 288$$

Wären die beiden Aktien vollständig positiv korreliert ($\rho_{BD} = \mathbf{1}$), ergäbe sich das intuitive Ergebnis von **24%** ($\sigma^2 = 576; \sigma = 24\%$).

Der Traumfall für den Portfoliomanager ist eine vollständig **negative** Korrelation ($\rho_{BD} = -\mathbf{1}$), denn dann ergibt sich eine **Portfoliovarianz von 0** bei einer Rendite von 7,6%. Es wäre in einem solchen Fall möglich, das **Risiko vollständig wegzudiversifizieren**.

Im Regelfall ist die Korrelation aber positiv, beim Beispielportfolio wurde sie aus den historischen Daten auf 0,6 geschätzt ($\rho_{BD} = \mathbf{0{,}6}$). Daraus errechnet sich eine Standardabweichung von ca. 21% für das Portfolio ($\sigma^2{}_{Portfolio} = 460{,}8$; $\sigma_{Portfolio} = 21{,}47\%$): Durch **Diversifikation** ist es also gelungen, die **Rendite** zu **steigern,** und trotzdem erhöht sich im Vergleich zu einer **Einzelinvestition in BASF** die **Varianz** nur leicht. Durch Variation der Anteile an den beiden Aktien kann eine Risiko-Rendite-Kurve abgeleitet werden, die im unteren Schaubild dargestellt ist.

Im Allgemeinen Fall mit n Wertpapieren ergibt sich für die Portfoliovarianz:

$$\sigma^2_{Portfolio} = \sum_{i=1}^{n} w_i^2 \cdot \sigma_i^2 + 2\sum_{i=1}^{N-1} \sum_{j=i+1}^{N} w_i \cdot w_j \cdot \rho_{ij} \cdot \sigma_i \cdot \sigma_j$$

Bei einem Portfolio aus **vielen Aktien** ist die Situation also **ähnlich**, nur ist es sehr viel aufwendiger zu berechnen, da **alle Kovarianzen** berücksichtigt werden müssen. Als **effiziente** Portfolios werden dann diejenigen bezeichnet, die bei der

**gleichen** erwarteten **Rendite** ein **Minimum an Varianz** haben. Daraus wird ersichtlich, dass im Regelfall immer eine positive Portfoliovarianz übrig bleibt. Bei einer großen Anzahl von Aktien wird schließlich die entsprechende Kovarianz immer wichtiger für die Portfolioentscheidung. Da alle **Aktien eine positive Korrelation** haben, muss für den Gesamtmarkt eine **positive Marktvarianz** übrigbleiben, während das individuelle Risiko einer Aktie vollständig diversifiziert werden kann.

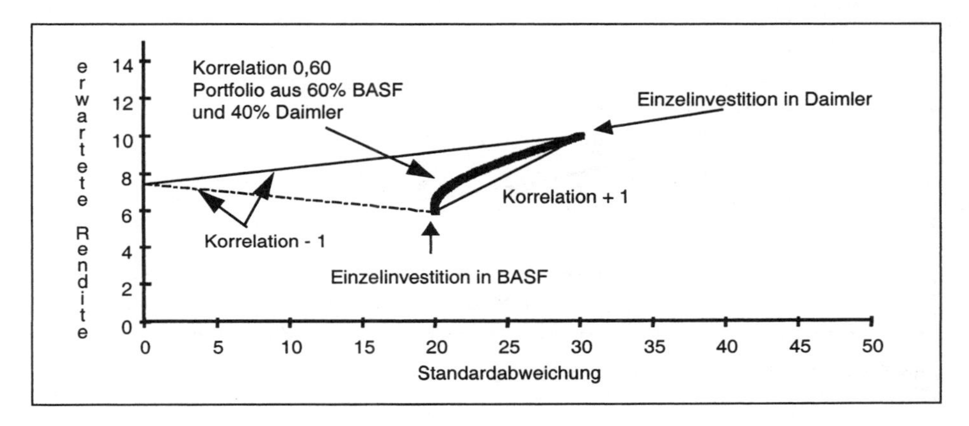


Abbildung 4.6: **Portfoliolinie im Zwei-Wertpapier-Fall**

Dieser Aspekt kann gut am Beispiel einer naiven Diversifikation gezeigt werden. Werden alle Wertpapiere im Portfolio zum wertmäßig gleichen Anteil gehalten, ergibt sich das jeweilige Gewicht einfach durch die Anzahl der Wertpapiere. Für die Portfoliovarianz ergibt sich:

$$\sigma^2_{Port\_naiv} = \sum_{i=1}^{n} \left(\frac{1}{n}\right)^2 \cdot \sigma_i^2 + 2 \cdot \sum_{i=1}^{n-1} \sum_{j=i+1}^{n} \left(\frac{1}{n}\right) \cdot \left(\frac{1}{n}\right) \cdot \rho_{iJ} \cdot \sigma_i \cdot \sigma_j$$

$$\Leftrightarrow \sigma^2_{Port\_naiv} = \frac{1}{n} \cdot \underbrace{\sum_{i=1}^{n} \frac{\sigma_i^2}{n}}_{\substack{durchschnittliche\\ Varianz}} + \frac{n-1}{n} \cdot \underbrace{\sum_{i=1}^{n-1} \sum_{j=i+1}^{n} \frac{2 \cdot \rho_{iJ} \cdot \sigma_i \cdot \sigma}{n \cdot (n-1)}}_{\substack{durchschnittliche\\ Kovarianz}}$$

$$\Leftrightarrow \sigma^2_{Port\_naiv} = \frac{1}{n} \cdot durchschnittliche\_Varianz + \frac{n-1}{n} \cdot durchschnittliche\_Kovarianz$$

$$\Leftrightarrow \sigma_{Port\_naiv} = \sqrt{\frac{1}{n} \cdot (durchsch\_Varianz - durchsch\_Kovarianz) + durchsch\_Kovarianz}$$

Mit Erhöhung der Anzahl der Aktien im Portfolio wird die Standardabweichung folglich immer unwichtiger, dafür beginnt die Kovarianz immer wichtiger zu werden. Schon bei ca. 20 Aktien ist das spezielle Risiko der Aktien des Portfolios wegdiversifiziert, es bleibt nur noch das Kovarianzrisiko, d.h. das Marktrisiko, bestehen. Dies wird in folgender Abbildung grafisch verdeutlicht.

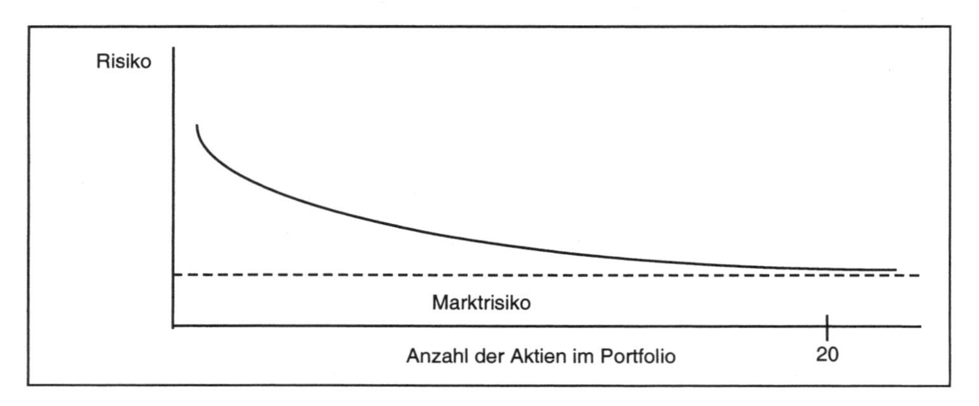


Abbildung 4.7: **Risikoreduktion durch Streuung**

Bei der Betrachtung einer einzelnen **Aktie** ist es also nur interessant, wie sie die **Risikosituation des gesamten Portfolios beeinflusst**. Mathematisch ist dies abhängig vom relativen Anteil der Aktie ($w_i$) im Portfolio und von ihrer Kovarianz zum Rest des Portfolios ($\sigma_{ip}$). Das zusätzliche Risiko durch den Kauf einer Aktie i kann dann mit $w_i \cdot \sigma_{ip}$ beschrieben werden. Der Zukauf von Aktien mit einer Kovarianz über der Portfoliovarianz erhöht also das Gesamtrisiko, während der Kauf von Aktien mit einer niedrigeren Varianz das Risiko senkt.

In dieser einfachsten Form der Portfolioentscheidung gelten dann die folgenden **Grundregeln**:

1. Ziel ist es, entweder die **erwartete Rendite** eines Portfolios bei **konstanter Standardabweichung** zu **maximieren** oder die Standardabweichung bei gegebener Rendite zu minimieren. Der Investor wählt eine **Risiko-Rendite-Kombination** entsprechend seiner Präferenzen, er wird aber nie ein Portfolio wählen, das nicht in diesem Sinne optimiert wurde.
2. Für eine einzelne Aktie ist **nicht das individuelle Risiko interessant**, sondern wie sich das **Risiko** und die Rendite des bisher gehaltenen **Portfolios bei Zumischung verändern.**

Werden **alle Portfolios**, die diesen **Kriterien entsprechen,** ausgewählt, entsteht eine **Linie effizienter Portfolios**, die sich in Form und Aufbau nicht von dem eben analysierten Zwei-Wertpapier-Fall unterscheidet. Jedoch sind in der Praxis die zu bearbeitenden Datenmengen so groß, dass eine intuitive Vorauswahl der zu beobachtenden Werte notwendig ist. So bietet der Ansatz von Markowitz nach wie vor einen relativ großen Spielraum bei der Umsetzung im Portfoliomanagement.

Für eine Analyse von nur 100 Wertpapieren müssen beispielsweise 100 Renditen, 100 Varianzen und $\frac{n \cdot (n-1)}{2} = \frac{100 \cdot 99}{2} = 4950$ Kovarianzen geschätzt werden.

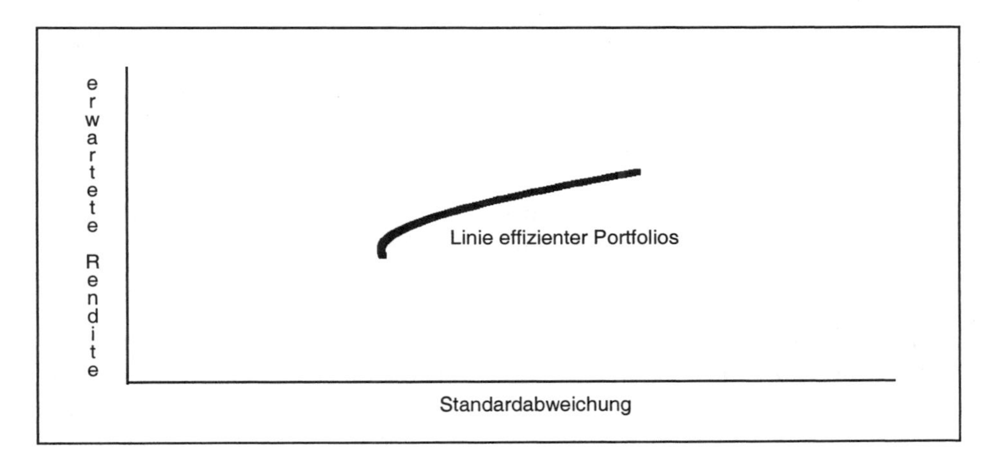


Abbildung 4.8: **Linie effizienter Portfolios**

Um diese **Datenflut** bewältigen zu können, mussten alternative Ansätze entwickelt werden. Ein wesentlicher Fortschritt war die Erkenntnis, dass es auf dem Kapitalmarkt möglich ist, zum gleichen **risikofreien Zins** sowohl Geld **anzulegen** als auch **Kredit aufzunehmen**. Die Annahme klingt für einen privaten Investor überraschend, bei großen Banken liegt der Unterschied oft bei unter 1/8%, so dass er vernachlässigt werden kann. Für den Gesamtmarkt reicht es dann aus, wenn einige große Anleger in der Lage sind, diese Prämisse zu erfüllen. Zeichnet man den risikofreien Zinssatz in das Risiko-Rendite-Diagramm ein und dreht eine Gerade um diesen Punkt, bis sie die Linie der effizienten Portfolios berührt, entsteht das **Capital Asset Pricing Model (CAPM,** dessen Entwicklung eng mit dem Namen Sharpe (1964) verknüpft ist. Auf diese Art wird der

**Risiko-Rendite-Raum** nicht mehr durch eine Kurve, sondern durch eine **Gerade begrenzt,** wie in der folgenden Grafik deutlich wird.

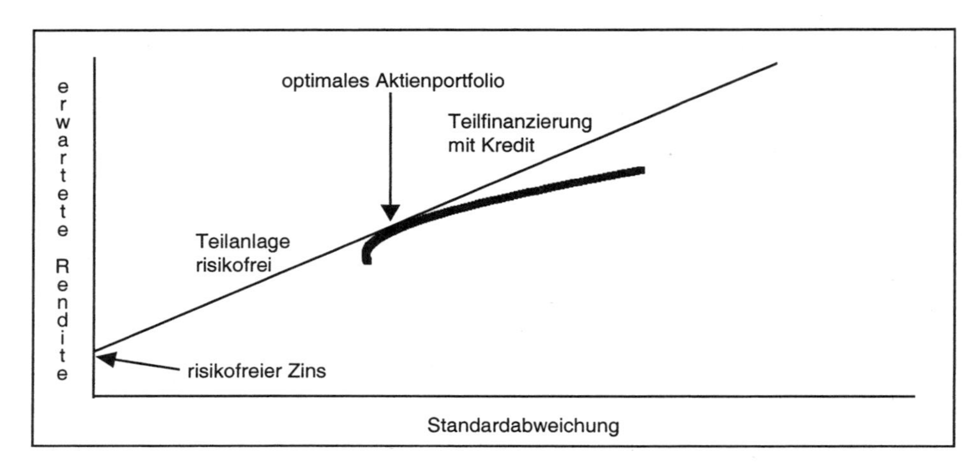


Abbildung 4.9: **Kapitalmarktlinie**

**Alle Anleger** halten genau **das Portfolio**, an dem die **Gerade die Effizienzkurve berührt**. Ihre individuelle Risikopräferenz können sie durch Ausnutzung des risikofreien Zinssatzes umsetzen. Wird ein **kleineres Risiko** angestrebt, muss ein Teil des verfügbaren Geldes zum **risikofreien Zins angelegt** werden. Wird eine **größere Rendite** angestrebt, muss entsprechend ein Teil des Portfolios über **Kreditaufnahme** finanziert werden. Damit sichert sich der Anleger eine höhere erwartete Rendite, selbstverständlich erhöht sich damit auch die Varianz. Jedoch ist dieser Weg deutlich effizienter als eine Investition in ein risikoreicheres Aktienportfolio, da die Renditesteigerung mit einer kleineren Varianzerhöhung erkauft werden kann. Der Portfoliomanager muss also das optimale Portfolio finden und es entsprechend mit einer Zumischung der risikofreien Anlage bzw. durch eine Teilfinanzierung des Portfolios mit einem Kredit auf die individuellen Bedürfnisse seines Kunden zuschneiden. Für den Rest der Welt reicht es aus zu wissen, dass sich intelligente Menschen mit diesem Problem beschäftigen und entsprechend im Markt kaufen und verkaufen. Da alle **Aktien** mit einer Risiko-Standardabweichung-Relation **unterhalb der Geraden verkauft** werden, wird der Preis sinken und somit die **Rendite** der Aktie **steigen,** bis sie auf der Geraden liegt. Liegt eine Aktie oberhalb der Geraden, wird sie gekauft, somit steigt ihr Preis, und die Rendite fällt, bis sie ebenfalls auf der Geraden liegt.

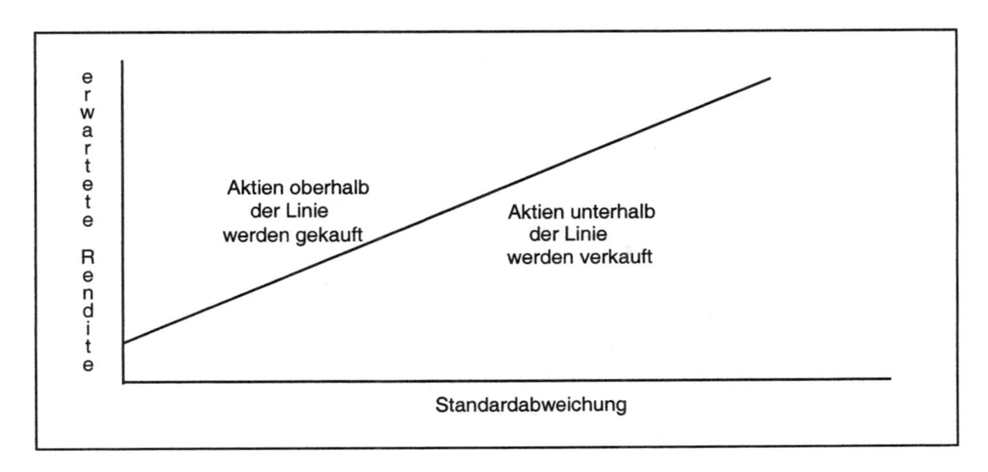


Abbildung 4.10: **Zusammenhang von Arbitrage und Kapitalmarktlinie**

In einem funktionierenden Kapitalmarkt kann der Teilnehmer ohne superiores Wissen also den Marktpreisen vertrauen. Darüber hinaus wird deutlich, dass alle Rendite-Risiko-Kombinationen auf einer Geraden liegen. Macht man sich zunutze, dass im Regelfall der Anleger nicht über bessere Informationen als alle anderen Teilnehmer am Kapitalmarkt verfügt, so ist ein **denkbares optimales Portfolio der Markt** selbst, also der entsprechende Index. In Deutschland wird meist der DAX (Deutscher Aktienindex) herangezogen. Benutzt man die Marktrendite $r_m$ und die Standardabweichung des Marktportfolios $\sigma_m$, um die Gerade mit Hilfe der individuellen Standardabweichung $\sigma_i$ einer Aktie zu beschreiben, so ergibt sich:

$$E(r_i) = r_f + \frac{E(r_m) - r_f}{\sigma_m} \cdot \sigma_i$$

Da das spezifische Risiko einer Aktie diversifiziert werden kann, spielt nur der Anteil des übernommenen Marktrisikos eine Rolle bei der Risikoprämie. Deshalb wird die Standardabweichung der Aktie (bzw. eines Portfolios) mit der Korrelation zum Marktportfolio gewichtet.

$$E(r_{Aktie}) = r_f + \underbrace{\frac{E(r_{Markt}) - r_f}{\sigma_{Markt}}}_{\substack{\text{Risikoprämie} \\ \text{des Marktes}}} \cdot \underbrace{\rho_{Aktie\_Markt}\,\sigma_{Aktie}}_{\substack{\text{relevantes} \\ \text{Risiko der} \\ \text{Aktie}}}$$

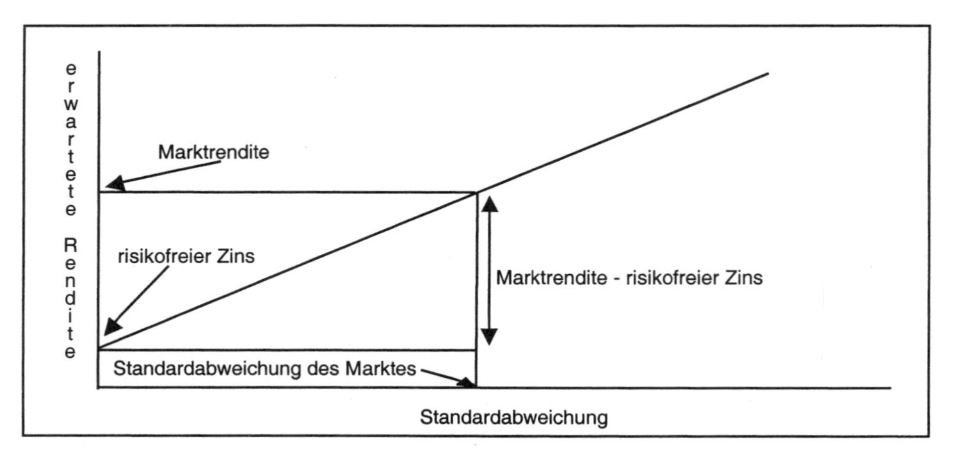


Abbildung 4.11: **Steigung der Kapitalmarktlinie**

Der letzte Schritt ist dann eine direkte Schätzung des **Risikoparameters Beta** aus den historischen Renditen einer Aktie und den entsprechenden Renditen des Marktes. Um eine einfache Regression zu erhalten (vgl. 7.3.2.), ergibt sich aus dem CAPM:

$$E(r_{Aktie}) = r_f + \frac{\rho_{Aktie\_Markt}\sigma_{Aktie}}{\sigma_{Markt}} \cdot \left(E(r_{Markt}) - r_f\right)$$

$$E(r_{Aktie}) = r_f + \beta_{Aktie} \cdot \underbrace{\left(E(r_{Markt}) - r_f\right)}_{Risikoprämie}$$

$$\text{mit } \beta_{Aktie} = \frac{\rho_{Aktie\_Markt} \cdot \sigma_{Aktie}}{\sigma_{Markt}} = \frac{Kovarianz_{Aktie\_Markt}}{\sigma^2_{Mark\,t}}$$

Die erwartete Rendite eines Portfolios kann somit auch in Abhängigkeit von Beta beschrieben werden. Dieser Zusammenhang wird als Wertpapiermarktlinie (Security Market Line) bezeichnet.

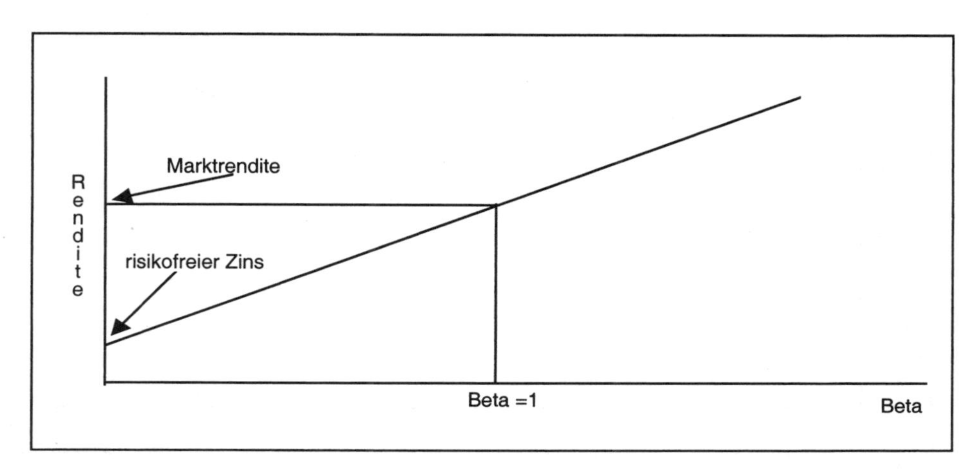


Abbildung 4.12: **Wertpapiermarktlinie (Security Market Line)**

In der Praxis wird eine Schätzung meist **direkt** anhand der **Marktrendite vorgenommen**. Entsprechend wird beim **Marktmodell** dann eine Regressionsgleichung der Form

$$r_i = \alpha_i + \beta_i \cdot r_m$$

genutzt. Da sich die erklärenden Daten, Rendite respektive Risikoprämie nur um die Konstante des risikofreien Zinssatzes unterscheiden, ergeben beide Ansätze jedoch das gleiche Beta.

Beta ist also ein Ausdruck für die Risikoposition einer Aktie und damit auch für die erwartete Rendite. Eine Aktie mit einem **Beta von eins** verhält sich in Bezug auf Risiko und Ertrag **genau wie der Markt**. Eine Aktie mit einem Beta von **kleiner eins** hat ein **geringeres Risiko,** aber auch einen **geringeren erwarteten Ertrag als der Markt**, bei einem Beta **größer eins** ist die **Anlage risikoreicher,** verspricht aber auch **höhere Erträge**.

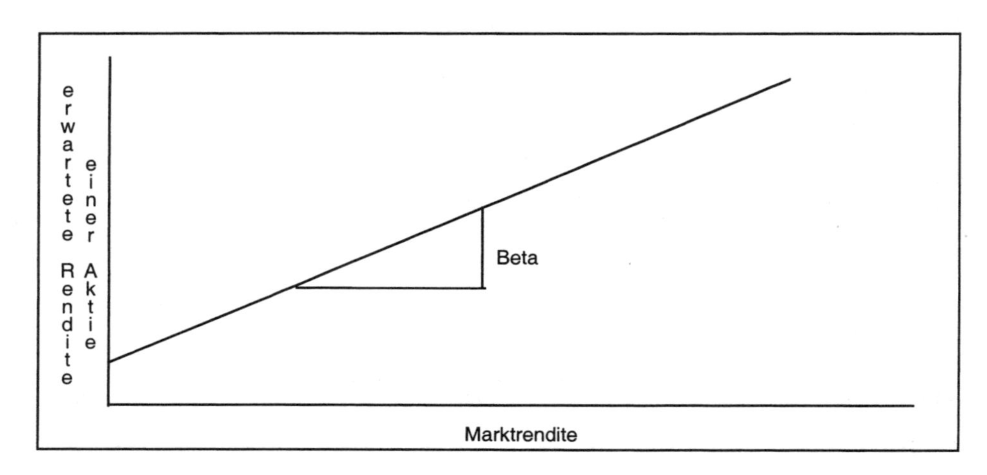


Abbildung 4.13: **Renditeschätzung mit Markrenditen (Marktmodell)**

Alternativ wird auch versucht, über eine multivariable Regression die Renditen eines Titels zu erklären. Dieser Ansatz wird als **Arbitrage Pricing Theory** (APT) bezeichnet und wurde im Kern von Ross (1976) entwickelt. Die Idee ist leicht zu verstehen. Ein Portfolio aus Käufen und Leerverkäufen, das heute den Wert Null hat, muss auch in aller Zukunft den Wert Null haben, da sonst risikolose Gewinne erzielt werden könnten. Die **Anleger arbitrieren** also **mit einer Vielzahl von Märkten**, entsprechend wird das CAPM um eine Vielzahl anderer Marktrenditen erweitert (Gold, Immobilien, Öl). Es ergibt sich:

$$r_i = \alpha_i + \beta_{1i} \cdot r_1 + \beta_{2i} \cdot r_2 + \ldots + \beta_{ni} \cdot r_n$$

Es ist aber unklar, welche Faktoren zur Erklärung der Aktienrendite herangezogen werden sollten. Benutzt der Analyst nur die Marktrendite des Indexes, wird das Modell wieder zum CAPM, welches wohl in der Praxis zur Zeit am häufigsten in der einen oder anderen Form eingesetzt wird. Es gab bisher eine Unzahl von empirischen Tests des CAPM mit unterschiedlichen Ergebnissen. Im Kern kann festgehalten werden, dass richtig geschätzte Betas eine unschätzbare Hilfe bei der Anlageentscheidung sind.

Nach diesem kurzen Ausflug in die Portfoliotheorie soll nun die Effizienz des Kapitalmarktes analysiert werden.

*Literatur: Brealey/Myers (2000), Uhlir/Steiner (1994), Graz/Günther/Moriabadi (1997)*

## 4.4 Markteffizienz

In den letzten Jahren wurde immer stärker der Begriff der Markteffizienz (Fama 1970) in den Mittelpunkt der Kapitalmarktdiskussion gestellt. Dabei kamen viele Analysten zu dem Ergebnis, dass die Finanzmärkte im Vergleich zu den Märkten realer Güter sehr effizient funktionieren.

Anbieter in Märkten mit **realen Gütern** haben den großen Vorteil, dass **vollständige Konkurrenz** eher **selten** ist. Eine Strategie der **Marktsegmentierung** ist oft erfolgreich, kleine Produktvariationen erschweren die Vergleichbarkeit für den Abnehmer deutlich. Auf **Finanzmärkten** wird in erster Linie die Anlage gesucht, die Entscheidungskriterien sind bei rationalen Käufern **Risiko und Rendite**. Diese Relation ist nicht immer leicht herauszufinden, aber es gibt kaum eine Möglichkeit, darüber hinaus Produkte weiter zu differenzieren. Die Möglichkeit, Geld zu verdienen, lockt zusätzlich viele intelligente Menschen an, und so fließen die Mittel schnell zu den besten Anlagen.

Da eine gute Investition im Sinne des Nettobarwerts ein schlechter Verkauf für die andere Seite sein muss, darf auf einem **effizienten** Kapitalmarkt durch **Kauf oder Verkauf** eines Assets zum Marktpreis **kein positiver Nettobarwert (NPV) entstehen**.

Nachdem eine Vielzahl von Analysten versucht hat, die Gesetze des **Aktienmarktes** zu ergründen, gelang es in der Regel nicht, längere stabile Zyklen zu finden. So erscheint es aus Sicht der bisherigen Untersuchungen angebracht, den Aktienmarkt als einen **Random Walk** mit **positive drift**, also als eine zufällige Bewegung entlang einer Trendlinie, zu interpretieren. Dies erstaunt auf den ersten Blick.

Die Rahmenbedingungen von Finanzmärkten kommen den Voraussetzungen effizienter Märkte oft sehr nahe. Einerseits sind viele **Informationen** allgemein **bekannt** und **günstig** zu bekommen, darüber hinaus spiegeln sich die verfügbaren und relevanten **Informationen im Preis wider.** Die Konkurrenz der Experten auf einem Markt sichert dann allen einen fairen Preis. Dies kann am besten am Beispiel einer **Auktion** demonstriert werden. Möchte man ein Bild verkaufen, sichert eine Auktion am ehesten die **"faire" Beurteilung des Preises** zu, wenn sie folgende Kriterien erfüllt:

- Am Markt befinden sich **genügend** Teilnehmer (d.h. ausreichend viele).
- Es bestehen **keine Absprachen** unter den Teilnehmern.
- Mit dem **Bieten** sind **keine großen Kosten** verbunden.
- **Alle Informationen stehen** allen zur Verfügung.

Der bei einer solchen Auktion erzielte Preis ist in dem Sinne fair, dass alle verfügbaren Informationen in die Preisbildung eingeflossen sind. Diese **Preise enthalten** dann konsequenterweise das gesamte relevante **Wissen zu dem Zeitpunkt** und **ändern** sich erst, **wenn neue Informationen eintreffen**. Da **neu** ex definitione unbekannt ist, entsteht ein **zufälliger Prozess;** der zukünftige Preis hat nichts mit dem Pfad zu tun, auf dem der heutige Preis zustande gekommen ist. Für diese Effizienz sorgt aber auch die **Fundamentalanalyse.** Sobald ein Zyklus zu erkennen ist, wird dieser ausgenutzt und damit auch zerstört.

In der Literatur werden drei **Formen** der Effizienz unterschieden. Bei der **schwachen Form (weak)** sind alle Informationen aus vergangenen Preisen, bei der **mittleren Form (semistrong)** alle öffentlich verfügbaren Informationen und in der **starken Form (strong)** alle Informationen im heutigen Preis enthalten.

Nachdem verschiedene Portfolios untersucht wurden, gab es nach einer Risikobereinigung keine Evidenz, dass professionelle Manager den Markt über längere Zeiträume ausperformten; die Performance war nicht deutlich anders als bei zufällig zusammengestellten Portfolios. Überdurchschnittliche Renditen erzielten beispielsweise New York Stock **Exchange-Specialists und Manager** eines Unternehmens, die in der **eigenen Aktie** handelten. Da hier ein Informationsvorsprung zu vermuten ist, bestätigt dies eher die Effizienzthese auf den meisten Finanzmärkten.

**Effizienz** bedeutet **nicht Sicherheit der Prognose**, der Preis spiegelt immer nur einen fairen Wert wider. Die Zukunft ist unsicher, und unzählige neue Informationen an jedem Tag werden in der Regel auch die Preise verändern. Märkte sind nicht von selbst **effizient,** sondern nur, wenn intelligente **Marktteilnehmer** die **Informationen ständig verarbeiten** und ein ausreichender Informationsfluss gewährleistet ist. **Effizienz** ist also nicht nur ein Untersuchungskriterium, sondern **auch ein Anspruch an einen Markt.** Je professioneller unter Konkurrenz ein Markt wird, desto effizienter wird er in der Regel sein.

Daraus können die Kernthesen der Finanzmärkte abgeleitet werden:

- **Märkte haben keine Erinnerung**

Es gibt keinen Grund zu glauben, dass eine Tendenz auch morgen anhält: "**The past tells us nothing more about the future than represented in the price**". Neue Informationen führen zu Preisveränderungen, damit schaffen Informationsvorteile auch höhere Renditen. Die Vergangenheitsdaten helfen nur bei der Beurteilung der Volatilität und dem Erwartungswert, nicht aber bei der Bestimmung der zukünftigen Richtung (vom Drift, also der über einen langen Zeitraum zur erwartenden Rendite einmal abgesehen).

❑ **Vertraue den Marktpreisen**

Im Regelfall sind alle wichtigen **Informationen im Preis enthalten**. Um Vorteile zu haben, muss man mehr wissen als alle anderen. Effiziente Preise sind daher in Bezug auf die Risiko-Rendite-Relation fair. Superiore Analyse oder Informationsvorsprünge führen zu einer besseren Performance. Jedoch wird die Chance, solche Vorsprünge zu haben, um so unwahrscheinlicher, je liquider die Märkte sind.

❑ **Es gibt keine Illusionen auf Finanzmärkten**

Investoren haben ein sehr unromantisches Verhältnis zu Cash Flows. Solange durch **externe** Analyse **Vergleichbarkeit möglich** ist, bringt eine **"kreative" Buchführung keine Wertsteigerung einer Aktie.**

❑ **Kennt man eine Aktie, kennt man alle**

**Aktien sind nahe Substitute,** da Aktien nur wegen ihres fairen Wertes gekauft werden. Entsprechend reagieren die Preise auf Nachfrageänderungen sehr elastisch. Möchte ein Investor große Aktienmengen nahe des Marktpreises verkaufen, muss man den Käufer überzeugen, dass der Verkäufer keine privaten Informationen hat.

Dies sind in aller Kürze die wichtigsten Ansätze der Kapitalmarkttheorie in Bezug auf Risiko und Erwartung. Es ergeben sich als bedeutende Ergebnisse für die Optionspreisbildung:

- **Aktienkurse** folgen einem **Random Walk mit positive drift.**
- Dieser kann mit einer **Normalverteilung** der Renditen beschrieben werden.
- Die Verteilung wird durch die Parameter **erwartete Rendite** und deren **Varianz** (bzw. Standardabweichung) bestimmt.

## 4.5 Einführung in die Performancemessung

Bei der Beurteilung eines Portfolios spielt also nicht nur der realisierte Ertrag eine Rolle, sondern auch das dabei eingegangene Risiko muss in die Analyse einbezogen werden. Nur eine zweidimensionale Messung ist in der Lage, die Risk/Return-Beziehungen des Marktes sinnvoll zu beschreiben. Im folgenden Abschnitt wird entsprechend kurz in die Performanceanalyse eingeführt.

Betrachten wir als Beispiel die Wertentwicklung dreier Aktienfonds und einer Benchmark (z.B. DAX). Der Investor möchte wissen, ob sein Portfolio besser war als der Index. Er stellt also die Frage nach der **Outperformance**. Im vergangenen Jahr ergab sich:

Tabelle 4.8:
**PERFORMANCEANALYSE I**

| **Portfolio** | **A** | **B** | **C** | **Benchmark (BM)** |
|---|---|---|---|---|
| **Rendite** | 8% | 12% | 14% | 10% |
| **Volatilität** | 8% | 18% | 30% | 15% |
| **risikofreier Zins** | 5% | | | |

Um die Portfolios vergleichbar zu machen, sind in der Literatur verschiedene Konzepte entwickelt worden. Eines der bekanntesten stammt vom Nobelpreisträger Sharpe. Die Performance wird dabei als Mehrertrag eines Portfolios verglichen zum risikofreien Zins gemessen. Um das Risiko einzubeziehen, wird dieser Ertrag dann ins Verhältnis zur Standardabweichung des Portfolios gesetzt. Je höher das **Sharpe-Maß** ausfällt, um so mehr Einkommen wurde pro Risikoeinheit erzielt. Das Portfolio mit dem höchsten Wert ist also das beste. Dies ergibt für unser Beispiel:

$$\textit{Sharpe - Maß} = \frac{\textit{Portfoliorendite} - \textit{risikofreier Zins}}{\textit{Standardabweichung des Portfolios}}$$

$$\textit{Sharpe - Maß}_A = \frac{0{,}08 - 0{,}05}{0{,}08} = 0{,}3750$$

$$\textit{Sharpe - Maß}_B = \frac{0{,}12 - 0{,}05}{0{,}18} = 0{,}3889$$

$$\textit{Sharpe - Maß}_C = \frac{0{,}14 - 0{,}05}{0{,}30} = 0{,}3000$$

$$\textit{Sharpe - Maß}_{BM} = \frac{0{,}1 - 0{,}05}{0{,}15} = 0{,}3333$$

Bei der Analyse ergibt sich also, dass Portfolio *B* am besten abgeschnitten hat. Auch bei Portfolio *A* konnte eine erfreuliche Outperformance festgestellt werden, während das Portfolio mit der höchsten Rendite auf Grund seines hohen Risikos sich als „Underperformer" herausstellt. Das Ergebnis des Portfolios *C* hätte mit einer teilweise durch Kredit finanzierten Anlage in den Benchmark (leverage) geschlagen werden können. Im Überblick ergibt sich:

| Tabelle 4.9: PERFORMANCEANALYSE II | | | | |
|---|---|---|---|---|
| **Portfolio** | **A** | **B** | **C** | **Benchmark (BM)** |
| **Rendite** | 8% | 12% | 14% | 10% |
| **Volatilität** | 8% | 18% | 30% | 15% |
| **Sharpe-Maß** | 0,3750 | 0,3889 | 0,3000 | 0,3333 |
| **Rangfolge** | 2 | 1 | 3 | |
| **Outperformance** | ja | ja | nein | |

Das Sharpe-Maß bezieht sich auf das gesamte Risiko des Portfolios, deshalb kann die Güte des Diversifikationsgrades nicht beschrieben werden.

Eine Alternative wurde von Treynor entwickelt. **Treynor** unterscheidet sich von Sharpe nur durch eine andere Risikokennzahl. Er benutzt das Beta des Portfolios anstelle der Standardabweichung. Dies führt jedoch zu dem Problem, dass schlecht diversifizierte Portfolios beim Treynor-Maß tendenziell bevorzugt werden.

$$Treynor\text{ - }Maß = \frac{Portfoliorendite - risikofreier\ Zins}{Beta\ des\ Portfolios}$$

Eine weitere Alternative bietet das **Jensen-Maß**. Hierbei wird eine Regression auf die Risikoprämie des Portfolios in Bezug auf die Risikoprämie der Benchmark gerechnet. Das daraus resultierende Alpha (**Jensens Alpha**) misst den risikoadjustierten Mehrertrag. Ein positives Alpha bedeutet also eine Outperformance.

$$\left(Rendite_{Portf.} - risikofreier\ Zins\right) = \alpha_{Portf.} + \beta_{Portf.} \cdot \left(Rendite_{BM} - risikofreier\ Zins\right) + \varepsilon$$

Das Problem der besprochenen Maßzahlen ist jedoch, dass die zwei Kernaspekte des Portfoliomanagements Selektivität (Aktienauswahl) und Timing (Kauf-/Verkaufszeitpunkt) nicht getrennt voneinander analysiert werden können. Deshalb sollten sie auch nur als **Indikator** für die Güte eines Portfolios herangezogen werden.

*Literatur: Stahlhut (1997)*

## 4.6 Value at Risk

In den letzten Jahren ist die Risikoanalyse immer mehr in den Mittelpunkt von Wertpapiertransaktionen getreten. J.P. Morgan stellte mit RiskMetrics eine Methodik zur Beschreibung von Marktpreisrisiken vor, deren Kerngedanken sich mit Value at Risk inzwischen zum Marktstandard entwickelt haben.

In der Vergangenheit hat sich gezeigt, dass die Normalverteilung zur Beschreibung von Marktpreisrisiken geeignet ist. Im Allgemeinen beobachtet man Renditen. Betrachten wir als Beispiel eine Investition in den DAX mit einer erwarteten Rendite von 10% bei einer Standardabweichung von 15%. Um ein Gefühl für das Risiko zu bekommen, können jetzt die Wahrscheinlichkeiten dafür, dass der realisierte Wert außerhalb eines Korridors (**Konfidenzintervall** vgl. 8.4) eintrifft, bestimmt werden. Mit Hilfe der Fläche unter der Normalverteilungskurve kann errechnet werden, dass im Intervall von einer (zwei; drei) Standardabweichung 68,3% (95,4%; 99,7%) der Ereignisse liegen. Für unser Beispiel bedeutet das:

$$\textit{Konfidenzintervall} = \textit{erwartete Rendite} \pm (\textit{Anzahl Standardabw.}) \cdot \textit{Standardabw.}$$

$$10\% - 1 \cdot 15\% = -5\% \leq \textit{erwartete Rendite}_{68,3\%} \leq 25\% = 10\% + 1 \cdot 15\%$$

$$10\% - 2 \cdot 15\% = -20\% \leq \textit{erwartete Rendite}_{95,4\%} \leq 40\% = 10\% + 2 \cdot 15\%$$

$$10\% - 3 \cdot 15\% = -35\% \leq \textit{erwartete Rendite}_{99,7\%} \leq 55\% = 10\% + 3 \cdot 15\%$$

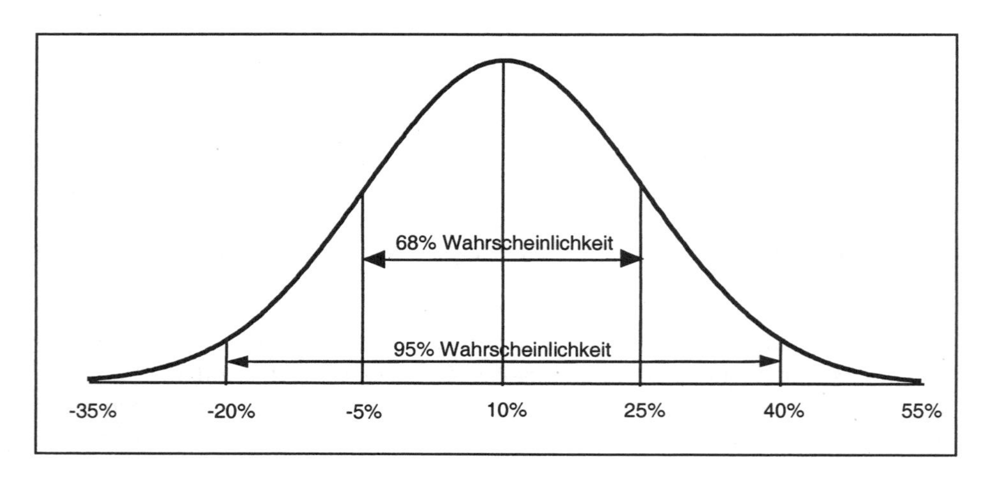


Abbildung 4.14: **Konfidenzintervall am Beispiel des DAX**

Wir können also sagen, dass der DAX in diesem Beispiel nach einem Jahr nur in 4,6% (100% – 95,4%) der Fälle eine Rendite außerhalb der Zone von –20% und +40% realisiert. Die meisten Menschen empfinden jedoch eine Rendite, die die erwartete übersteigt, nicht als Risiko. Dies wird meist eher als **Upside Chance** verstanden, während Risiko mit einem Unterschreiten des Erwartungswertes verbunden wird. In diesem Zusammenhang hat sich das **Downside Risk** herauskristallisiert. Um die Minimalrendite in 95% (99%) der Fälle zu bestimmen, muss entsprechend das 1,65-(2,33-)Fache der Standardabweichung von der erwarteten Rendite abgezogen werden. Gewichtet man den Portfoliowert mit dieser Minimalrendite, kann der maximale Verlust des Portfolios, der **Value at Risk (*VAR*)**, berechnet werden. Für das DAX-Beispiel ergibt sich für einen Portfoliowert von 100:

$$Rendite_{min} = erwartete\ Rendite - (Anzahl\ Standardabw.) \cdot Standardabw.$$
$$Rendite_{min95\%} = 10\% - 1{,}65 \cdot 15\% = -14{,}75\%$$
$$Rendite_{min99\%} = 10\% - 2{,}33 \cdot 15\% = -24{,}95\%$$
$$Value at Risk = VAR = Portfoliowert \cdot Rendite_{min}$$
$$VAR_{5\%} = 100 \cdot (-14{,}75\%) = 14{,}75$$
$$VAR_{1\%} = 100 \cdot (-24{,}95\%) = 24{,}95$$

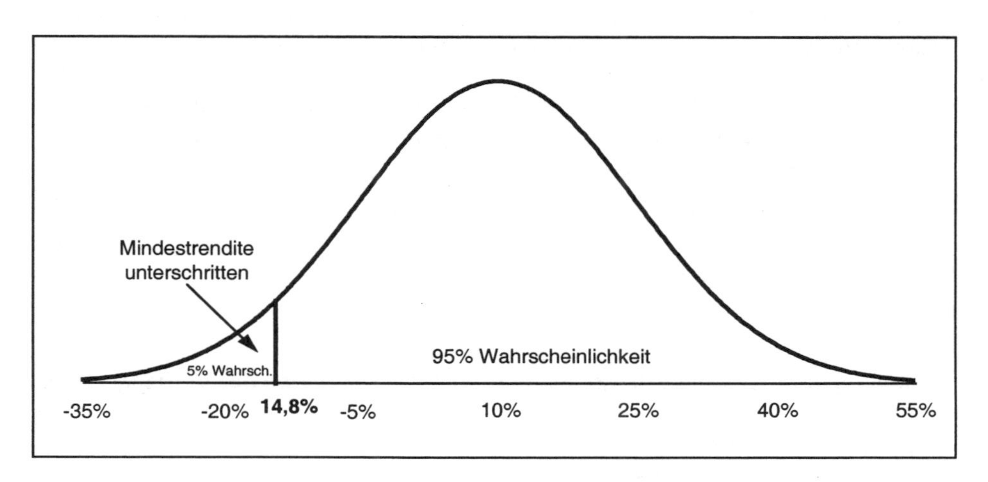


Abbildung 4.15: **Value at Risk am Beispiel des DAX**

Dies bedeutet also für das Downside Risk unseres Beispiels, dass nur in 5% (1%) der Fälle die realisierte Rendite des DAX nach einem Jahr unter –14,75%

(–24,75%) liegt und bei einem Ausgangswert des Portfolios von 100 entsprechend höchsten 14,75 (24,75) verloren werden können.

Das Besondere am Value-at-Risk-Ansatz war, neben dem Einsatz von Konfidenzintervallen, auch das Einbeziehen der Korrelationseffekte beim Barwert-Risiko des Portfolios. Um sich Gedanken über Verlustgrenzen machen zu können, müssen zuerst folgende Aspekte geklärt werden:

- Bestimmung des relevanten Portfolios,
- Bestimmung der Marktparameter,
- Bestimmung des historischen Zeitrahmens,
- Bestimmung des Maximums an Zeit für die Liquidierbarkeit des Portfolios,
- Entscheidung über das Konfidenzniveau.

Im Kern muss zuerst entschieden werden, welche Finanztitel in das Portfolio aufgenommen werden sollen. Auf der Basis dieser Entscheidung müssen die preisbestimmenden Variablen herausgearbeitet werden. Um diese zu prognostizieren, ist eine historische Basis an Daten notwendig. Der nächste Aspekt ist die Laufzeit der Risikoanalyse. So werden bei Handelspositionen meist die Risiken für einen Tag erfasst, bei der Bankenaufsicht zehn Tage und bei illiquiden oder Anlageportfolios teilweise Zeiten bis zu einem Jahr. Als letztes muss dann das Konfidenzniveau geklärt werden. Hier wird von J.P. Morgan, dem Initiator des *VAR*, klassisch 5% Downside Risk (1,65 Standardabweichungen) und von der Bankenaufsicht 1% (2,33 Standardabweichungen) eingesetzt.

Es kann grundsätzlich entweder mit der Kursvolatilität oder mit der Renditevolatilität gearbeitet werden. Im Allgemeinen eignet sich die Ertragsvolatilität $\sigma^2_{\text{Ertrag}}$ (Renditevolatilität) jedoch besser, da diese leichter mit den Volatilitäten der Optionspreise zu vergleichen ist. Für n Beobachtungen gilt also:

$$\sigma^2_{Ertrag} = \frac{1}{n-1}\sum_{i=1}^{n}\left(Ertrag_i - Ertrag_{erwartet}\right)^2$$

Dabei ergeben sich die Erträge aus den Kursschwankungen der Vergangenheit.

$$Ertrag_{diskret} = \frac{Kurs_t - Kurs_{t-1}}{Kurs_{t-1}}$$

$$Ertrag_{kontinuierlich} = \ln\frac{Kurs_t}{Kurs_{t-1}}$$

Die Periode der Liquidierbarkeit des Portfolios ($L$) wird als Grundlage der Risikoperiode herangezogen. $\alpha$ stellt den gewählten Multiplikator für die Standardabweichungen in Abhängigkeit von Konfidenzniveau (5% oder 1%) dar. Mit der erwarteten Rendite $\mu$ und deren Standardabweichung $\sigma$ ergibt sich die Minimalrendite auf der **Value-at-Risk-**Basis.

$$r_{VAR} = \alpha \cdot \sigma_{r_{Pf}} - \mu_{r_{Pf}}$$

Das Vermögen ($V$) und dessen Wertänderung ($\Delta V$) kann dann entweder auf diskreter Basis

$$\Delta V = V_{t-L} \cdot r_{dis}$$
$$VAR = V_{Pf} \cdot \left(\alpha \cdot \sigma_{r_{Pf}} - \mu_{r_{Pf}}\right)$$

oder kontinuierlich

$$\Delta V = V_{t-L} \cdot \left(e^{r_{cont}} - 1\right)$$
$$VAR = V_{Pf} \cdot \left(e^{\left(\alpha \cdot \sigma_{r_{Pf}} - \mu_{r_{Pf}}\right)} - 1\right)$$

analysiert werden.

Im Folgenden wird der Ansatz an einem Beispielportfolio demonstriert.

Das Portfolio besteht aus 100 Mio. € BASF-Aktien und 100 Mio. € DaimlerChrysler-Aktien, dabei wird eine Haltedauer von einem Jahr zugrunde gelegt. Als historischer Hintergrund für die Parameterschätzung dient der Zeitraum von 1984 - 1992. Die Analyse soll ein Vertrauensniveau von 97,5% haben ($\alpha = 2$).

Die BASF-Aktie hatte im Schnitt eine Rendite von $r_{BASF} = 6\%$ bei einer Standardabweichung (Risiko) von $\sigma_{BASF} = 20\%$. Dem steht die DaimlerChrysler-Aktie mit $r_{Daimler} = 10\%$ und $\sigma_{Daimler} = 30\%$ gegenüber. Zuerst wird das Risiko der einzelnen Positionen ermittelt.

$$r_{VAR} = \alpha \cdot \sigma_{r_{Pf}} - \mu_{r_{Pf}}$$

$$\Delta V_{BASF} = V_{t-L} \cdot r_{BASF} = 100 \cdot 0{,}06 = 6$$

$$\Delta V_{Daimler} = V_{t-L} \cdot r_{Daimler} = 100 \cdot 0{,}1 = 10$$

$$VAR_{BASF} = V_{BASF} \cdot \left(\alpha \cdot \sigma_{r_{BASF}} - \mu_{r_{BASF}}\right) = 100 \cdot (2 \cdot 0{,}2 - 0{,}06) = 34$$

$$VAR_{Daimler} = V_{Daimler} \cdot \left(\alpha \cdot \sigma_{r_{Daimler}} - \mu_{r_{Daimler}}\right) = 100 \cdot (2 \cdot 0{,}3 - 0{,}1) = 50$$

Aus diesen ersten Zahlen kann nun geschlossen werden, dass mit 97,5% Sicherheit der Wert der BASF-Aktien nicht um mehr als 34 Mio. und der Wert der DaimlerChrysler-Aktien nicht um mehr als 50 Mio. fallen wird.

Im Regelfall erscheint das Arbeiten mit Renditevolatilitäten sinnvoller, da sich bei Kursvolatilitäten einige Probleme einstellen. Bei normalverteilten Kursen wären negative Kurse möglich und konstante €-Volatilitäten nicht plausibel.

Die Suche nach korrekten Volatilitäten fällt deutlich schwerer. Einerseits sind implizite Volatilitäten, die aus Optionen rückgerechnet werden, die handelbaren Preise für diese Variable. Da aber meist keine Optionsmärkte in hinreichender Liquidität für alle Portfolioprodukte vorhanden sind, wird die Volatilität und somit auch die Korrelation meist historisch geschätzt, um so eine konsistente Bewertungsgrundlage zu haben.

Mit der Korrelation zeigt sich dann, dass das Portfoliorisiko deutlich kleiner als die Summe der Einzelrisiken ist. Für ein Portfolio gilt (vgl. 8.3.1):

$Gewichtung = w_i$

$$\mu_{PF} = \sum_{i=1}^{n} w_i \cdot \mu_i;$$

$$\sigma_{PF} = \sqrt{\sum_{i=1}^{n} \sum_{j=1}^{n} w_i \cdot w_j \cdot \rho_{ij} \cdot \sigma_i \cdot \sigma_j}.$$

Für zwei Finanztitel ergibt sich damit:

$$\mu_{PF} = w_1 \cdot \mu_1 + w_2 \cdot \mu_2;$$

$$\sigma_{PF} = \sqrt{w_1^2 \cdot \sigma_1^2 + w_2^2 \cdot \sigma_2^2 + 2 \cdot w_1 \cdot w_2 \cdot \rho_{12} \cdot \sigma_1 \cdot \sigma_2}.$$

Somit kann nun der **Value at Risk** des Beispielportfolios bei einer historischen Korrelation von 0,6 bestimmt werden:

$$\mu_{r_{Port}} = w_{BASF} \cdot \mu_{r_{BASF}} + w_{Daimler} \cdot \mu_{r_{Daimler}} = \frac{100}{200} \cdot 0{,}06 + \frac{100}{200} \cdot 0{,}1 = 0{,}08$$

$$\sigma_{PF} = \sqrt{w_{BASF}^2 \cdot \sigma_{BASF}^2 + w_{Daimler}^2 \cdot \sigma_{Daimler}^2 + 2 \cdot w_{BASF} \cdot w_{Daimler} \cdot \rho_{BASF/Daimler} \cdot \sigma_{BASF} \cdot \sigma_{Daimler}}$$

$$= \sqrt{0{,}5^2 \cdot 0{,}2^2 + 0{,}5^2 \cdot 0{,}3^2 + 2 \cdot 0{,}5 \cdot 0{,}5 \cdot 0{,}6 \cdot 0{,}2 \cdot 0{,}3} = 0{,}2247$$

$$\Delta V_{Port} = V_{t-L} \cdot r_{Port} = 200 \cdot 0{,}08 = 16$$

$$VAR_{Port} = V_{Port} \cdot \left(\alpha \cdot \sigma_{r_{Pf}} - \mu_{r_{Port}}\right) = 200 \cdot (2 \cdot 0{,}2247 - 0{,}08) = 73{,}89$$

Mit 97,5% Sicherheit beträgt der Maximalverlust des Portfolios 73,9 Mio. €. Dies ist deutlich geringer als die Addition der Einzelrisiken mit 80 Mio. €. Jede Korrelation unter 1 bedeutet eine Risikoreduktion. Je kleiner der Zusammenhang der Werte ist, um so geringer wird das Portfoliorisiko, im Extremfall, bei einer Korrelation von –1, hebt es sich auf. Dies wird im Folgenden grafisch veranschaulicht.

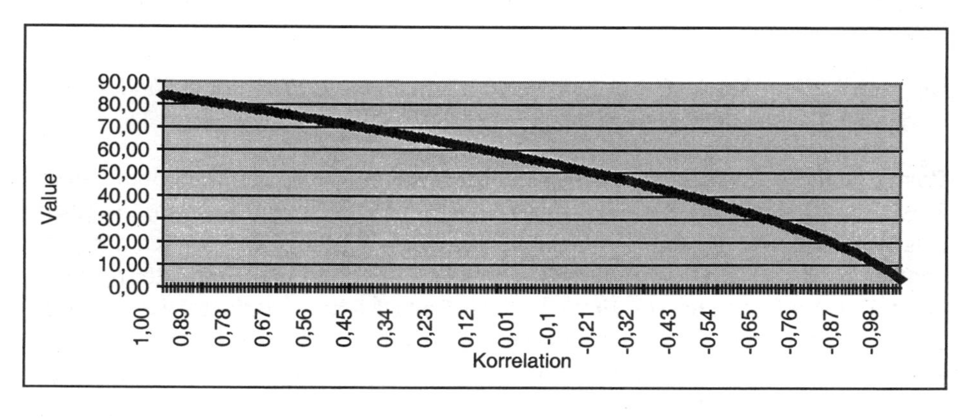


Abbildung 4.16: **Value at Risk (BASF, Daimler)**

Das Problem dieser Analyse besteht in der Instabilität der Korrelationsparameter. Meist bricht bei starken Bewegungen des Marktes auch diese Beziehung zusammen, so dass hier noch sehr viel Forschungsarbeit geleistet werden muss. Am deutlichsten kann dies bei einer Währungskorrelation USD/DM zu Yen/DM veranschaulicht werden.

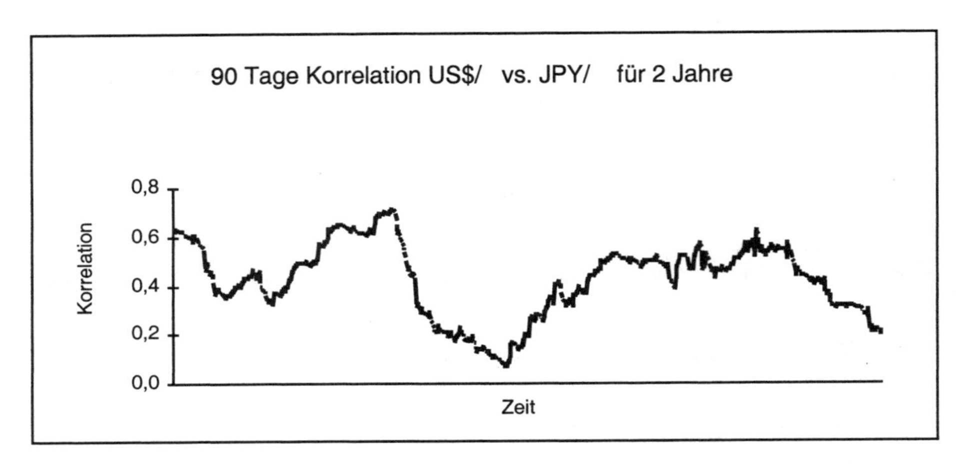


Abbildung 4.17: **Korrelation USD/€ und Yen/€**

In einem Zeitablauf von weniger als zwei Jahren schwankte die Korrelation um mehr als 0,6. Dies bedeutet ein Unterschied von fast keinem Zusammenhang bis zu einem starken Zusammenhang. Generell sollte die Value-at-Risk-Zahl sicherlich nicht überschätzt werden. Im Allgemeinen zeichnen sich Finanzmärkte dadurch aus, dass große Kursbewegungen tendenziell deutlich öfter auftreten als es die Normalverteilung vorsieht. Entsprechend sollten zusätzlich noch worst-case-Analysen aus historischen Simulationen (oder Monte-Carlo-Simulationen) betrachtet werden.

Die Umsetzung des *VAR* bei den Marktrisiken Zinsen, Währungen und Aktien sind jedoch etwas unterschiedlich.

Beim Zinsrisiko erscheint eine Steuerung in Abhängigkeit des Marktparameters Zins sinnvoll. So kann das Portfolio in Laufzeitbänder zerlegt werden, die nach Restlaufzeit oder Duration bestimmt werden. Dies ist für eine Approximation sicher sinnvoll, genauer kann jedoch mit einer Zerlegung der Produkte in einen Cash Flow und dann mit der Ermittlung der Sensitivitäten gearbeitet werden. Auf dieser Basis erhält man dann mit Hilfe der Volatilität der Zinsen einen *VAR* für jedes Laufzeitband. Dies wird anschließend mit Hilfe der Korrelationen zu einem Gesamtrisiko zusammengefasst.

Darauf aufbauend kann zusätzlich eine historische Analyse genutzt werden, bei der die „schlimmste“ historische Zinskurve, maximale Zinsbewegungen im vergangenen Jahr und besondere Perioden analysiert werden. Zusätzlich eignet sich die sogenannte Factor Push-Methode, bei der für jedes Zeitband die „schlimmste“ Bewegung analysiert wird.

Jedoch eignen sich diese Ansätze nur sehr begrenzt für Spread Risiken, so dass Bonitätsspread, Mismatch- und Basisrisiken nicht überzeugend abgebildet werden können.

Beim Währungsrisiko kann wieder der Wert der Position bestimmt werden und mit Hilfe der Volatilität und der Korrelation die Position bewertet werden. Bei den zusätzlichen Überlegungen können dann die historisch stärksten Bewegungen, die historisch „schlechteste" Korrelation, die stärkste Bewegung im vergangenen Jahr und die „schlechteste" Bewegung in jeder Währung berücksichtigt werden.

Bei Aktien ist die *VAR*-Berechnung tendenziell am schwierigsten. Während sich die Portfolios zwar genauso bestimmen lassen, muss dann bei einer historischen Analyse meist auf eine Beta-Gewichtung zurückgegriffen werden. Erst dann kann eine historisch stärkste Bewegung bzw. eine historisch „schlechteste" Performance gerechnet werden.

Hat das Portfolio jedoch einen größeren Optionsanteil, kann so nur ein Teil der Risiken abgebildet werden. Die Richtung kann mit Hilfe von Delta und Gamma zum Teil mit übernommen werden. Es entsteht aber ein Exposure auf einen neuen Marktparameter, nämlich der gehandelten Volatilität. Dies muss dann im Prinzip als gesonderte Risikoklasse zusätzlich in die Analyse einbezogen werden.

*Literatur: Jendruschewitz 1997, J.P. Morgan 1994*

# 5.

# Einführung in die Optionspreistheorie

# 5 Einführung in die Optionspreistheorie

Bisher wurde die Analyse von Zahlungen besprochen, bei denen die Verpflichtung unbedingt war. Bei einem Termingeschäft wird die Verpflichtung zwar zu einem späteren Zeitpunkt, aber auf jeden Fall erfüllt. Anders ist die Situation bei einer **Option**. Der Käufer erwirbt ein **Recht**, das er nutzen, aber auch verfallen lassen kann. Daher ist es im Vergleich zu einem Termingeschäft deutlich schwieriger, eine Option zu bewerten.

## 5.1 Grundlagen der Optionspreistheorie

Die Optionspreistheorie ist extrem mathematisch. Im Folgenden sollen die entscheidenden Konzepte so mathematikfern wie möglich erläutert werden.

### 5.1.1 Grundlegende Definitionen

Eine Option ist ein **Vertrag,** der dem Käufer der Option (Inhaber der Option)

- **während** eines festgelegten **Zeitraums** (Kontraktlaufzeit $T$)
- das **Recht** (Optionsrecht), nicht aber die Verpflichtung einräumt,
- eine **bestimmte Menge** eines **bestimmten Gutes** (Underlying)
- zu einem im voraus **festgesetzten Preis** (Strikepreis $X$)
- zu **kaufen (Call)** oder zu **verkaufen (Put).**

Bei einer **American Style** Option ist die Ausübung **jederzeit** möglich, bei einer **European Style** Option nur am **Ende der Laufzeit**. Für dieses Recht zahlt der Käufer eine Prämie, also den Preis für die Option ( $P_{Call}$ / $P_{Put}$ ).

Der **Verkäufer** der Option (Stillhalter) nimmt den Preis der Option ein und hat im Falle der Ausübung die **Verpflichtung**, das betreffende Gut zum festgelegten Strikepreis zu kaufen oder zu verkaufen. Somit liegt der maximale Verlust des Optionskäufers bei der Höhe seiner Prämie, während der des Optionsverkäufers prinzipiell unbegrenzt ist.

Die grundsätzliche Funktionsweise der Optionen kann am besten am **letzten Laufzeittag** erklärt werden. Dabei wird von einer offenen Position ausgegangen.

## ❑ Inhaber eines Calls

Der Gewinn für den Besitzer einer Kaufoption hängt unmittelbar vom Kurswert des Underlying ab.

- Liegt der **Kurs unter** dem **Strikepreis,** ergibt sich ein **begrenzter Verlust** in Höhe des ursprünglich gezahlten Optionspreises ( $P_{Call}$ ). Die **Option** wird **nicht ausgeübt**, da das Underlying günstiger über den Kassamarkt zu kaufen ist.
- Liegt der **Kurs über** dem **Strikepreis,** wird die Option in jedem Fall **ausgeübt.** Das Underlying wird günstig über die Option bezogen und anschließend auf dem Kassamarkt verkauft. Der **Kurs** muss aber um **mehr** als die ursprünglich **gezahlte Prämie** über dem Strike liegen, damit die **Gewinn**zone erreicht wird. Vorher führt die Ausübung nur zu einer Minimierung des Verlustes.

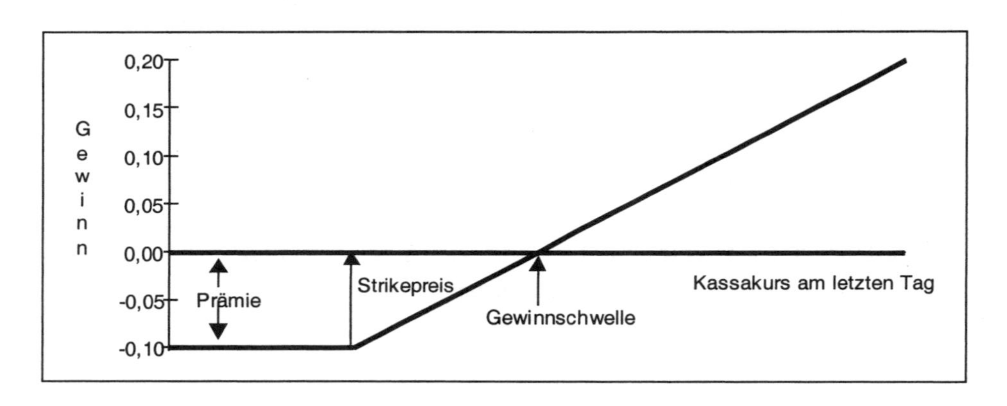


Abbildung 5.1: **Gewinndiagramm bei Kauf eines Calls am Verfallstag**

## ❑ Stillhalter eines Calls

Der Stillhalter eines Calls hat eine spiegelbildliche Position (zur *X*-Achse) im Vergleich zum Inhaber, entsprechend ist auch für ihn das Endergebnis unmittelbar an den Kurs gekoppelt.

- Liegt der **Kurs unterhalb** des Strikepreises, wird die **Option verfallen**, es entsteht ein begrenzter **Gewinn** in Höhe der **Prämie.**
- Liegt der **Kurs über dem Strikepreis,** wird die Option ausgeübt werden. Der Stillhalter muss das Papier im **Kassamarkt** erwerben, bekommt aber nur den niedrigeren **Strike**preis. Solange diese **Differenz** kleiner als der ursprüngliche

Optionspreis ist, bleibt ein Restgewinn. Anschließend beginnt die nahezu unbegrenzte Verlustzone.

### ❑ Inhaber eines Puts

Der Inhaber eines Puts profitiert von sinkenden Kursen.

- Liegt der **Kurs** des Underlying **über dem Strikepreis,** wird der Put **nicht ausgeübt,** der Käufer hat die komplette Prämie verloren.
- Liegt der **Kurs unter dem Strikepreis,** wird die **Option ausgeübt**. Das Underlying wird "billig" auf dem **Kassamarkt** gekauft und dann zum Strikepreis an den Stillhalter weitergegeben. Es entsteht dann ein Gewinn, wenn der **Kassapreis** um mehr als die Prämie unter dem Strike liegt.

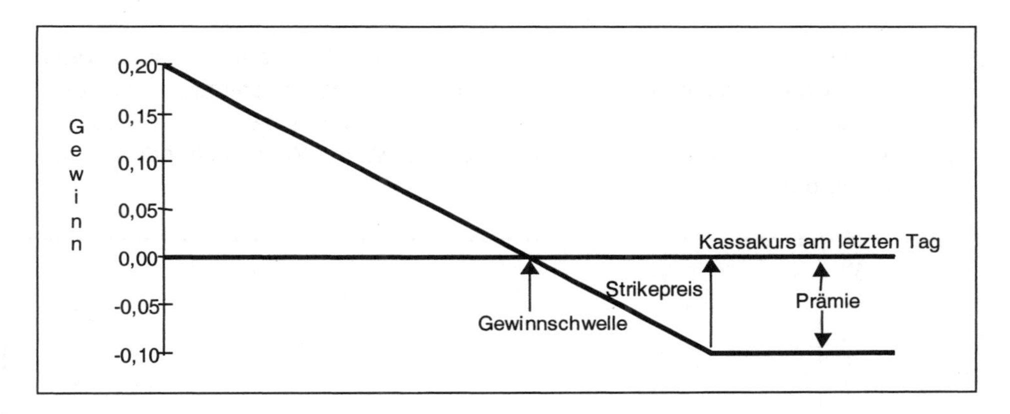


Abbildung 5.2: **Gewinndiagramm bei Kauf eines Puts am Verfallstag**

### ❑ Stillhalter eines Puts

Auch hier handelt es sich um das **Spiegelbild** (*X*-Achse) der Inhaberposition.

- Liegt der **Kurs** des Underlying **über dem Strikepreis, verfällt die Option** und die gezahlte Prämie wird "verdient".
- Liegt der **Kurs unter dem Strikepreis,** bekommt der Stillhalter das Underlying zum "teuren" Strikepreis und veräußert es zum **Kassakurs**. Solange der Unterschied der Kurse kleiner als die Prämie ist, bleibt ein Gewinn, wird er größer, entsteht ein Verlust.

Jedoch ist dieser Ansatz sehr grob, denn Optionen haben nur ganz selten die Laufzeit von einem Tag. Im Regelfall haben sie eine **Restlaufzeit,** die einen wesentlichen Anteil ihres Wertes ausmacht. Bisher wurde der **innere Wert der Option** betrachtet, also ihr Wert bei **sofortiger Ausübung**. Hinzu kommt in der Regel jedoch der **Zeitwert**, da das **Recht,** etwas zu tun, **meist wertvoller** ist, als die Aktion sofort auszuführen.

### 5.1.2 Intuitive Prämienerklärung

Die Bestimmung des Wertes einer Option während der Laufzeit ist kompliziert. Es dauerte daher lange, bis dazu Ansätze entwickelt wurden. Zuerst gilt es, einige **intuitive** Gedanken zur **Preisbildung** zu erörtern. Im Folgenden wird von einem **Call** auf eine Aktie ohne Dividendenzahlung während der Optionsfrist ausgegangen.

1. Während der **Laufzeit** einer amerikanischen Option kann der Wert **nicht unter den inneren Wert sinken.** Dies spiegelt den Wert bei sofortiger Ausübung wider und entspricht daher Aktienkurs minus Strikepreis bzw. Null. Da die Option jederzeit ausgeübt werden kann, kann der innere Wert auch jederzeit realisiert werden.

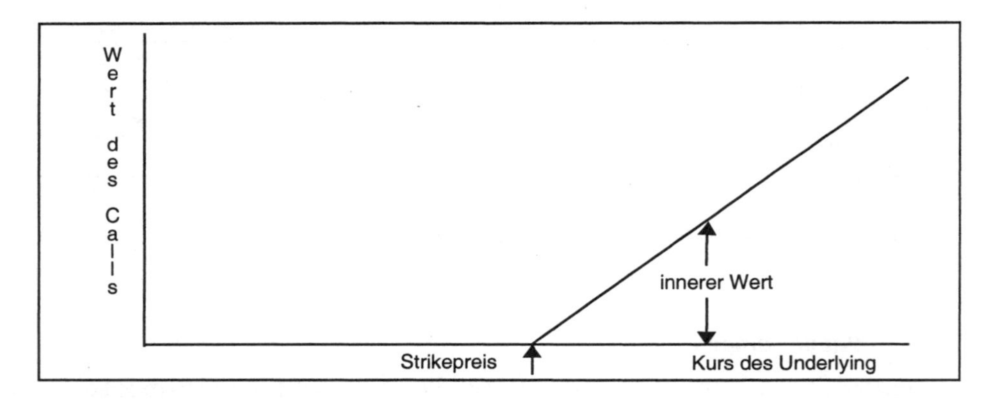


Abbildung 5.3: **Innerer Wert**

2. Eine **Option** kann zu jedem Zeitpunkt **nicht mehr wert** sein als der **Kassakurs** des Underlying, denn ein Recht auf einen Gegenstand kann nicht wertvoller sein als der Gegenstand selbst.

3. Im Regelfall liegt der **Wert einer Option** während der Laufzeit **über dem inneren Wert.** Bei Kursen des Underlying unter dem Strikepreis (out of the money)

wäre sie bei Ausübung wertlos. Da die Zukunft aber unsicher ist, bleibt immer die Hoffnung, dass das Underlying im Kurs steigen wird. Diese Hoffnung hat einen positiven Erwartungswert, der als Zeitwert bezeichnet wird.

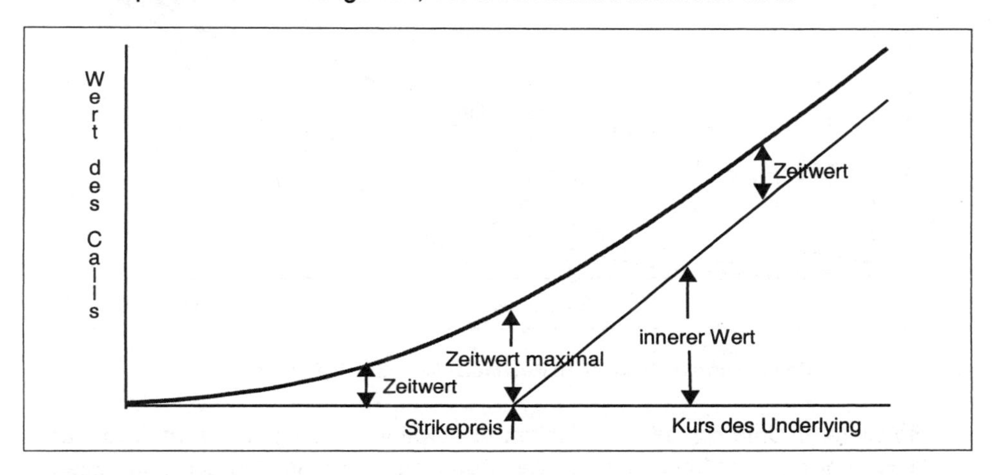


Abbildung 5.4: **Zeitwert der Option**

Der Wert einer Option muss **zwischen** dem **inneren Wert** und dem **Kurs** des Underlying liegen. **Steigt** der Kurs der **Aktie, muss** also auch der Wert der **Option** steigen. Die Option ist wertlos, wenn die Aktie wertlos ist. Liegt der Kassakurs der Aktie weit über dem Strike, ist die Ausübung der Option sehr wahrscheinlich, der Wert nähert sich dem Kurs des Underlying abzüglich des Strikepreises, also dem inneren Wert an. Entsprechend ist der Zeitwert am Strike am höchsten, da hier die Hoffnung auf eine positive Entwicklung am größten ist. Am Kurvenverlauf wird deutlich, dass sich die Option meist nicht im Verhältnis eins zu eins zum Preis des Underlying entwickelt. Dieses Verhältnis wird als **Delta** bezeichnet und liegt weit aus dem Geld etwas über Null. Delta steigt dann langsam an, liegt am Geld bei ca. 0,5 und tief im Geld bei ca. eins. Ein Delta von 0,5 bedeutet, dass bei einer Wertsteigerung einer Aktie um einen Euro die Option um ca. 50 Cent teurer wird. Delta, die Steigung der Kurve, verändert sich aber. Diese Veränderung wird mit Gamma (Krümmung der Kurve) bezeichnet. Ein **Gamma** von 0,02 bedeutet für unser Beispiel, dass nach der Kurssteigerung das neue Delta bei 0,52 liegt.

Nimmt die Restlaufzeit ab, muss der Zeitwert der Option sinken, da die Chance auf vorteilhafte Entwicklungen immer kleiner wird. Dies wird meist mit **Theta** beschrieben. In vielen Programmen beschreibt Theta den Wertverlust einer Option durch das Vergehen eines Handelstages.

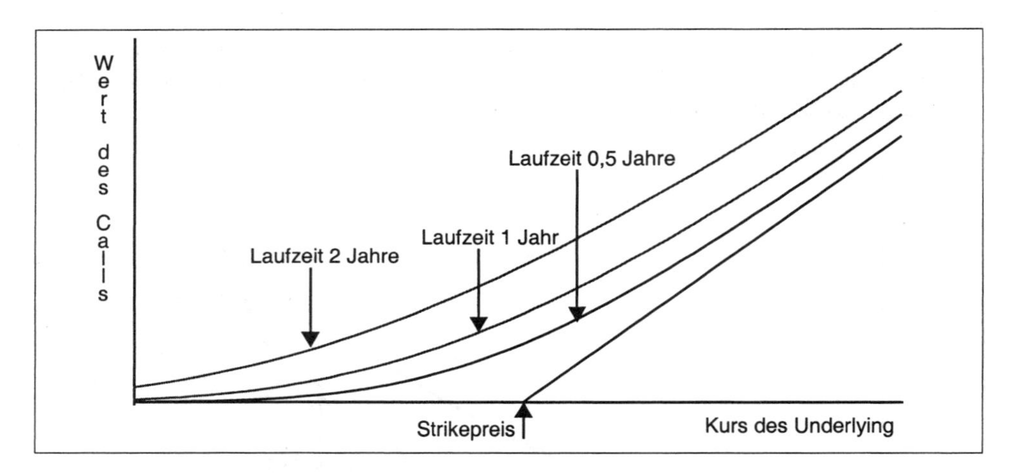


Abbildung 5.5: **Call bei unterschiedlichen Restlaufzeiten (0,5; 1; 2 Jahre)**

4. Ein weiterer Unterschied beim Halten der Option im Vergleich zum Besitz der Aktie liegt in einer **Verzögerung der Zahlung**. Bei einer Option muss zuerst nur deren Preis (Prämie) entrichtet werden, erst bei Bezug des Underlying wird der Strike fällig. Der **Wert der Calls muss also steigen, wenn der Kapitalmarktzins steigt** oder die Restlaufzeit länger ist. Durch die **spätere Zahlung** des vollen Kaufpreises des Calls im Vergleich zum sofortigen Kauf der Aktie kann das Geld inzwischen angelegt werden.

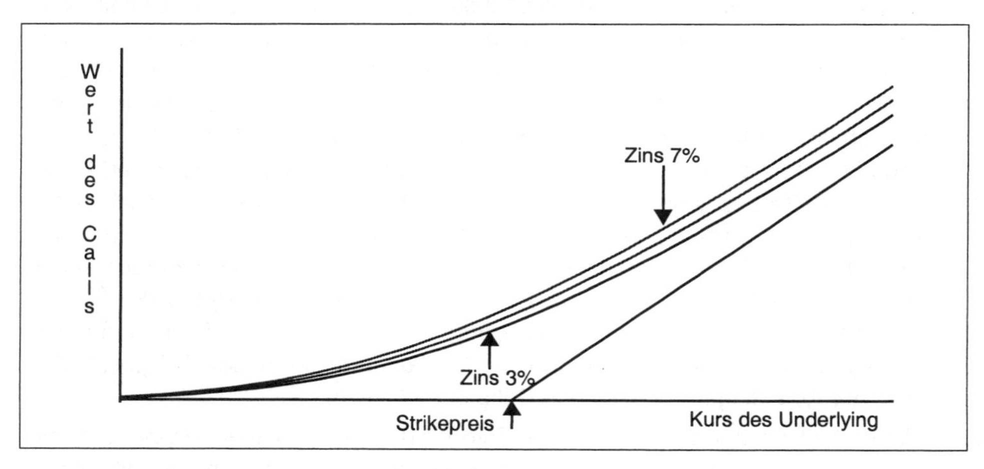


Abbildung 5.6: **Call bei unterschiedlichen Refinanzierungszinssätzen (3%; 5%; 7%)**

Wie aus der Abbildung sofort sichtbar wird, ist der Einfluss des Refinanzierungszinssatzes auf die Option jedoch relativ gering.

5. Die **Hoffnung** auf eine **positive Entwicklung** des Optionswertes ist um so größer, je **stärker** sich die Aktie in der Vergangenheit im **Kurs bewegt** hat. Eine stark schwankende Aktie hat eine höhere **Volatilität** (gemessen an der Standardabweichung) als eine Aktie mit relativ konstantem Kurs und damit auch eine höhere Wahrscheinlichkeit auf eine positive oder stärkere Kursentwicklung. Der **Wert** eines Calls auf eine Aktie, die sich **stark bewegt,** muss also **größer** sein als bei einer Aktie, die sich kaum bewegt. Auch hier hat eine **längere Laufzeit** einen entscheidenden Einfluss, da mehr Zeit die Chance auf eine positive Entwicklung erhöht. Dieser Einfluss wird mit **Vega** gemessen und bezeichnet meist die Wertsteigerung einer Option, wenn die Volatilität um 1% (z.B. von 15% auf 16%) steigt.

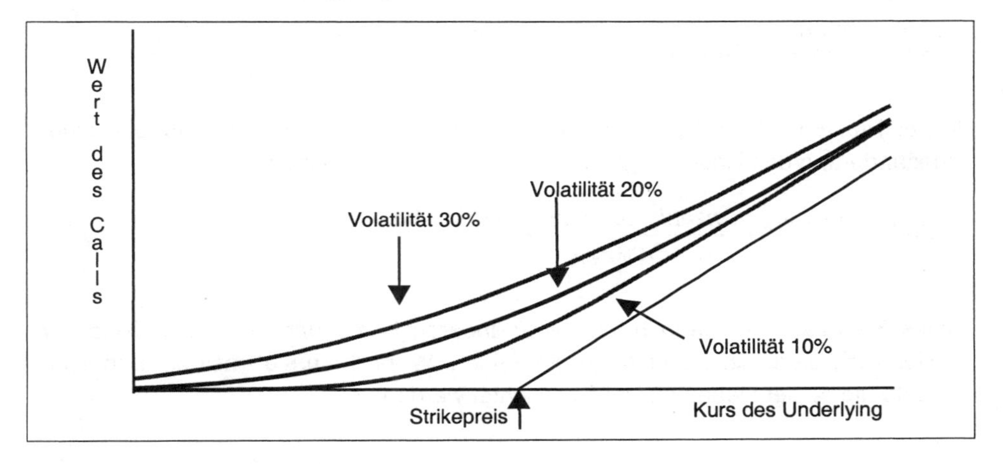


Abbildung 5.7: **Call bei unterschiedlichen Volatilitäten (10%; 20%; 30%)**

In folgender Tabelle wird kurz zusammengefasst, wie sich die Erhöhung der einzelnen Parameter auf den **Wert eines Calls** auswirkt:

Tabelle 5.1:
**ÜBERSICHT ÜBER DIE EINFLUSSGRÖßEN EINES CALLPREISES**

| Variable | Entwicklung | | | „Grieche“ |
|---|---|---|---|---|
| | Variable | Call | Put | |
| **Kurs Underlying** | + | + | – | Delta |
| **Strikepreis** | + | – | + | |
| **risikofreier Zins** | + | + | – | Rho |
| **Laufzeit** | + | meist + | meist + | Theta |
| **Volatilität** | + | + | + | Vega |

In der Praxis wird häufig der Begriff Hebel benutzt, um die Auswirkungen einer Preisänderung des Underlyings auf die Option zu beschreiben.

$$Hebel = \frac{Preis_{Aktie} \cdot Anzahl\_zu\_beziehender\_Aktien}{Preis_{Option}}$$

Diese Kennzahl geht jedoch von einer linearen Beziehung vom Underlying zur Option aus, daher ist sie nicht zu empfehlen. Wenn man sie trotzdem benutzen möchte, sollte der Hebel mit Delta gewichtet werden.

### 5.1.3 Bewertung nach Cox/Ross/Rubinstein

Da es nicht möglich war, die Option direkt zu bewerten, galt es nun, einen alternativen Weg zu beschreiten. Fast parallel entwickelten sich die Ansätze nach Black/Scholes und Cox/Ross/Rubinstein. Aus didaktischen Gründen wird der zweite Ansatz zuerst behandelt, obwohl **Black/Scholes** in der Praxis durch die **leichtere Rechenbarkeit** stärker verbreitet ist.

Es wurde versucht, ein **Äquivalent** zum Aktiencall zu **konstruieren,** in dem der Ankauf von Aktien mit geborgtem Geld kombiniert wird. Das Ziel war es, ein **Portfolio zu konstruieren**, das die **gleiche Auszahlungsmatrix wie die Option** hatte.

### ❑ Beispiel I:

Eine europäische **Call**option hat eine Restlaufzeit von **einem Jahr** und verbrieft das Recht, zum Strike von 160 ($X$) eine Aktie zu erwerben. Die Aktie steht im Moment (Zeitpunkt 1) bei 140 ($P_1$), nach einem Jahr (Zeitpunkt 2) ist der Preis entweder 110 ($P_{2a}$) oder 210 ($P_{2b}$). Der risikofreie Zins liegt bei 10% ($r_{frei}$).

Am **Ende des Jahres** liegt der Preis also entweder bei $P_{2a} = 110$ und der **Call** ist **wertlos**, oder der Preis liegt bei $P_{2b} = 210$ und der **Call** hat einen Wert von 50 ($= P_{2b} - X = 210 - 160$). Dies wird mit Hilfe eines Ergebnisbaums veranschaulicht.

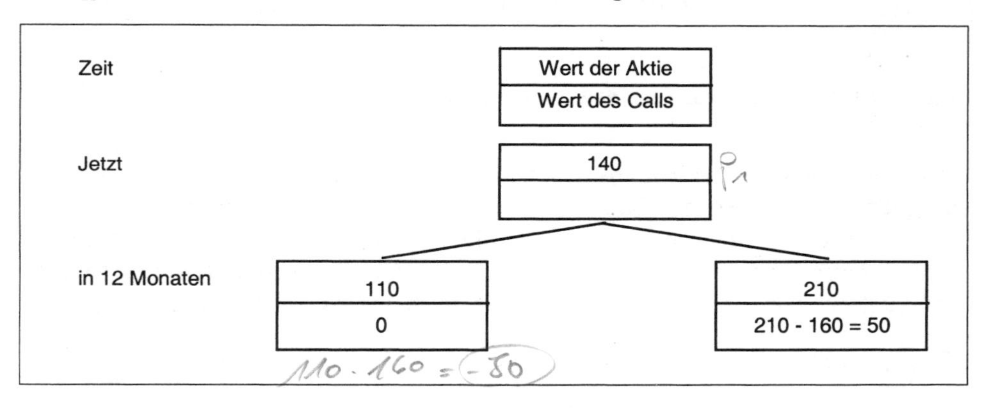


Abbildung 5.8: **Darstellung eines Calls in einem Ergebnisbaum**

Was ist aber der Wert des Calls zum Zeitpunkt 1? Als **Alternative** zum Optionskauf kann ein Investor eine **Aktie** zum Preis von $P_1$ erwerben und darüber hinaus **100** zum **risikofreien Satz** auf dem Markt **borgen**, d.h. er muss in einem Jahr 110 zurückzahlen. Liegt der Aktienpreis am **Ende des Jahres** bei $P_{2a}$, ist die **Aktie** **110** wert, jedoch muss er **110** an die Bank **zurückzahlen**, so dass die Gesamtposition einen **Wert von 0** hat. Liegt der Preis bei $P_{2b}$, die Aktie kostet also 210, ergibt sich nach der Rückzahlung des geliehenen Geldes ein **Portfoliowert** von **100** ($= 210 - 110 = P_{2b} - 110$).

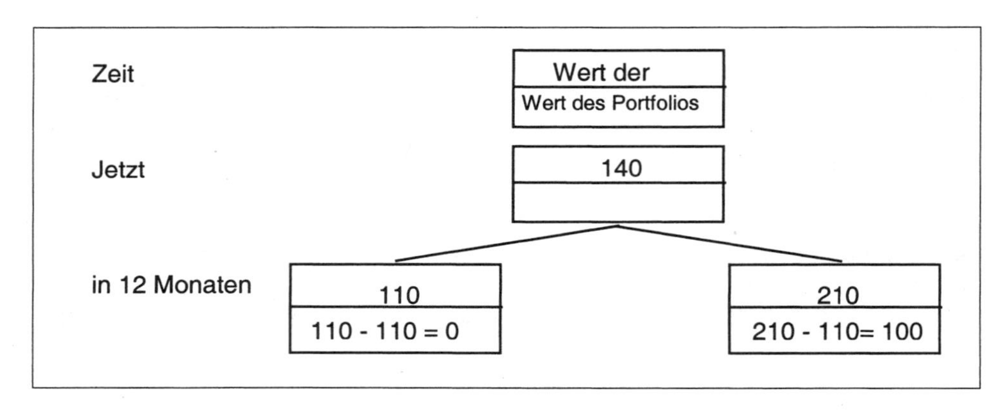


Abbildung 5.9: **Portfolio aus einer Aktie und einem Kredit von 100**

Der **Cash Flow** des **Portfolios** ist in einem Jahr also **in beiden Fällen** genau **doppelt so groß** wie der **Cash Flow des Calls**, er muss also **doppelt soviel wert** sein. Und zwar nicht nur in einem Jahr, sondern **schon heute**. Um einen Call zu reproduzieren, benötigt man folglich 0,5 Aktien und eine Kreditaufnahme von 50. Der **Wert** dieses Portfolios **heute** ist leicht mit **20** zu bestimmen.

$$P_{Portfolio} = 0{,}5 \cdot P_1 - 50 = 20$$

Da dieses Porfolio in einem Jahr exakt den gleichen Wert wie der Call hat, muss es auch den gleichen Preis haben. Der Preis des Calls heute beträgt damit 20.

Wäre der Marktpreis des Calls nicht 20, könnte durch Arbitrage ein risikoloser Gewinn erzielt werden. Bei einem Marktpreis von über 20 (z.B. 30) könnten 80 geliehen, 2 Calls verkauft und mit dem Erlös eine Aktie gekauft werden, die Aufwendungen für dieses Porfolio wären also null. Liegt der Preis in einem Jahr für die Aktie bei 110, verfällt der Call wertlos, die Aktie kann aber zum Preis von 110 verkauft werden, um so die Schulden von 88 zu tilgen und einen Gewinn von 22 zu erzielen. Steht der Aktienkurs allerdings bei 210, fließen aus der Ausübung des Call 320 durch den Strike zu. Jedoch muss eine weitere Aktie auf dem Markt erworben werden, da nur eine im Bestand ist, aber zwei geliefert werden müssen. Dadurch wird die Zahlung des Aktienpreises von 210 zusätzlich zur Rückzahlung des Kredits mit 88 notwendig, auch hier entsteht ein Gewinn von 22. Er ist also unabhängig von dem Aktienkurs in der zweiten Periode.

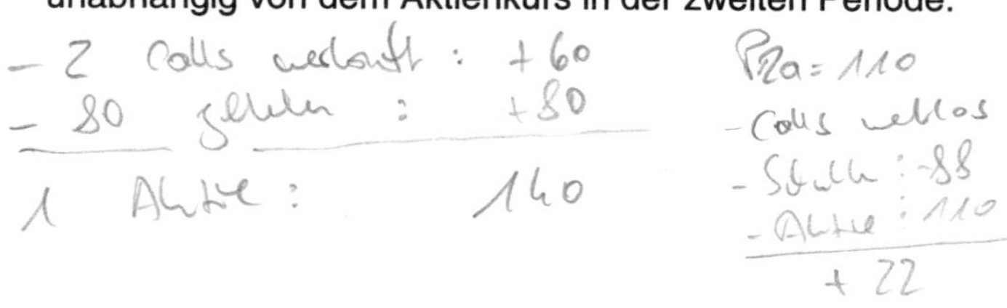

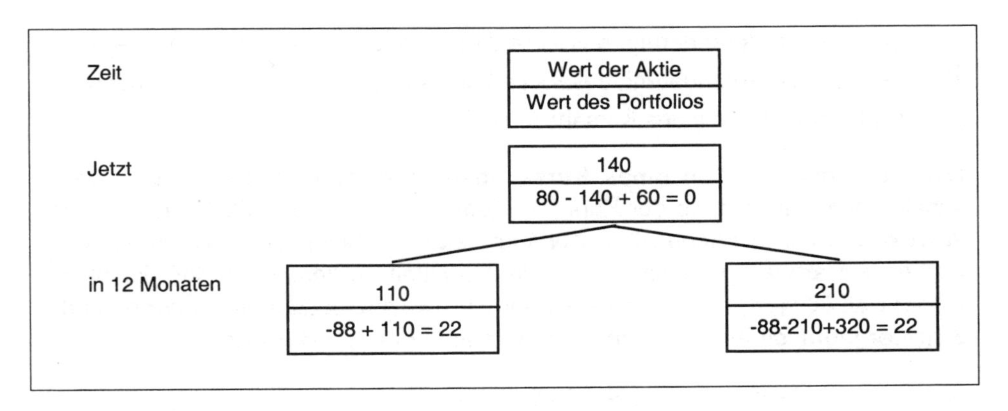


Abbildung 5.10: **Arbitrage bei Optionen**

Die Bewertung von Optionen erfolgt also über die Bildung eines gleichwertigen Portfolios, bei dessen Betrachtung generell in Renditen gedacht wird. Entsprechend kann ein Arbitrageur risikolos von jedem vom Erwartungswert abweichenden Preis profitieren. Da dies risikolos ist, kann die Bewertung von duplizierbaren Derivaten und damit auch der Option **risikoneutral erfolgen.** Alle Entscheidungen richten sich nur nach dem Erwartungswert. Also muss die erwartete Rendite der Aktie dem **risikofreien Zinssatz entsprechen**. Dieser liegt in unserem Beispiel bei 10%.

$$E(r_{Aktie}) = r_{frei} = 10\%$$

Der Kurs der Aktie kann vom **Ausgangspreis** von 140 entweder um **50%** ($u$ = upside change) auf 210 **steigen** oder um **21,5%** ($d$ = downside change) auf 110 **fallen**. Der Wert des Calls ist abhängig von der Wahrscheinlichkeit ($p$) des Kursanstiegs im Vergleich zur Wahrscheinlichkeit dafür, dass der Kurs fällt ($1-p$). Die erwartete Rendite muss dann bei einem risikoneutralen Investor dem risikofreien Zins entsprechen, da sonst Arbitrage möglich wäre. Mit diesem "Trick" kann dann die **Wahrscheinlichkeit des Kursanstiegs ermittelt** werden.

$$E(r_{Aktie}) = p \cdot u + (1 - p) \cdot d = r_{frei}$$

$$p \cdot u + d - p \cdot d = r_{frei}$$

$$p = \frac{r_{frei} - d}{u - d} = \frac{0{,}1 + 0{,}215}{0{,}5 + 0{,}215} = 0{,}44$$

$u$ = prozentuale Veränderung des Aktienkurses nach oben (upside change)

$d$ = prozentuale Veränderung des Aktienkurses nach unten (downside change)

$p$ = Wahrscheinlichkeit des Kursanstiegs

Die **Wahrscheinlichkeit eines Kursanstiegs** liegt damit bei **0,44.** Die Wahrscheinlichkeit dafür, dass der Kurs fällt, liegt entsprechend bei 0,56. Da uns der **Wert des Calls** in Periode 2 in Abhängigkeit vom Aktienkurs bekannt ist, kann jetzt dessen **Erwartungswert** in Periode 2 ermittelt werden. Steigt der Aktienkurs, ist der Call 50 wert, fällt der Kurs, ist der Call wertlos. Jetzt müssen nur noch die **Einzelergebnisse** mit ihrer **Wahrscheinlichkeit gewichtet** werden.

$$E(P_{2Call}) = p \cdot 50 + (1 - p) \cdot 0 = 0{,}44 \cdot 50 + 0{,}56 \cdot 0 = 22$$

Der erwartete **Wert des Calls in Periode 2** $E(P_{2Call})$ ist **22**. Um den **heutigen** Wert $E(P_{1Call})$ zu ermitteln, muss dann nur noch mit dem risikofreien Zins **abgezinst** werden.

$$E(P_{1call}) = \frac{E(P_{2call})}{1 + r_{frei}} = \frac{22}{1{,}1} = 20$$

Es ist also gelungen, bei einem **unsicheren Ergebnis** (Aktienkurs in einem Jahr) eine Bewertung eines Rechts durchzuführen. Der Kern der Argumentation ist es, ein **Portfolio** zu entwickeln, das die **gleiche Cash-Flow-Struktur wie** eine **Option** hat. Ist dies möglich, dann ist es immer risikolos, die Option zu verkaufen und das Portfolio zu kaufen. Entsprechend ergibt dies dann eine risikolose Verzinsung. Die Analyse über zwei Perioden ist didaktisch zwar sehr hilfreich, hilft in der Praxis aber meist nicht weiter, die Analyse muss über **mehrere Perioden** mit Hilfe eines **Ergebnisbaums (lattice)** erweitert werden. Diese Bäume sind die Basis der Optionsbewertungsfamilie von **Cox/Ross/Rubinstein.**

❑ **Beispiel II:**

Ausgehend von einem **Aktienkurs von 220, verdoppelt oder halbiert** sich der Wert **alle sechs Monate**. Der risikofreie **Zins** liegt bei 21%, also bei **10% pro Halbjahr**. Es soll ein **Call** mit einer Laufzeit von **einem Jahr** und einem **Strike von 165** bewertet werden. Daraus kann der folgende **Ergebnisbaum für die Aktienkurse** abgeleitet werden. Die **Optionswerte** sind unter den Aktienkursen angegeben und bisher **nur** für die **letzte Periode bekannt:**

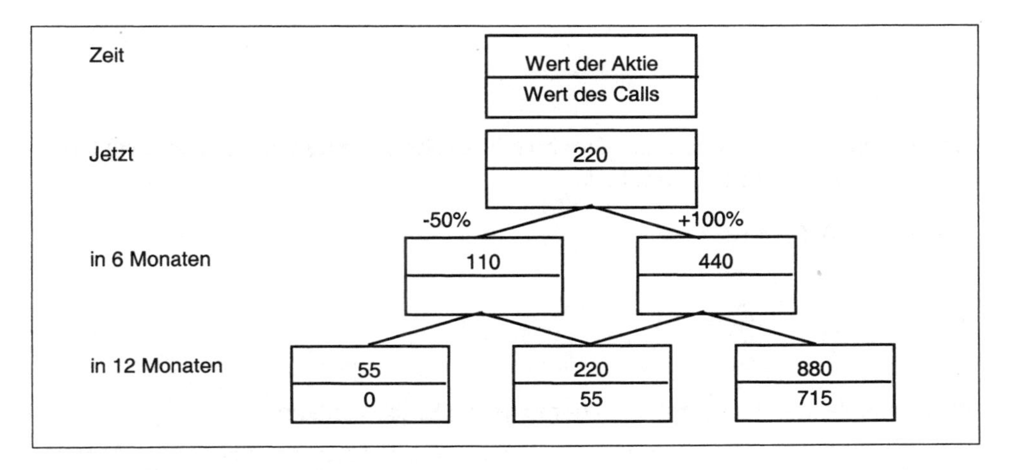


Abbildung 5.11: **Entwicklung des Aktienkurses**

Genau wie bei einer Periode kann der Wert der Option bestimmt werden, indem der Baum rückwärts aufgerollt wird. Dazu wird zuerst die Situation in sechs Monaten betrachtet. Analog zum Einperiodenfall muss die **Wahrscheinlichkeit des Kursanstiegs (*p*)** ermittelt werden.

$$p = \frac{r_{frei} - d}{u - d}$$

$$p = \frac{10\% \text{ - } (-50\%)}{100\% \text{ - } (-50\%)} = 0{,}4$$

Jetzt können die **Optionswerte nach sechs Monaten** ermittelt werden. Die **Optionswerte 55 und 715** werden beim Aktienkurs von 440 **gewichtet** und **diskontiert**.

$$0{,}4 \cdot 715 + 0{,}6 \cdot 55 = 319$$

$$P_{call440} = \frac{319}{1{,}1} = 290$$

**Analog** kann für den Aktienwert 110 verfahren werden.

$$0{,}4 \cdot 55 + 0{,}6 \cdot 0 = 22$$

$$P_{call110} = \frac{22}{1{,}1} = 20$$

Schließlich muss nur noch das Ergebnis in **sechs Monaten ausgenutzt** werden, um den **Wert** für **heute** zu ermitteln.

$$0{,}4 \cdot 290 + 0{,}6 \cdot 20 = 128$$

$$P_{Call\ heute} = \frac{128}{1{,}1} = 116{,}36$$

Zusammenfassend entsteht dann der folgende Ergebnisbaum:

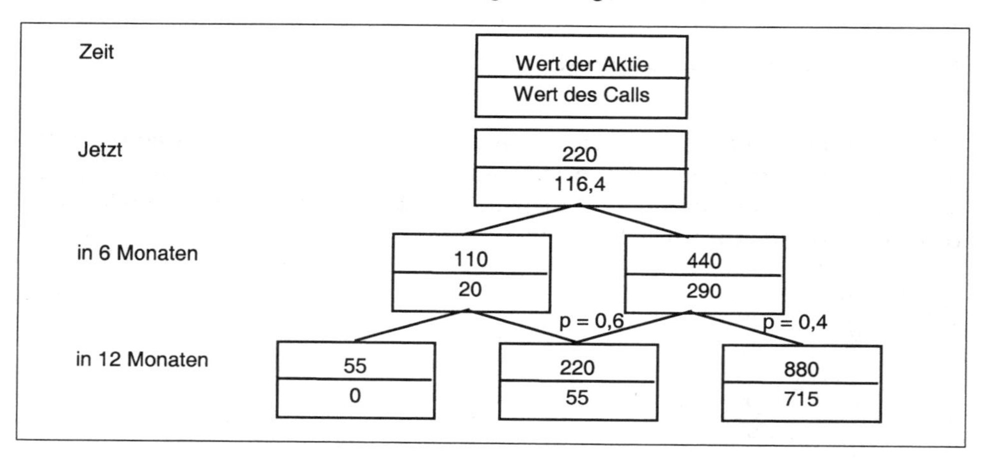


Abbildung 5.12: **Bewertung eines Calls mit Cox/Ross/Rubinstein**

**Erweitert** man die **Intervalle** eines Jahres immer weiter (Monate, Wochen, Tage), werden die Veränderungen pro Periode immer kleiner, die Anzahl der möglichen Ergebnisse steigt. Entscheidend für die Anwendbarkeit ist es jedoch, von einer **geschätzten Standardabweichung ($\sigma$) auf *u* und *d* zu schließen**. Dies ist bei einer Aufteilung in wenige Perioden nur sehr grob möglich, bei sehr vielen Perioden werden die einzelnen Sprünge sehr klein. Im Regelfall kann dies durch eine **Normalverteilung** beschrieben werden. Daraus ergeben sich für *u* und *d* in Abhängigkeit von Standardabweichung und **Anzahl der Perioden pro Jahr** folgende Gleichungen:

$$u = e^{\sigma \cdot \sqrt{h}} - 1$$

$$d = e^{-\sigma \cdot \sqrt{h}} - 1$$

$\sigma$ = Standardabweichung bei kontinuierlicher jährlicher Verzinsung der Aktie
$h$ = Intervall als Anteil vom Jahr
$e$ = 2,718....

Für das **Beispiel** ergibt sich aus der Standardabweichung von $\sigma = 0{,}98$ und in einem Intervall pro Jahr:

$$u = 2{,}718^{0{,}98} - 1 = 1{,}664$$

$$d = 2{,}718^{-0{,}98} - 1 = -0{,}625$$

Bei zwei Intervallen pro Jahr findet man dann die bekannte Steigerung um 100% bzw. den Verlust von 50%:

$$u = 2{,}718^{0{,}98 \cdot \sqrt{0{,}5}} - 1 = 0{,}9996$$

$$d = 2{,}718^{-0{,}98 \cdot \sqrt{0{,}5}} - 1 = -0{,}4999$$

In der folgenden Tabelle sind die **errechneten Preise** für den Call in Abhängigkeit von der **Wahl der Perioden** pro Jahr zusammengefasst:

Tabelle 5.2:
**WERT DES CALLS IN ABHÄNGIGKEIT VON DEN BETRACHTETEN INTERVALLEN**

| Intervalle | *u* | *d* | Wert des Calls heute |
|---|---|---|---|
| **1** | +166,4% | −62,5% | 126,92 |
| **2** | +100,0% | −50,0% | 116,36 |
| **12** | + 32,7% | −24,6% | 116,84 |
| **52** | + 14,6% | −12,7% | 115,66 |

Mit Hilfe des Entscheidungsbaums kann auch grob eine **Hedge Ratio** ermittelt werden. Diese besagt, **wieviele Aktien** gehalten werden müssen, **damit** bei einer **Kurssteigerung der Aktie** um einen kleinen Betrag die **Wertveränderung** der

**gehaltenen Aktien** der **Wertveränderung** des **Calls entspricht**. Dieses Verhältnis wird bei Optionen als **Delta** bezeichnet.

Für unser Zwei-Perioden-Beispiel ergibt sich aus heutiger Sicht:

Der Wert der Option in der nächsten Periode ist entweder 290 oder 20.

$$dP_{Call} = 290 - 20 = 270$$

Der Kurs der Aktie in der nächsten Periode ist entweder 440 oder 110.

$$dP_{Aktie} = 440 - 110 = 330$$

Daraus ergibt sich ein Delta ($\Delta$) von

$$\Delta = \frac{dP_{Call}}{dP_{Aktie}} = \frac{270}{330} = 0{,}818$$

Dies bedeutet, dass sich bei einer Änderung des **Aktienkurses um 1,00 €** der **Wert der Option um 0,818 €** ändert.

Der Nachteil des Baumansatzes liegt bei einer relativ **schwierigen Rechenbarkeit**. Er ist aber sehr wichtig, wenn der Wert von **Optionen mit besonderen Pfaden** analysiert werden soll. Dazu sind meist jedoch sehr komplexe Berechnungen notwendig. Für die meisten **Fälle der Praxis** hat sich die Bewertung nach der Optionsfamilie **Black/Scholes** wegen der **leichteren Programmierbarkeit** durchgesetzt.

Alternativ wird das Cox/Ross/Rubinstein-Modell oft in der reinen **kontinuierlichen** Form angewandt. Definiert man *u* und *d* als Aufwärts**bewegung,** ergibt sich :

$$u = e^{\sigma \cdot \sqrt{h}}$$

$$d = e^{-\sigma \cdot \sqrt{h}}$$

$$p = \frac{e^{r \cdot t} - d}{u - d}$$

Dies ist meist für die Programmierung sehr viel angenehmer.

## 5.1.4 Anwendungsbeispiele für Cox/Ross/Rubinstein

Zum besseren Verständnis und zur Vorbereitung auf die Black/Scholes-Analyse können nun drei Optionstypen näher analysiert werden. Einerseits kann der Put diskutiert werden, andererseits können nun auch exotische Konstruktionen erklärt und bewertet werden. Als exotisch werden Optionen bezeichnet, die von der Standarddefinition abweichen. Beispielhaft werden mit dem Cox/Ross/Rubinstein-Ansatz eine Cash or Nothing Option und schließlich eine Asset or Nothing Option analysiert. Bei der ersten erhält der Käufer der Option bei Überschreiten des Strikepreises eine bestimmte fixe Summe Geld, bei der zweiten bekommt er dann das Underlying umsonst, d.h. ohne Zahlung eines Strikepreises.

Bei einem Cox/Ross/Rubinstein-Modell muss jetzt nur noch die Ausübungslogik an den entsprechenden Optionstyp angepasst werden. Möchte man einen Put statt eines Calls bewerten, ergibt sich am Ende der Laufzeit die Ausübung, wenn der Preis der Aktie unterhalb des Strikes liegt. Dies ist hier nur beim Kurs von 55 der Fall, so dass sich ein Ausübungswert von 110 ergibt. Da alle anderen Ereignisse zu einem Wert von 0 führen, müssen nun nur noch 110 (Strike – Kurs = 165 – 55) diskontiert und dann mit der Wahrscheinlichkeit gewichtet werden.

$$Preis_{Put} = \frac{110 \cdot 0{,}6 \cdot 0{,}6}{1{,}1 \cdot 1{,}1} = 32{,}73$$

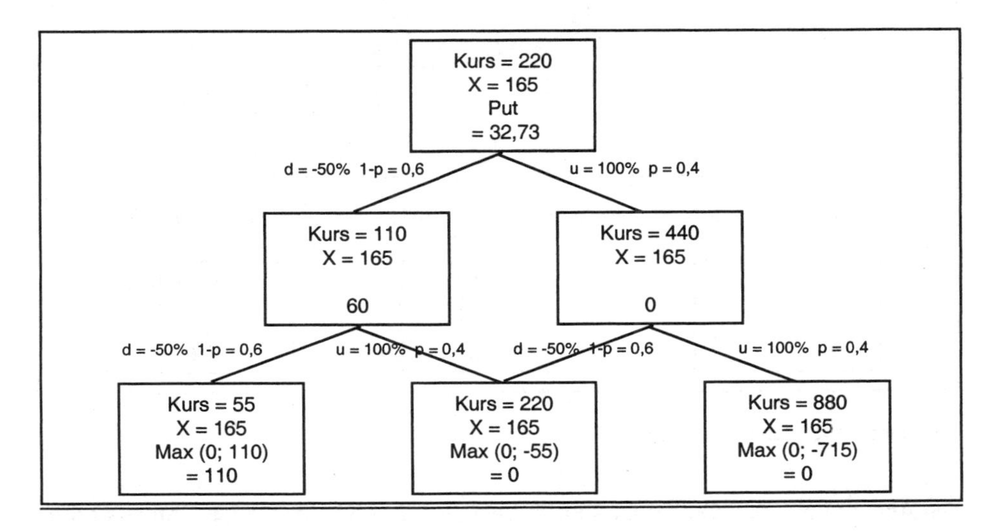


Abbildung 5.13: **Put**

Eine interessante Option zur späteren Erklärung des Black/Scholes-Modells ist Cash or Nothing. Bei diesem Derivat erhält der Käufer einen vorher festgelegten Betrag (hier 165 €), wenn der Kurs der Aktie am Ende der Laufzeit mindestens gleich dem Strikepreis (hier Strike = 165) ist. Es handelt sich um eine klassische Wette, wobei bei Eintritt des Ereignisses eine bestimmte Summe Geld ausgezahlt wird. Jedoch ist man nun in der Lage, die Wette zu bewerten und sogar zu hedgen.

Um die Cash or Nothing Option zu bewerten, muss am Ende der Laufzeit der Aktienkurs mit dem Strike verglichen werden. Bei dem Kurs von 220 und 880 wird die Option ausgeübt, entsprechend kommt es zu einer Auszahlung von 165 € in beiden Fällen. Diese Ereignisse werden wieder mit den Wahrscheinlichkeiten gewichtet und auf heute abgezinst.

$$Preis_{Cash\_or\_Nothing} = \frac{165 \cdot 0{,}4 \cdot 0{,}6 + (0{,}6 \cdot 165 + 0{,}4 \cdot 165)0{,}4}{1{,}21} = 87{,}27$$

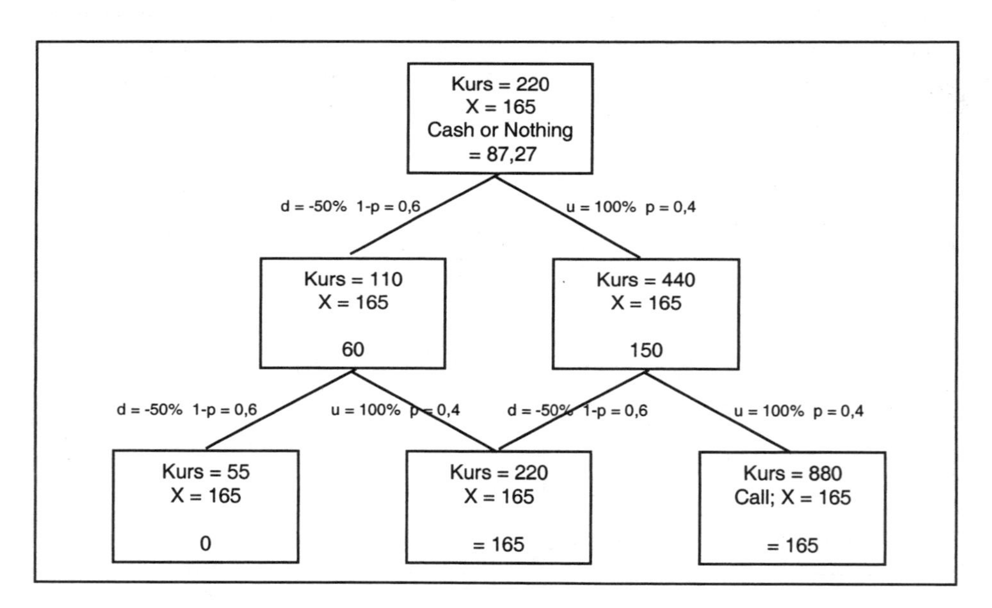


Abbildung 5.14: **Cash or Nothing**

Die Asset or Nothing Option ist ähnlich gestaltet. Der Käufer dieses Derivats erhält die Aktie ohne Zahlung eines Strikepreises, wenn der Aktienkurs am Ende der Laufzeit über dem Strike (hier 165) liegt. Entsprechend erhält der Käufer bei 220 und 880 die Aktie umsonst. Diskontiert man die Werte und gewichtet sie mit den Wahrscheinlichkeiten, ergibt sich der Preis der Asset or Nothing Option.

$$Preis_{Asset\_or\_Nothing} = \frac{220 \cdot 0{,}4 \cdot 0{,}6 + 220 \cdot 0{,}4 \cdot 0{,}6 + 880 \cdot 0{,}4 \cdot 0{,}4}{1{,}21} = 203{,}64$$

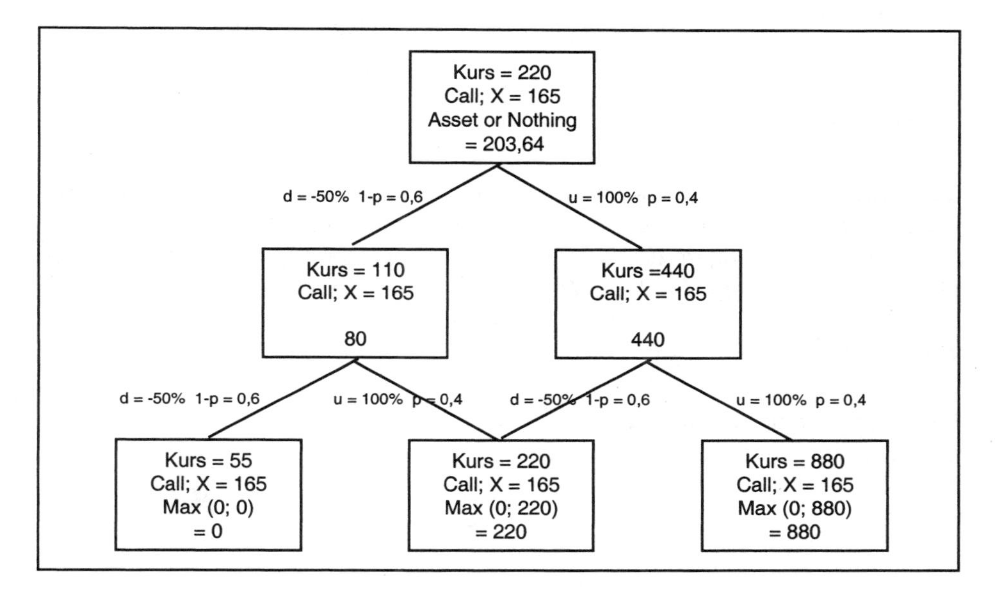


Abbildung 5.15: **Asset or Nothing**

Die beiden letzten Optionstypen helfen im folgenden Abschnitt, das Black/Scholes-Modell zu verstehen.

## 5.1.5 Bewertung nach Black/Scholes

Lässt man die **Intervalle** in der Analyse von Cox/Ross/Rubinstein **immer kürzer** werden, ergibt sich schließlich aus der **Binomialverteilung** eine **Normalverteilung**. Um dies besser zeigen zu können, wird nun mit dem Cox/Ross/Rubinstein-Modell wieder ein Call auf eine Aktie mit einem Ausgangskurs von 220, einer Volatilität von 98%, einem Jahreszins von 21% und einem Strike von 165 bewertet. Diesmal wird jedoch mit vier Schritten im Baum gearbeitet. Entsprechend ergeben sich folgende Parameter:

$$u = e^{\sigma \cdot \sqrt{h}} - 1 = e^{0,98 \cdot \sqrt{0,25}} - 1 = 0,6323$$

$$d = e^{-\sigma \cdot \sqrt{h}} - 1 = e^{-0,98 \cdot \sqrt{0,25}} - 1 = -0,3874$$

$$p = \frac{r_{frei-d}}{u-d} = \frac{0,0488 \;\; + 0,3874}{0,6323 + 0,3874} = 0,4278 \qquad r_{pa} = (1 + 0,0488)^4 - 1 = 21\%$$

$$1 - p = 0,5722$$

Betrachtet man eine europäische Option, reicht es aus, für jeden Pfad eine Endwahrscheinlichkeit anzugeben. Um zu einem Kurs von 1561,9 zu gelangen, muss die Aktie viermal steigen, und es gibt nur einen einzigen Pfad, der zu diesem Ereignis führt. Daher ergibt sich die Wahrscheinlichkeit mit

$$p_{1591,2} = 0,4278^4 \cdot 0,5722^0 \cdot 1 = 3,35\%$$

Dies ergibt folgende Darstellung:

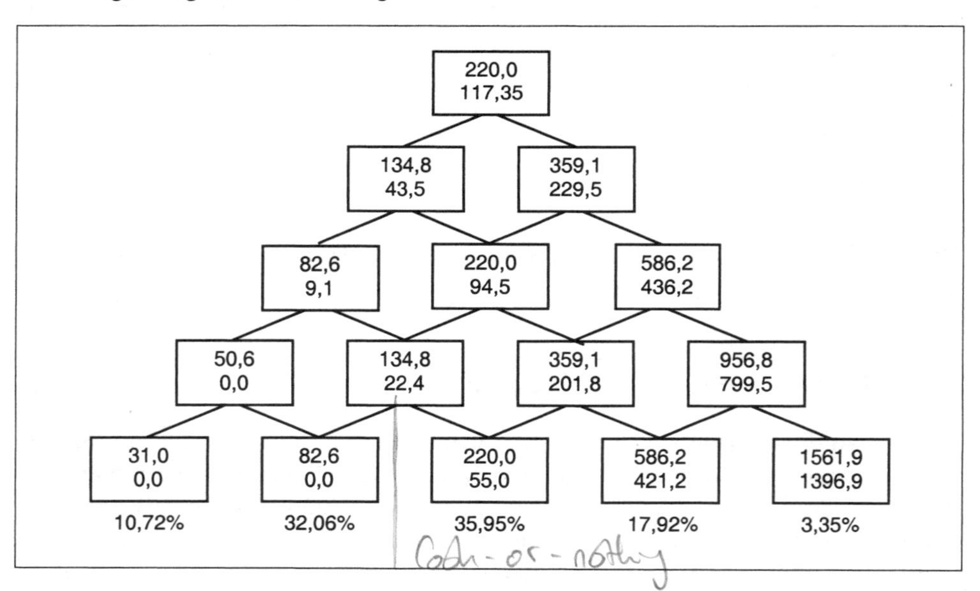


Abbildung 5.16: **Cox/Ross/Rubinstein-Baum mit vier Schritten**

Zum Kurs von 586,2 führen vier Wege mit jeweils drei Upside-Bewegungen und einer Downside-Bewegung. Die Anzahl der Wege kann also kombinatorisch bestimmt werden.

$$Anzahl\_der\_Wege = \binom{Schritte\_im\_Baum}{Anzahl\_der\_ups}$$

$$Anzahl\_der\_Wege\_zu\_220 = \binom{4}{2} = \frac{4 \cdot 3}{1 \cdot 2} = 6$$

Für die anderen Kurse ergeben sich die Eintrittswahrscheinlichkeiten wie folgt:

$$p_{586,2} = 0{,}4278^3 \cdot 0{,}5722^1 \cdot 4 = 17{,}92\%$$
$$p_{220} = 0{,}4278^2 \cdot 0{,}5722^2 \cdot 6 = 35{,}95\%$$
$$p_{82,6} = 0{,}4278^1 \cdot 0{,}5722^3 \cdot 4 = 32{,}06\%$$
$$p_{31,0} = 0{,}4278^0 \cdot 0{,}5722^4 \cdot 1 = 10{,}72\%$$

Der Wert eines Calls setzt sich aus zwei Komponenten zusammen. Einerseits muss bei Ausübung der Strikepreis gezahlt werden. Um den Wert zu bestimmen, muss die Wahrscheinlichkeit der Ausübung mit dem Strikepreis gewichtet und dann auf heute diskontiert werden. Diese **Cash or Nothing Option** ergibt sich also wie folgt:

$$p_{Ausübung} = 35{,}95\% + 17{,}92\% + 3{,}35\% = 57{,}22\%$$

$$P_{Cash\_or\_Nothing} = \frac{0{,}5722 \cdot 165}{1{,}21} = 78{,}03$$

Andererseits erhält aber der Optionsbesitzer bei Ausübung die Aktie. Um den Gegenwert zu berechnen, müssen alle Aktienkurse, bei denen die Option ausgeübt wird, mit ihrer Wahrscheinlichkeit gewichtet und dann diskontiert werden. Der Wert der **Asset or Nothing Option** beträgt:

$$P_{Asset\_or\_Nothing} = \frac{0{,}3595 \cdot 220 + 0{,}1792 \cdot 586{,}2 + 0{,}035 \cdot 1561{,}9}{1{,}21} = 195{,}42$$

Der Standard Call entspricht also der Kombination aus Kauf der Asset or Nothing Option, da der Besitzer die Aktie erhält, und Verkauf einer Cash or Nothing Option, da er den Strikepreis zahlen muss. Somit erhalten wir den Preis des Calls:

$$P_{call} = P_{Asset\_or\_Nothing} - P_{Cash\_or\_Nothing} = 195{,}42 - 78{,}03 = 117{,}39$$

Das Ergebnis ist aber ungenau, da nur mit wenigen Iterationen gearbeitet wird. Werden immer mehr Schritte benutzt, kann die Binomialverteilung mit einer Normalverteilung approximiert werden. Beim Black/Scholes-Modell wird mit Hilfe der Normalverteilung diese Wahrscheinlichkeit auf einer kontinuierlichen Basis modelliert. Zuerst muss die Wahrscheinlichkeit der Ausübung bestimmt werden. Dies bedeutet, dass die Rendite berechnet werden muss, die zum Erreichen des Strikepreises durch die Aktie am Ende der Laufzeit nötig ist. Dies ergibt bei einer kontinuierlichen Darstellung:

$$P_{Aktie} \cdot e^{r_{min}} = X$$

$$r_{min} = \ln \frac{X}{P_{Aktie}}$$

Um eine Standardnormalverteilung zu benutzen, muss die Verteilung auf einen Erwartungswert von 0 und eine Volatilität von 1 standardisiert werden (vgl. 8.4). Da die Volatilität auf Jahresbasis definiert ist, ergibt sich für die Standardabweichung der Aktie im betrachteten Zeitintervall:

$$Standardabweichung = \sigma \cdot \sqrt{t}$$

Die Kurse entstehen aus einer Verknüpfung von Renditen, es ergibt sich im Zeitablauf die geometrische Rendite:

$$erwartete\ geometrische\ Rendite = r \cdot t - \frac{\sigma^2 \cdot t}{2}$$

Mit diesen Parametern kann dann der Verteilungswert der beobachteten Aktienrendite auf die Normalverteilung standardisiert werden. Dazu wird der Erwartungswert abgezogen und durch die Standardabweichung geteilt.

$$Standardisierung = -d_2 = \frac{\ln \frac{X}{P_{Aktie}} - \left( r_{frei} \cdot t - \sigma^2 \cdot \frac{t}{2} \right)}{\sigma \cdot \sqrt{t}}$$

Da aber die Fläche, also die kumulierte Normalverteilung, von minus unendlich her definiert ist, muss noch die Symmetrieeigenschaft der Normalverteilung genutzt werden. Der gesuchte $d_2$-Wert für die Normalverteilung ergibt sich also mit minus Standardisierung:

$$d_2 = -Standardisierung = -\frac{\ln\frac{X}{P_{Aktie}} - \left(r_{frei} \cdot t - \sigma^2 \cdot \frac{t}{2}\right)}{\sigma \cdot \sqrt{t}} = \frac{\ln\frac{P_{Aktie}}{X} + r_{frei} \cdot t - \sigma^2 \cdot \frac{t}{2}}{\sigma \cdot \sqrt{t}}$$

Dies wird mit Hilfe einer Grafik veranschaulicht.

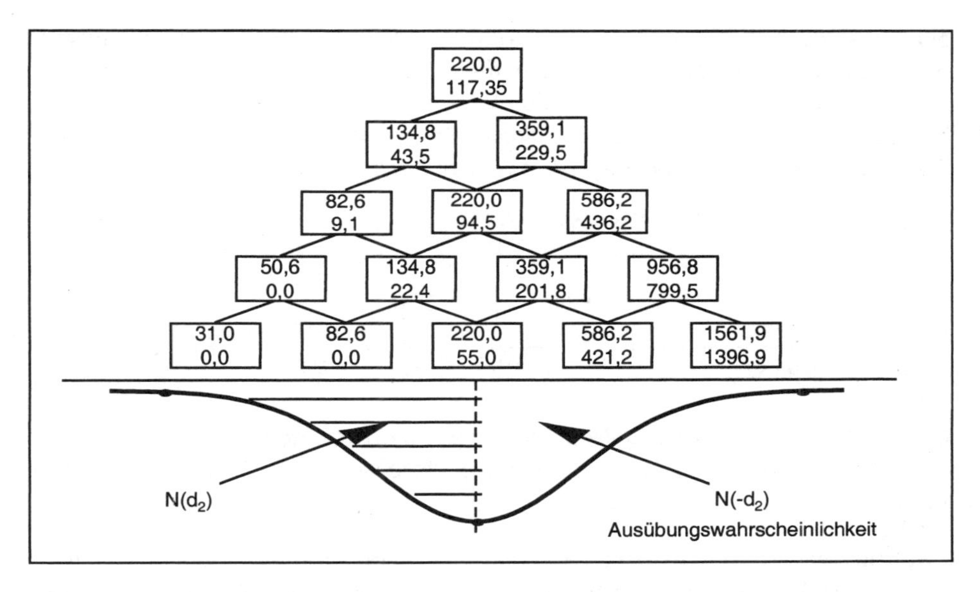


Abbildung 5.17: **Approximation der Binomialverteilung durch eine Normalverteilung**

$N(d_2)$ ergibt die Ausübungswahrscheinlichkeit. Jetzt kann die Cash or Nothing Option im Black/Scholes-Rahmen bewertet werden. Ihr Wert entspricht dem diskontierten Strike gewichtet mit der Ausübungswahrscheinlichkeit. Dabei muss mit dem kontinuierlichen Zins gearbeitet werden (ln (1,21) = 19,06%).

$$P_{cash\_or\_nothing} = \underbrace{X \cdot e^{-r_{frei} \cdot t}}_{\substack{\text{diskontierter} \\ \text{Strike}}} \cdot \underbrace{N(d_2)}_{\substack{\text{Ausübungs-} \\ \text{wahrscheinlichkeit}}}$$

$$= \underbrace{165 \cdot e^{-0,1906 \cdot 1}}_{\substack{\text{diskontierter} \\ \text{Strike}}} \cdot \underbrace{0,4992}_{\substack{\text{Ausübungs-} \\ \text{wahrscheinlichkeit}}} = 68,07$$

$$d_2 = \frac{\ln\frac{P_{Aktie}}{X} + r_{frei} \cdot t - \sigma^2 \cdot \frac{t}{2}}{\sigma \cdot \sqrt{t}} = \frac{\ln\frac{220}{165} + 0{,}1906 - \frac{0{,}98^2}{2}}{0{,}98} = \frac{-0{,}0019}{0{,}98} = -0{,}0019$$

Die exakte Ausübungswahrscheinlichkeit in einer risikoneutralen Welt liegt also bei 49,92%, während die Annäherung im Binomialbaum bei 57,22% lag. Entsprechend wird der genaue Wert für die Cash or Nothing Option bei unendlich vielen Schritten mit 68,07 verglichen zu 78,03 im Vier-Stufen-Modell bestimmt.

Nun muss noch der Wert der Aktie unter der Bedingung, dass die Option ausgübt wird, diskontiert auf heute, bestimmt werden. Dies entspricht der Asset or Nothing Option, d.h. jeder Aktienkurs oberhalb der Ausübung wird mit seiner Wahrscheinlichkeit gewichtet und dieser Erwartungswert auf heute abgezinst. Black und Scholes konnten zeigen, dass sich der Wert mit

$$P_{asset\_or\_nothing} = P_{Aktie} \cdot N(d_1) = 220 \cdot 0{,}8360 = 183{,}92$$

$$d_1 = \frac{\ln\frac{P_{Aktie}}{X} + r_{frei} \cdot t + \sigma^2 \cdot \frac{t}{2}}{\sigma \cdot \sqrt{t}} = \frac{\ln\frac{220}{165} + 0{,}1906 + \frac{0{,}98^2}{2}}{0{,}98} = \frac{0{,}9585}{0{,}98} = 0{,}9781$$

berechnen lässt. Die Asset or Nothing Option wurde im vierstufigen Binomialbaum auf Grund der zu hohen Ausübungswahrscheinlichkeit mit 195,42 ebenfalls überschätzt.

Der Kauf eines Standard Calls kann nun durch den Kauf einer Asset or Nothing Option und den gleichzeitigen Verkauf einer Cash or Nothing Option beschrieben werden. Damit entsteht das Black/Scholes-Modell:

$$P_{Call} = \underbrace{P_{Aktie} \cdot N(d_1)}_{\substack{\text{Asset or}\\ \text{Nothing}}} - \underbrace{X \cdot e^{-r_{frei} \cdot t} \cdot \overbrace{N(d_2)}^{\substack{\text{Ausübungs-}\\ \text{wahrscheinlichkeit}}}}_{\text{Cash or Nothing}}$$

$$d_1 = \frac{\ln\frac{P_{Aktie}}{X} + r_{frei} \cdot t + \sigma^2 \cdot \frac{t}{2}}{\sigma \cdot \sqrt{t}}$$

$$d_2 = \frac{ln\frac{P_{Aktie}}{X} + r_{frei} \cdot t - \sigma^2 \cdot \frac{t}{2}}{\sigma \cdot \sqrt{t}}$$

$N(d)$ = kumulativer Normalverteilungswert

$t$ = Restlaufzeit der Option in Jahren

$\sigma^2$ = Varianz pro Periode von $r_{Aktie}$ (kontinuierlich verzinst)

$r_{frei}$ = kontinuierlich verzinster risikofreier Zins

$X$ = Strikepreis

Für das Beispiel ergibt sich:

$$d_1 = \frac{\ln\frac{220}{165} + 0{,}1906 + \frac{0{,}98^2}{2}}{0{,}98} = \frac{0{,}9585}{0{,}98} = 0{,}9781$$

$$d_2 = \frac{\ln\frac{220}{165} + 0{,}1906 - \frac{0{,}98^2}{2}}{0{,}98} = \frac{-0{,}0019}{0{,}98} = -0{,}0019$$

$$N(d_1) = N(0{,}9781) = N(0{,}97) + 0{,}81 \cdot [N(0{,}98) - N(0{,}97)]$$

$$= 0{,}8340 + 0{,}81 \cdot (0{,}8365 - 0{,}8340) = 0{,}8360$$

$$N(0{,}0019) = 0{,}5 + 0{,}19 \cdot (0{,}5040 - 0{,}5) = 0{,}5008$$

$$N(-0{,}0019) = 1 - N(0{,}0019) = 0{,}4992$$

$$P_{call} = 220 \cdot 0{,}836 - 165 \cdot e^{-0{,}1906} \cdot 0{,}4992 = 183{,}92 - 68{,}07 = 115{,}85$$

Damit zeigt das Black/Scholes-Ergebnis mit 115,85 die Ungenauigkeit der vierstufigen Binomiallösung mit einer Abweichung von 1,54. Bei 52 Perioden läge der Wert des Baums mit 115,66 schon sehr nahe am richtigen Ergebnis.

Zum besseren Verständnis der Logik kann auch intuitiv ein Put abgeleitet werden. Die Ausübungswahrscheinlichkeit eines Put zum gleichen Strike muss genau der Gegenwahrscheinlichkeit der Ausübung des Calls entsprechen.

$$Ausübungswahrscheinlichkeit\_Put = 1 - N(d_2) = N(-d_2)$$

Der Putbesitzer muss jedoch die Aktie bei Ausübung abgeben, um den Strikepreis zu bekommen. Der Erwartungswert der Aktie unter der Bedingung, dass der Put ausgeübt wird, diskontiert auf heute, entspricht $P_{Aktie}$ N(–$d_1$). Der Putpreis ergibt sich also mit:

$$P_{Put} = X \cdot e^{-r_{frei} \cdot t} \cdot N(-d_2) - P_{Aktie} \cdot N(-d_1)$$

$$d_1 = \frac{\ln \frac{P_{Aktie}}{X} + r_{frei} \cdot t + \sigma^2 \cdot \frac{t}{2}}{\sigma \cdot \sqrt{t}}$$

$$d_2 = \frac{\ln \frac{P_{Aktie}}{X} + r_{frei} \cdot t - \sigma^2 \cdot \frac{t}{2}}{\sigma \cdot \sqrt{t}}$$

Mit Hilfe der Black/Scholes-Formel kann jetzt auch leichter die **Abhängigkeit** des **Optionspreises** von den **verschiedenen Einflussgrößen** untersucht werden. Das wichtigste Maß ist sicherlich die Abhängigkeit vom Aktienkurs. Die folgenden Bilder beziehen sich auf die Beispieloption, allerdings mit einer Volatilität von 15%.

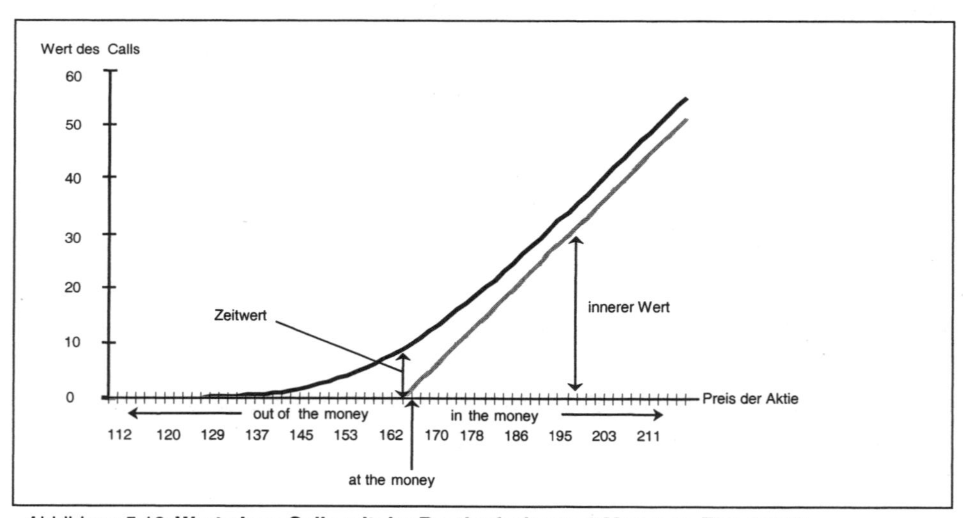


Abbildung 5.18: **Wert eines Calls mit der Restlaufzeit von 6 Monaten, Zins ist 5%**

### ❑ Delta Δ

Mathematisch ist **Delta** einfach die **Ableitung** der Call-Formel in Bezug auf den **Preis der Aktie**.

$$\Delta = \frac{\partial \, Call}{\partial \, P_{Aktie}} = N(d_1) > 0$$

Für unser Beispiel ergibt sich:

$$\Delta = \frac{\partial \, Call}{\partial \, P_{Aktie}} = N(d_1) = 0{,}8360 > 0$$

**Delta** misst also die **Sensitivität der Option** in Bezug auf den **Aktienpreis** hinsichtlich sehr kleiner Änderungen. Ein Delta von 0,836 bedeutet, dass bei einer Steigerung des Aktienkurses um 1 € der Wert des Calls um 0,836 € zunimmt. Wenn der Stillhalter eines Calls also Delta-Aktien besitzt, ist er bei kleinen Änderungen perfekt gehedged. Leider **ändert** sich **Delta mit** der Veränderung des **Kurses** der Aktie. Bei einem Kurs weit unter dem Strike (**far out of the money**) liegt **Delta leicht über 0**, bei einem Kurs beim Strike (**at the money) bei ca. 0,5** und schließlich bei einem Kurs weit oberhalb des Strikepreises (**far in the money) bei nahezu 1**. Um einen perfekten Hedge im Zeitablauf zu gewährleisten, müsste die Aktienposition also ständig angepasst werden.

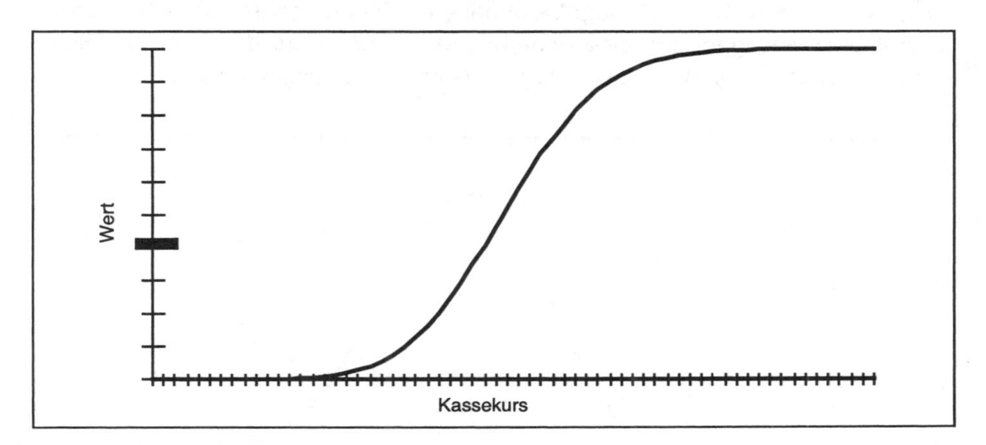


Abbildung 5.19: **Delta (45 Tage, $\sigma$ = 20%, $r_{frei}$ = 10%)**

### ❑ Gamma $\Gamma$

**Gamma** misst die **Veränderung von Delta**, mathematisch gesprochen ist Gamma also die **zweite Ableitung** des Callpreises in Bezug auf den Aktienkurs. Es gibt an, wie schnell sich Delta ändert. Dies ist ein wichtiger Parameter in Bezug auf den Hedge einer Option. Je **größer Gamma** ist, um so **öfter** sollte der **Hedge angepasst** werden. Ausgereiftere Hedgetechniken versuchen, nicht nur über Delta zu arbeiten, sondern gleichzeitig auch ein gammaneutrales Portfolio aufzubauen.

$$\Gamma = \frac{\partial^2 Call}{\partial P_{Aktie}^2} = \frac{N'(d_1)}{P_{Aktie} \cdot \sigma \cdot \sqrt{t}} > 0$$

$$\text{mit } N'(d_1) = \frac{1}{\sqrt{2\pi}} \cdot e^{\frac{-d_1^2}{2}}$$

Für unser Beispiel:

$$\Gamma = \frac{\partial^2 Call}{\partial P_{Aktie}^2} = 0{,}0011 > 0$$

Gamma ist bei Optionen, die sehr **weit aus dem Geld oder sehr weit im Geld** sind, **sehr klein** und nimmt dann ständig in Richtung am Geld zu. **At the money** ist das **Maximum** erreicht. Dies ist auch leicht plausibel zu machen. Bei Optionen, die weit im Geld sind, liegt Delta nahezu bei 1 und ändert sich kaum noch. Bei Optionen weit aus dem Geld liegt Delta nahe bei 0 und ändert sich entsprechend auch kaum. Hingegen führt eine Änderung at the money zu den stärksten Reaktionen bei Delta, denn dies ist sozusagen die erste Richtungsvorgabe.

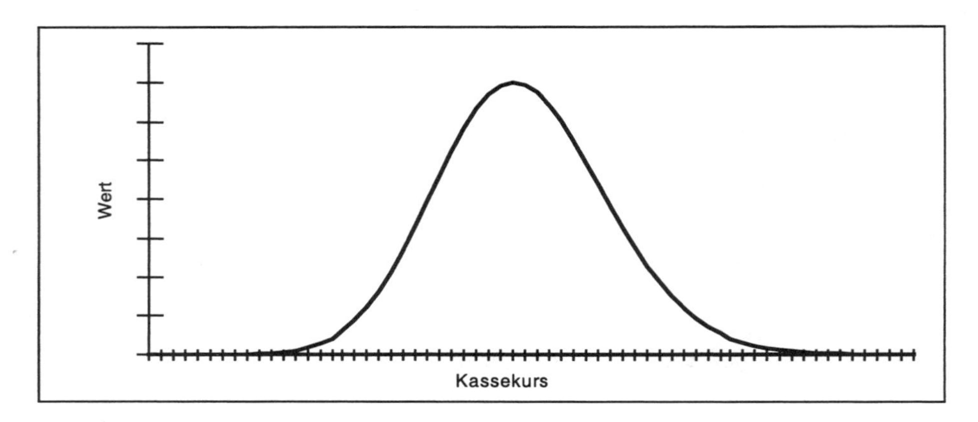


Abbildung 5.20: **Gamma (45 Tage, $\sigma$ = 20%, $r_{frei}$ = 10%)**

### ❑ Theta Θ

**Theta** misst die **Sensitivität** einer Option **in Bezug auf die Zeit**. Dieser Wert drückt aus, wieviel die Option durch das Vergehen von Zeit an Wert verliert. Für den **Optionskäufer** gilt grundsätzlich: **"Time is always playing against you"**. Theta ergibt sich mathematisch als **Ableitung des Optionspreises im Bezug auf die Zeit:**

$$\Theta = \frac{\partial Call}{\partial t} = \frac{P_{Aktie} \cdot \sigma \cdot N'(d_1)}{2 \cdot \sqrt{t}} + r \cdot X \cdot e^{r_{frei} \cdot t} \cdot N(d_2) > 0$$

Für unser Beispiel:

$\Theta = 39{,}63$

Dies bezieht sich jedoch auf ein Jahr. Um Theta sinnvoll interpretieren zu können, wird meist durch die Zeit geteilt. Dabei kann man entweder echte Tage oder Handelstage benutzen.

$$\Theta_{wirkliche\_Tage} = \frac{39{,}63}{365} = 0{,}109$$

$$\Theta_{Handelstage} = \frac{39{,}63}{252} = 0{,}157$$

Die Option verliert also pro Tag ca. 0,11 € bzw. pro Handelstag 0,16 € an Zeitwert.

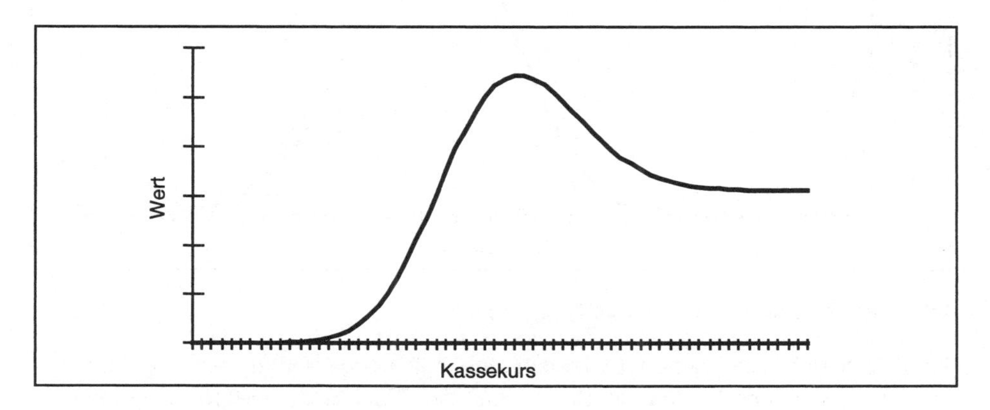


Abbildung 5.21: **Theta (45 Tage, $\sigma$ = 20%, $r_{frei}$ = 10%)**

### ❑ Vega

**Vega** spiegelt die Wertveränderung eines Portfolios in Bezug auf die **Standardabweichung** wider. Dieser Wert ist besonders wichtig, um die Sensitivität bei einer Fehlschätzung der Volatilität zu ermitteln.

$$Vega = \frac{\partial\ Call}{\partial\ \sigma} = N'(d_1) \cdot P_{Aktie} \cdot \sqrt{t} > 0$$

$$Vega = \frac{\partial\ Call}{\partial\ \sigma} = 54{,}40$$

Vega bezieht sich auf eine Volatilitätserhöhung von 100%. Um eine sinnvolle Interpretation zu finden, wird daher einfach durch 100 geteilt. Wenn die geschätzte Volatilität um 1% steigt (von 98% auf 99%), steigt der Wert des Calls um 0,544. **Optionen** reagieren im Allgemeinen **sehr stark auf Volatilitätsänderungen**. Daher kommt der richtigen Schätzung der Standardabweichung bei der Preisfindung entscheidende Bedeutung zu. Jedoch ist die **Auswirkung am stärksten**, wenn die Option **at the money** ist bzw. noch eine **lange Restlaufzeit** hat. Dies drückt aus, dass in diesen beiden Fällen die stärkere Schwankung (Zunahme der Standardabweichung) eine positive oder stärkere Entwicklung wahrscheinlicher macht.

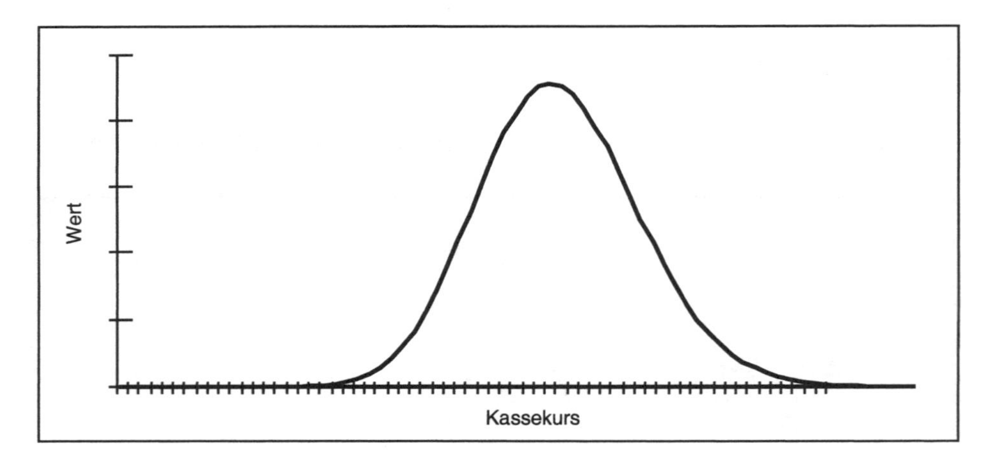


Abbildung 5.22: **Vega (45 Tage, $\sigma$ = 20%, $r_{frei}$ = 10%)**

Zum Abschluss der reinen Optionstheorie soll noch einmal das Ergebnis der intuitiven Prämienerklärung in Bezug auf die Black/Scholes-Formel untersucht werden.

Tabelle 5.3:
ENTWICKLUNG DES CALLPREISES

| Variable | Entw. der Variablen | Entwicklung des Callpreises |
|---|---|---|
| **Kurs Underlying (PU)** | + | entspricht Delta > 0 |
| **Strikepreis (X)** | + | entspricht $\frac{\partial Call}{\partial X} < 0$ |
| **risikofreier Zins** | + | entspricht $\frac{\partial Call}{\partial r_{frei}} > 0$ |
| **Laufzeit (t)** | + | folgt aus Theta > 0 |
| **Volatilität (σ)** | + | folgt aus Vega > 0 |

Nur zwei Ableitungen sind davon noch nicht behandelt worden:

$$\frac{\partial Call}{\partial X} = -e^{-r_{frei} \cdot t} \cdot N(d_2) < 0$$

für das Beispiel

$$\frac{\partial Call}{\partial x} = -0{,}4126$$

Eine Erhöhung des Strikes um 1 € verbilligt den Call um 0,41 €.

$$\frac{\partial Call}{\partial r_{frei}} > 0$$

Eine Erhöhung der Zinsen um 1% erhöht den Wert des Calls um 0,56 €. Der **Zins** ist also bei der **Wertbestimmung nicht sehr bedeutend**, es bedarf relativ starker Änderungen für eine deutliche Auswirkung auf den Optionspreis.

Die **Black/Scholes-**Formel hat also genau die **Eigenschaften**, die bei der **intuitiven Prämienerklärung** herausgearbeitet wurden.

*Literatur: Stoll/Whaley (1993)*

## 5.1.6 Put-Call-Parität

**Bisher** wurde die Optionsanalyse auf einen **Call** beschränkt. Im Fall einer europäischen Option ist es allerdings auch sehr einfach, den **Wert eines Puts** zu bestimmen, wenn man den Wert des Calls kennt. Auch hier macht man sich zunutze, dass ein **Äquivalent** mit der gleichen Auszahlungsmatrix auch den gleichen Wert haben muss.

Der europäische Call aus Abschnitt 5.1.3. läuft ein Jahr und verbrieft das Recht zum Strike von 160 ($X$), eine Aktie zu erwerben. Die Aktie steht im Moment bei 140 ($P_1$). Bei einem risikofreien Zins von 10% hat der Call einen Wert von 20. Was wäre der Wert eines Puts mit der Laufzeit ein Jahr und einem Strike von 160?

Um die Bewertung zu lösen, müssen zwei Portfolios betrachtet werden.

**Portfolio eins** besteht sowohl aus der **Aktie** als **auch** aus der **Put** Option. Steigt der Preis der Aktie am Ende der Laufzeit (Zeitpunkt 2) **über 160,** ist **nur** noch die **Aktie** werthaltig. Liegt der Aktienkurs am Ende der Laufzeit **unter 160,** ergibt dies für den **Put** einen Wert von Strike minus Aktienkurs.

❑ **Erstes Portfolio**

$P_{2Aktie} > 160$ ⇨ Der Wert des Portfolios entspricht dem Wert der Aktie.

$P_{2Aktie} \leq 160$ ⇨ Der Wert des Portfolios beträgt 160.

Das **zweite Portfolio** besteht aus dem **Call** und **einer sicheren Anlage**. Diese Anlage wurde so gewählt, dass am Ende der Laufzeit **genau der Strikepreis zur Verfügung** steht. Dies bedeutet bei einem Strike von 160 und einem Zins von 10% eine Anlage von 145,45. Steht am Ende der Laufzeit der Aktienkurs **über 160**, erwirbt man aus dem Cash Flow der Anlage die Aktie zum Strike von 160, das Portfolio hat also den **Wert der Aktie**. Steht der Aktienkurs **unter 160,** verfällt der Call und der **Wert** des Portfolios ist die **sichere Anlage** mit dem Future Value von 160. Die Auszahlungsmatrix am Ende der Laufzeit lautet also:

❑ **Zweites Portfolio**

$P_{2Aktie} > 160$ ⇨ Der Wert des Portfolios entspricht dem Wert der Aktie.

$P_{2Aktie} \leq 160$ ⇨ Der Wert des Portfolios beträgt 160.

Da **beide Portfolios** in der Zukunft **den gleichen Wert** haben, müssen sie auch zu jedem anderen Zeitpunkt den gleichen Wert haben.

$20 + 145{,}45 = P_{Put} + 140$

$\boldsymbol{P_{Call} + PV(Strike) = P_{Put} + P_{Aktie}}$

Der Preis des Puts ist also 25,45.

$P_{Put} = 20 + 145{,}45 - 140 = 25{,}45$

Als letzter Schritt muss nun noch der Present Value des Strikes mit Hilfe des kontinuierlichen Zinssatzes ausgedrückt werden. Er errechnet sich aus

$PV(X) = X \cdot e^{-r_{frei}t}$

Entsprechend ergibt sich die Put-Call-Parität mit:

$P_{Put} = P_{Call} + X \cdot e^{-r_{frei} \cdot t} - P_{Aktie}$

Nach der **Berechnung des Callwerts** kann dann mit Hilfe der **Put-Call-Parität** der **entsprechende Wert des Puts** gefunden werden. Probleme entstehen jedoch, wenn es aus gesetzlichen Gründen schwierig ist, Aktien leer (short) zu verkaufen.

## 5.1.7 Bewertungsprobleme bei American Style Options

Bisher beschränkte sich die Analyse auf **European Style Options**, also Optionen, die nur am Ende der Laufzeit ausgeübt werden können. Der Vorteil dieses Typs liegt in einer Bewertung mit Hilfe einer **geschlossenen Formel** (Black/Scholes). Jedoch ist der Unterschied zu **American Style Options**, also Optionen, die **jederzeit ausgeübt** werden können, viel geringer, als man intuitiv annimmt.

Generell werden Optionen während der Laufzeit nicht ausgeübt, sondern verkauft, wenn der Investor den Gewinn realisieren möchte. Durch die **Ausübung** kann nur der **innere Wert realisiert** werden, der **Zeitwert geht verloren**. Es muss also analysiert werden, unter welchen Umständen eine vorzeitige Ausübung sinnvoll sein kann.

### ❑ Call auf Aktien ohne Dividendenzahlung während der Laufzeit

Da **während der Laufzeit keine Zahlungen** erfolgen, wird stets eine Zeitprämie bezahlt. Eine Ausübung stellt den Optionsbesitzer also schlechter. Ein **Call** auf eine **Aktie ohne Dividendenzahlung** während der Laufzeit sollte also **nie vorher ausgeübt**, sondern gegebenenfalls vorher verkauft werden. Folglich ist der Wert der amerikanischen Option identisch mit der europäischen Option und kann nach Black/Scholes berechnet werden.

### ❑ Call auf eine Aktie mit Dividendenzahlung während der Laufzeit

Hier liegt der Fall etwas komplizierter. Im Allgmeinen sind **Calls nicht dividendengeschützt**, so dass der Strike an Dividendenterminen unverändert bleibt. Auf der anderen Seite wird die Aktie vermutlich am Tag **nach der Dividende** mit einem deutlichen **Abschlag** notiert. Daher kann der Fall eintreten, dass der **Dividendenabschlag größer als die Zeitprämie** ist. In einem solchen Fall lohnt es sich, die Option **direkt vor einem Dividendentermin auszuüben**. Die amerikanische Option ist dadurch wertvoller als die europäische. Die Bewertung nach Black/Scholes stellt nur eine Wertuntergrenze dar.

Die **vorzeitige Ausübung** ist um so **wahrscheinlicher**:

- je **höher die Dividende**,
- je **kürzer die Restlaufzeit** der Option und
- je **stärker** die Option **im Geld**

ist.

Bei der Bewertung von American Style Options hilft die Black/Scholes-Formel also nur zur Ermittlung einer **Wertuntergrenze**. Um **genaue Ergebnisse** zu erzielen, ist eine Bewertung nach **Cox/Ross/Rubinstein** erforderlich. An den Dividendenterminen wird im Ergebnisbaum an den entsprechenden Zeitpunkten die Dividende berücksichtigt. Dieser Ansatz erfordert aber erheblich größeren Rechenaufwand. Eine weitere Möglichkeit ist die Ermittlung von zwei Callpreisen, eines europäischen Calls mit der gesamten Laufzeit und eines europäischen Calls bis zum Zeitpunkt vor der letzten Dividendenzahlung während der Laufzeit des zu bewertenden amerikanischen Calls. Der größere der beiden Werte nähert sich an die amerikanische Option an. Im Regelfall ist auch nur der letzte Dividendentermin relevant, es sei denn, die Dividendenrendite liegt sehr nah beim risikofreien Zins.

### ❑ Put ohne Dividendenzahlung während der Laufzeit

Während die vorzeitige Ausübung bei Calls ohne Dividenden nicht gegeben ist, liegt dieser Zusammenhang bei einem Put anders. Es kann **sinnvoll sein, den Put auszuüben, um die gewonnenen Mittel anzulegen.** Im Extremfall eines Konkurses fällt die Aktie minimal auf einen Kurswert von Null. Bei sofortiger Ausübung eines Puts können dann die Mittel wieder investiert werden. Etwas formaler folgt dieser Zusammenhang aus der Put-Call-Parität.

$$P_{Call} = P_{Put} - X \cdot e^{r_{frei} \cdot t} + P_{Aktie}$$

Außerdem kann der Wert eines Calls nie größer sein als der Wert der Aktie.

$$P_{Call} \leq P_{Aktie}$$

Durch Einsetzen in die Put-Call-Parität ergibt sich sofort:

$$P_{Aktie} \geq P_{Put} - X \cdot e^{r_{frei} \cdot t} + P_{Aktie}$$
$$\Rightarrow \quad X \cdot e^{r_{frei} \cdot t} \geq P_{Put}$$

Der **Wert eines Puts** kann also **nie größer** sein als dessen **abgezinster Ausübungspreis**. Eine vorzeitige Ausübung kann deshalb sinnvoll sein. Der Wert eines europäischen Puts bildet wieder nur die Wertuntergrenze. Je stärker ein **Put in the money** ist, um so größer ist die **Wahrscheinlichkeit**, dass eine **vorzeitige Ausübung** sinnvoll wäre. Der Extremfall ist ein Put auf eine Aktie mit dem Wert Null (Konkurs). Es lohnt sich immer, einen Put sofort auszuüben und die gewonnenen Mittel zinstragend anzulegen, da die Option ihren maximal möglichen Wert erreicht hat. In diesem Fall ist ein amerikanischer Put deutlich wertvoller als ein europäischer.

**❑ Put mit Dividendenzahlung während der Laufzeit**

Bei einem **Put ohne Dividendenzahlung** kann eine **vorzeitige Ausübung** sinnvoll sein. Dieser Zusammenhang **bleibt erhalten,** wird durch Dividendenzahlungen jedoch **abgeschwächt**, da ein Kursrückgang der Aktie durch die Dividendenzahlung den Put in der Zukunft wertvoller macht.

Generell sollte der Unterschied von amerikanischen und europäischen Optionen nicht überbewertet werden. In einem liquiden Markt kann der Käufer der Option die meisten seiner Interessen mit einer europäischen Option lösen. Es ist daher sehr fraglich, ob der eventuelle Mehrpreis einer amerikanischen Option zusätzlichen Nutzen bringt. Auch ist der verwaltungstechnische Aufwand bei einer möglichen laufenden Ausübung so groß (warrants), dass dem Emittenten im Regelfall von dieser Form abzuraten ist.

*Literatur: Brealey/Myers (2000), Natenberg (1988), Hull (2000)*

## 5.2 Anwendung der Optionspreistheorie

Nachdem mit dem Black/Scholes-Modell ein relativ leicht rechenbarer Ansatz für die Bewertung europäischer Optionen entwickelt worden war, mussten noch einige **Anpassungen** vorgenommen werden, um auch Optionskontrakte auf **Aktien mit Dividende**, auf **Devisen** und auf **Zinskontrakte** beurteilen zu können. Im Folgenden wird dabei immer von einer europäischen Option ausgegangen.

### 5.2.1 Aktienoptionen

Bei der Herleitung des Black/Scholes-Modells wurde bereits mit Aktienoptionen gearbeitet. Jedoch wurde zur Vereinfachung der Analyse unterstellt, dass Aktien keine Dividende zahlen. Dies ist sicherlich für den praktischen Einsatz nicht besonders sinnvoll, jedoch gelingt es relativ leicht, die **Dividendenzahlung** in das Modell **miteinzubeziehen**.

Grundsätzlich gibt es **zwei Ansätze**:

Die erste Möglichkeit besteht in einer **Schätzung der Dividendenzahlungen** während des Optionszeitraums, um dann den **heutigen Aktienkurs** um den **Barwert** dieser Dividenden zu bereinigen.

Die zweite Alternative, die hier im Weiteren verfolgt wird, besteht in der Schätzung einer **Dividendenrendite** $r_{Div}$. Damit kann der Wert einer **Aktie** in einen **sicheren Einkommensstrom** aus der Dividende und einen durch die **Kursentwicklung** unsicheren Anteil **zerlegt** werden. Diese Devidendenrendite entspricht dem annualisierten kontinuierlichen Zins, mit dem der Kursverlust der Aktie bei Ausschüttung der Dividende erklärt werden kann. In der Regel kann nicht einfach mit der ausgeschütteten Dividende gearbeitet werden, da durch unterschiedliche Besteuerung der Abschlag auf den Kurs meist geringer ausfällt.

Mit Hilfe der Dividendenrendite kann eine Aktie, die keine Dividende zahlt, künstlich aus der zu analysierenden Aktie abgeleitet werden. Da am Ende der Optionsfrist der Kurs der wirklichen Aktie und der abgeleiteten Aktie gleich sein muss, ergibt sich unter Einbeziehung der Dividenden:

$$P_{Aktie\ ohne\ Div.} = P_{Aktie\ mit\ Div.} \cdot e^{-r_{Div} \cdot t}$$

Entsprechend muss dann der Kassakurs einer Aktie um die Dividendenrendite bereinigt werden, da dann das Black/Scholes-Modell angewendet werden kann. Für den aktuellen Kassakurs muss dann einfach

$$P_{Aktie} \cdot e^{-r_{Div} \cdot t}$$

eingesetzt werden.

Wegen

$$\ln\left(\frac{P_{Aktie} \cdot e^{-r_{Div} \cdot t}}{X}\right) = \ln\frac{P_{Aktie}}{X} - r_{Div} \cdot t$$

ergibt sich durch Einsetzen in die Black/Scholes-Formel:

$$P_{Call} = P_{Aktie} \cdot e^{-r_{Div} \cdot t} \cdot N(d_1) - X \cdot e^{-r_{frei} \cdot t} \cdot N(d_2)$$

$$P_{Put} = X \cdot e^{-r_{frei} \cdot t} \cdot N(-d_2) - P_{Aktie} \cdot e^{-r_{Div} \cdot t} \cdot N(-d_1)$$

$$d_1 = \frac{\ln\frac{P_{Aktie}}{X} + \left(r_{frei} - r_{Div}\right) \cdot t + \sigma^2 \cdot \frac{t}{2}}{\sigma \cdot \sqrt{t}}$$

$$d_2 = \frac{\ln\frac{P_{Aktie}}{X} + \left(r_{frei} - r_{Div}\right) \cdot t - \sigma^2 \cdot \frac{t}{2}}{\sigma \cdot \sqrt{t}}$$

$N(d)$ = kumulativer Normalverteilungswert
$t$ = Restlaufzeit der Option in Jahren
$\sigma^2$ = Varianz von $r_{Aktie}$ (kontinuierlich verzinst)
$r_{frei}$ = kontinuierlich verzinster risikofreier Zins
$r_{Div}$ = kontinuierlich verzinste und annualisierte Dividendenrendite
$X$ = Strikepreis

Dieses Ergebnis wurde von R. Merton 1973 veröffentlicht und daher auch meist als das Merton-Modell bezeichnet. Auch bei ungleichmäßigen Dividendenzahlungen ist der Ansatz anwendbar, dann muss als Dividendenrendite jedoch mit dem durchschnittlichen annualisierten Satz gearbeitet werden.

**Beispiel:**

Der Kurs einer Aktie steht zur Zeit bei 300 €. Die Aktie hat eine Dividendenrendite von 3%, der risikofreie Zins liegt bei 8%. Gesucht wird der Wert eines Calls bei halbjähriger Laufzeit und einer Volatilität von 20%.

$t = 0{,}5$

$\sigma = 20\%$ Standardabweichung von $r_{Aktie}$ (kontinuierlich verzinst)

$r_{frei} = \ln(1+0{,}08) = 0{,}077$

$r_{Div} = \ln(1+0{,}03) = 0{,}0296$

$X = 300$

$$d_1 = \frac{\ln\frac{300}{300} + (0{,}077 - 0{,}0296)\cdot 0{,}5 + 0{,}2^2 \cdot \frac{0{,}5}{2}}{0{,}2\cdot\sqrt{0{,}5}} = 0{,}2383$$

$$d_2 = \frac{\ln\frac{300}{300} + (0{,}077 - 0{,}0296)\cdot 0{,}5 - 0{,}2^2 \cdot \frac{0{,}5}{2}}{0{,}2\cdot\sqrt{0{,}5}} = 0{,}0969$$

$$P_{Call} = 300\cdot e^{-0{,}0296\cdot 0{,}5}\cdot N(0{,}2383) - 300\cdot e^{-0{,}077\cdot 0{,}5}\cdot N(0{,}0969)$$

$$= 295{,}59\cdot 0{,}5942 - 288{,}67\cdot 0{,}5386 = 20{,}16 \text{ Euro}$$

### 5.2.2 Devisenoptionen

Eine Option auf Devisen ist der Option auf eine Aktie mit Dividendenzahlung sehr ähnlich. Da eine **Option** ein Recht auf eine in der **Zukunft** liegende Transaktion ist, handelt es sich also um das Recht, **Termindevisen** zu kaufen oder zu verkaufen. Es gilt daher, die Zinsdifferenz der beteiligten Währungen miteinzubeziehen. Die Abhängigkeit des Wertes der Option von zwei Zinssätzen unterscheidet die Devisenoption vom Black/Scholes-Modell. Unterstellt man auch für die Kassakurse ($E$) von Devisen einen stochastischen Prozess, so kann der ausländische risikofreie Zins ($f$) ähnlich der Dividendenrendite im Merton-Modell (5.2.1) behandelt werden.

Durch Einsetzen von

$E = P_{Aktie}$

$r_{Div} = f$

ergibt sich die Formel für **Devisenoptionen** von **Garman und Kohlhagen**. Wie auch Black/Scholes ist sie nur für europäische Optionen direkt einsetzbar.

$$P_{Call} = E \cdot e^{-f \cdot t} N(d_1) - X \cdot e^{-r \cdot t} \cdot N(d_2)$$

$$P_{Put} = X \cdot e^{-r \cdot t} N(-d_2) - E \cdot e^{-f \cdot t} \cdot N(-d_1)$$

$$d_1 = \frac{\ln \frac{E}{X} + (r - f) \cdot t + \frac{\sigma^2}{2} \cdot t}{\sigma \cdot \sqrt{t}}$$

$$d_2 = d_1 - \sigma \cdot \sqrt{t}$$

$E$ = Kassakurs

$f$ = kontinuierlicher risikofreier ausländischer Zins

$r$ = kontinuierlicher risikofreier inländischer Zins

$\sigma^2$ = annualisierte Varianz der logarithmierten relativen Wechselkursänderungen

**Beispiel:**

Ein Exporteur möchte eine Option zum Kauf von € gegen US$ zum Kurs von 1 US$/€ mit Laufzeit von einem Jahr erwerben. Der deutsche Zinssatz liegt bei 8%, der amerikanische bei 5% (kontinuierliche Verzinsung). Bei einem Kassakurs von 1 US$/€ und einer Volatilität von 12% soll der Preis ermittelt werden.

$$P_{Call} = 1 \cdot e^{-0,08 \cdot 1} \cdot N(-0,19) - 1 \cdot e^{-0,05 \cdot 1} \cdot N(-0,3100)$$
$$= 0,9231 \cdot 0,4247 - 0,9512 \cdot 0,3783 = 0,032$$

$$d_1 = \frac{\ln \frac{1}{1} + (0,05 - 0,08) \cdot 1 + \frac{0,12^2}{2} \cdot 1}{0,12 \cdot \sqrt{1}} = -0,1900$$

$$d_2 = -0,1900 - 0,12 \cdot \sqrt{1} = -0,3100$$

Pro € müssen also 0,032 US$ als Prämie aufgewendet werden.

Eine weitere Möglichkeit zur Berechnung einer Devisenoption ist der direkte Einsatz der Devisenterminkurse ( $E_{Termin}$ ). Bei Arbitrage muss

$$E_{Termin} = E \cdot e^{(r-f) \cdot t}$$

gelten, da sonst risikolose Erträge durch Leihen in einer Währung und Anlegen in einer anderen zu erzielen wären. Unter Ausnutzung dieser Identität vereinfacht sich das Garman/Kohlhagen-Modell zum Black-Modell.

Da

$$\ln\frac{E}{X} + (r-f) \cdot t = \ln\frac{E \cdot e^{(r-f) \cdot t}}{X} = \ln\frac{E_{Termin}}{X}$$

und

$$E \cdot e^{-f \cdot t} = E \cdot e^{-f \cdot t} \cdot e^{r \cdot t} \cdot e^{-r \cdot t} = e^{-r \cdot t} \cdot E \cdot e^{(r-f) \cdot t} = e^{-r \cdot t} \cdot E_{Termin}$$

ergibt sich:

$$P_{Call} = e^{-r \cdot t} \cdot \left[ E_{Termin} \cdot N(d_1) - X \cdot N(d_2) \right]$$

$$P_{Put} = e^{-r \cdot t} \cdot \left[ X \cdot N(-d_2) - E_{Termin} \cdot N(-d_1) \right]$$

$$d_1 = \frac{\ln\frac{E_{Termin}}{X} + \sigma^2 \cdot \frac{t}{2}}{\sigma \cdot \sqrt{t}}$$

$$d_2 = \frac{\ln\frac{E_{Termin}}{X} - \sigma^2 \cdot \frac{t}{2}}{\sigma \cdot \sqrt{t}} = d_1 - \sigma \cdot \sqrt{t}$$

Bei diesem Ansatz wird also mit den entsprechenden Terminkursen zum Zeitpunkt der Optionsfälligkeit gearbeitet.

**Beispiel:**

Die Devisenoption aus dem letzten Beispiel wird mit Hilfe des Black-Modells bewertet.

$$E_{Termin} = 1{,}0000 \cdot e^{(0{,}05-0{,}08) \cdot 1} = 0{,}9704$$

$$P_{Call} = 0{,}9512 \cdot (0{,}9704 \cdot 0{,}4245 - 1{,}0000 \cdot 0{,}3781) = 0{,}032$$

$$d_1 = \frac{\ln \frac{0{,}9704}{1{,}0000} + 0{,}12^2 \cdot \frac{1}{2}}{0{,}12 \cdot \sqrt{1}} = -0{,}1904$$

$$d_2 = -0{,}1904 - 0{,}12 \cdot \sqrt{1} = -0{,}3104$$

Das Ergebnis der Black-Bewertung stimmt also mit der Bewertung nach Garman/Kohlhagen überein.

## 5.2.3 Zinsoptionen

Eine Zinsoption stellt eine Vereinbarung zwischen Käufer und Verkäufer dar, bei der dem Käufer das Recht eingeräumt wird, einen **Zinssatz** oder ein **Finanzinstrument** zu einem **vorher festgelegten Preis** zu einem **bestimmten Zeitpunkt (European style)** oder innerhalb einer bestimmten Zeitperiode (American style) **zu kaufen (Call)** oder **zu verkaufen (Put)**.

Bei der Wahl des Ausübungspreises ist darauf zu achten, dass **Optionen** als **bedingte Termingeschäfte** nicht direkt vom Kassakurs, sondern vom **Terminkurs** des zugrundeliegenden Instrumentes abhängen. Die Finanzierungskosten während der Laufzeit der Option müssen daher den Wert der Option beeinflussen.

Im Zinsbereich kommt folgenden **vier Arten** von Optionsgeschäften die größte Bedeutung zu:

1. Optionen auf den Kauf oder Verkauf von zinsreagiblen **Wertpapieren** (z.B. Bundesanleihen),
2. Optionen auf den späteren Abschluss zinsabhängiger **Derivativgeschäfte** (z.B. Swaps),

3. Caps, also Vereinbarungen einer **Zinsobergrenze** (für variabel verzinste Kredite),
4. Floors, also Abkommen in Bezug auf eine **Mindestverzinsung** (für variabel verzinste Anlagen).

**Typ 1 ähnelt** einer **Standard-Aktienoption**, statt einer Aktie liegt dem Optionsgeschäft jedoch ein festverzinsliches Wertpapier zugrunde.

Beim **Typ 2** erwirbt der Käufer das **Recht**, zu einem bestimmten Zeitpunkt zu festgelegten Konditionen mit dem Verkäufer einen **Swap** abzuschließen, oder eine bestehende Swapvereinbarung ohne den sonst fälligen Barausgleich vorzeitig zu beenden. Diese Art von Geschäft wird auch als **Swaption** bezeichnet.

Bei Typ **1 und 2** handelt es sich also um **Optionen auf Festzinssätze**. Bei Ausübung legt sich der Optionskäufer für die Gesamtlaufzeit des Instruments auf einen Zinssatz fest. Im Unterschied hierzu bieten die **Typen 3 und 4** jeweils Absicherungen für **Teilperioden der Gesamtlaufzeit**. Die Ausübung einer Option in einer Periode ist unabhängig von der Entscheidung in anderen Perioden. Technisch handelt es sich demnach um ein **Bündel** von **europäischen Optionen**, deren Fälligkeiten gleichmäßig über die Gesamtlaufzeit verteilt sind und so **aufeinanderfolgende Perioden** abdecken. Da für diese Instrumente inzwischen ein breiter Markt existiert, sollen sie im Folgenden ausführlich dargestellt werden.

#### 5.2.3.1 Caps

Als Cap wird eine **Zinsobergrenze** bezogen auf einen **Referenzzinssatz** (z.B. 6-Monats-LIBOR) bezeichnet. Übersteigt der Referenzzinssatz an **festgelegten Terminen** (roll over) während der **Laufzeit** die vertraglich festgelegte Grenze (Strikepreis), so erhält der Käufer die Differenz bezogen auf den Nominalbetrag vom Verkäufer vergütet. Im nachstehenden Diagramm ergeben sich für einen Cap mit einem Strike von 6% im Zeitraum von 1986 bis 1992 in den ersten Jahren Zinssätze unterhalb des Strikesatzes, ab 1989 greift dann die Option, und es kommt zu entsprechenden Ausgleichszahlungen an den Käufer des Caps.

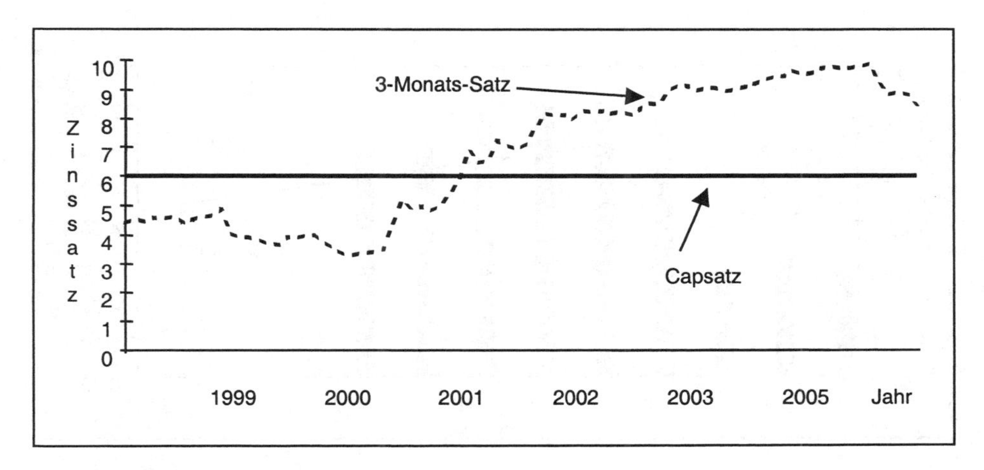


Abbildung 5.23: **6% Cap von 1999 bis 2005**

Dieses Instrument wird in Verbindung mit variablen Finanzierungen regelmäßig eingesetzt. Damit ergibt sich die Möglichkeit, **variable Zinskosten** nur **vorübergehend** in **vorher fixierte feste Zinskosten zu überführen**. Häufig wird eine solche Kombination von variablem Kredit und Cap dem Kunden als Paket angeboten. Bei jedem roll-over-Termin wird der Referenzsatz mit dem Strike des Cap verglichen, und der Kunde zahlt den jeweils niedrigeren Zinssatz. Ein über dem Strike liegender Referenzsatz für den Kredit wird automatisch mit der Ausgleichszahlung aus dem Cap verrechnet. Dafür zahlt der Kunde eine Capprämie entweder als Einmalzahlung oder auch in über die Laufzeit verteilten Raten.

Als Beispiel wird ein **Cap von 8%** gegen **6-Monats-LIBOR** mit der Laufzeit von 5 Jahren herangezogen. Auf der Basis einer inversen Zinsstruktur wird deutlich, dass die einzelnen Caplets (jede einzelne Zinsbegrenzung pro LIBOR-Fixing) stark von der Entwicklung der Forwardsätze geprägt sind. Da die Forwardkurve fällt (vgl. folgende Grafik), werden die einzelnen Capletpreise (Balken) bei längerer Laufzeit teilweise sogar günstiger.

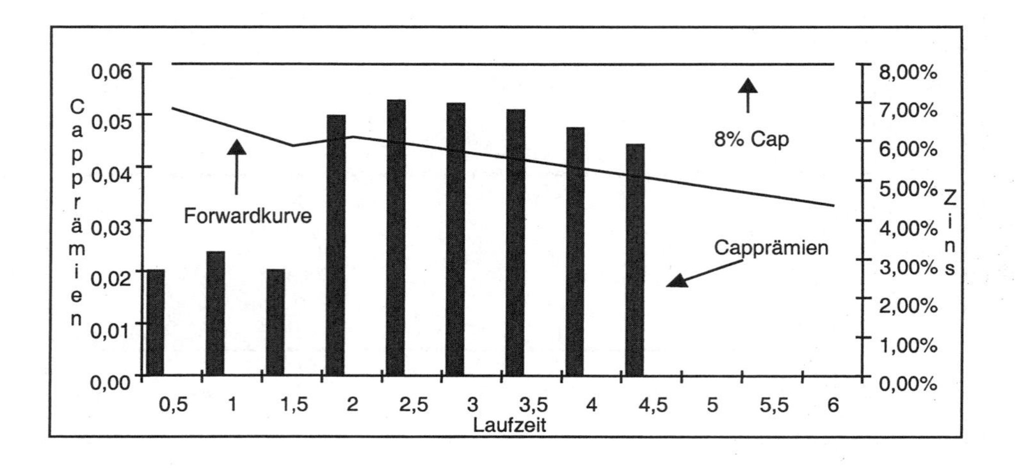


Abbildung 5.24: **8% Cap mit 5 Jahren Laufzeit**

Tabelle 5.4:

**CAP**

Bei einem Capsatz von 8% ergibt sich ein Gesamtpreis von 0,36%. Die Transaktion entspricht dem Kauf von 9 Optionen:

| | |
|---|---|
| Cap für die in 6 Monaten beginnende 6-Monats-Periode: | 0,02% |
| Cap für die in 12 Monaten beginnende 6-Monats-Periode: | 0,02% |
| Cap für die in 18 Monaten beginnende 6-Monats-Periode: | 0,02% |
| Cap für die in 24 Monaten beginnende 6-Monats-Periode: | 0,05% |
| Cap für die in 30 Monaten beginnende 6-Monats-Periode: | 0,05% |
| Cap für die in 36 Monaten beginnende 6-Monats-Periode: | 0,05% |
| Cap für die in 42 Monaten beginnende 6-Monats-Periode: | 0,05% |
| Cap für die in 48 Monaten beginnende 6-Monats-Periode: | 0,05% |
| Cap für die in 60 Monaten beginnende 6-Monats-Periode: | 0,05% |
| Gesamtkosten des Caps: | 0,36% |

Im Regelfall wird der Gesamtpreis notiert, und es ergibt sich eine Prämienzahlung von:

$0{,}36\% \cdot 10 \text{ Mio Euro} = 36\,000 \text{ Euro}$

Da der LIBOR für die erste Periode bekannt ist, ist eine Absicherung nicht sinnvoll und usancegemäß ausgeschlossen.

Wird für das Beispiel folgende Zinsentwicklung (LIBOR-Spalte) unterstellt, so ergeben sich die nachstehenden Zahlungen (das Jahr mit zweimal 183 Tagen gerechnet). Dabei ist zu beachten, dass die LIBOR-Sätze am Anfang der 6-Monats-Periode festgestellt, jedoch erst am Ende gezahlt werden.

Tabelle 5.5:
**AUSGLEICHSZAHLUNGEN BEI EINEM CAP**

| Zeit in Jahren | CAP | LIBOR realisiert | Zinszahlung Kredit | Zahlung wg. CAP | Gesamt |
|---|---|---|---|---|---|
| 0,0 | | 8% | - | – 36 000 (Prämie) | |
| 0,5 | 8,0% | 7% | – 406 667[1] | - | – 406 667 |
| 1,0 | 8,0% | 9% | – 355 833[2] | - | – 355 833 |
| 1,5 | 8,0% | 9% | – 457 500 | + 50 833 | – 406 667[3] |
| 2,0 | 8,0% | 9% | – 457 500 | + 50 833 | – 406 667 |
| 2,5 | 8,0% | 8% | – 457 500 | + 50 833 | – 406 667 |
| 3,0 | 8,0% | 7% | – 406 667 | - | – 406 667 |
| 3,5 | 8,0% | 7% | – 353 333 | - | – 353 333 |
| 4,0 | 8,0% | 7% | – 353 333 | - | – 353 333 |
| 4,5 | 8,0% | 7% | – 353 333 | - | – 353 333 |
| 5,0 | | - | – 353 333 | - | – 353 333 |

Die Ausgleichzahlungen stellen den Kreditnehmer so, dass er eine maximale Zinsbelastung von 8% hat. Dies bezieht sich auf den LIBOR, der am Anfang der Periode festgelegt wurde.

zu 1) $0{,}08 \cdot \frac{183}{360} \cdot 10\,\text{Mio.} = 406\,667$ zu 2) $0{,}07 \cdot \frac{183}{360} \cdot 10\,\text{Mio.} = 355\,833$

zu 3) $-0{,}09 \cdot \frac{183}{360} \cdot 10\,\text{Mio.} = 457\,500$

$+(9\% - 8\%) \cdot \frac{183}{360} \cdot 10\,\text{Mio.} = 50\,833$

$-457\,500 + 50\,833 = 406\,667$

Bei einem **LIBOR von 8%** müssen **406 667 €** gezahlt werden. Fällt der LIBOR unter 8%, vergünstigt sich die Zinsbelastung. Bei einem **LIBOR über 8% greift der Cap**, und über die **Ausgleichszahlung** wird der Emittent so gestellt, dass seine Gesamtbelastung wieder 406 667 € beträgt. Mit Hilfe des Caps konnten also die Zahlungen auf maximal 406 667 € begrenzt werden. Hingegen gab es darüber hinaus die Chance, von Zinssenkungen zu profitieren. Entsprechend eignet sich der Cap hervorragend zur Risikosteuerung bei einer erwarteten Zinssenkung.

### 5.2.3.2 Floors

Der Floor ist das **Gegenstück** zum **Cap** und dient zur Absicherung gegen ein **Absinken variabler Zinsen**. Für eine variabel verzinsliche Anlage kann durch den Erwerb eines Floors eine Zinsuntergrenze vereinbart werden. Es kommt hierbei immer dann zu Ausgleichszahlungen an den Käufer, wenn der **Referenzsatz den Strike** unterschreitet. Unter Berücksichtigung der entgegengesetzten Wirkungsweise der Absicherung gelten die zu Caps gemachten Aussagen umgekehrt. Bei der normalen Zinsstruktur ergibt sich aufgrund der "günstigen" Forwardkurve für einen Floor bei 6% gegen 6-Monats-LIBOR ein Preis von 0,61% auf den Nominalbetrag.

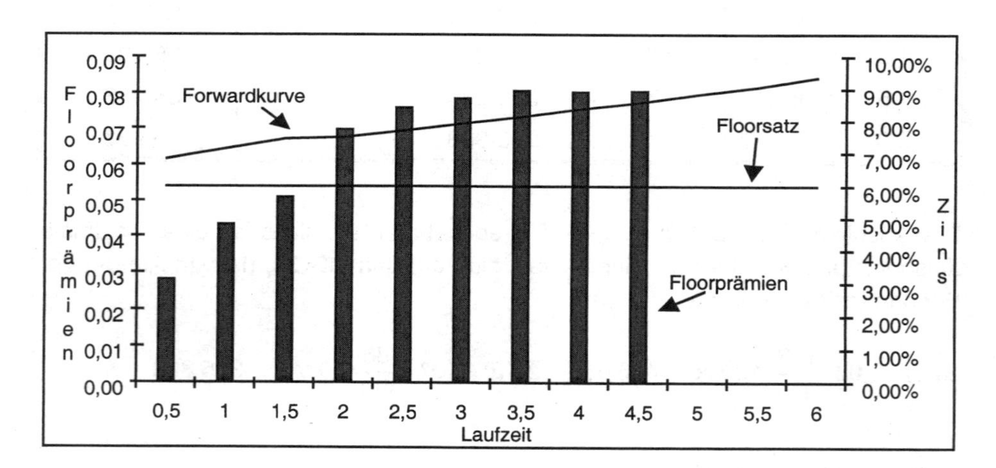


Abbildung 5.25: **6% Floor mit 5 Jahren Laufzeit**

Hieraus resultieren auch einige interessante Kombinationsmöglichkeiten. Der Käufer eines Caps kann seine Prämienzahlung reduzieren, indem er gleichzeitig einen Floor verkauft. Dadurch schränkt er allerdings seine Chance ein, von Zinssenkungen zu profitieren. Treffend wird diese Kombination als **Collar** bezeichnet. Eine weitere mögliche Kombination ist der **Corridor**. Mit diesem Ausdruck wird der gleichzeitige An- und Verkauf von Caps mit unterschiedlichen Strikepreisen bezeichnet. Beim **Participation Cap** wird der Kauf eines Caps mit dem Verkauf eines Floors bei gleichem Strikepreis, aber unterschiedlich hohem Nominalbetrag kombiniert. Um ein eigentliches Optionsgeschäft handelt es sich bei dieser Kombination nur in Bezug auf die Differenz der Nominalbeträge. Ansonsten wird die Absicherung gegen ein Ansteigen der Zinsen über den Capstrike durch die Aufgabe der Chance eines Absinkens erreicht. Der Strike ist damit zum Festsatz geworden. Diese Kombination wäre auch durch einen Swap und einen Cap darstellbar.

Unter dem **Sammelbegriff "Exotische Optionen"** werden laufend neue Konstruktionen angeboten. Stellvertretend soll hier ein **Average-Rate-Cap** vorgestellt werden. Dieses Instrument kann benutzt werden, um eine Finanzierung auf Tagesgeldbasis gegen steigende Zinsen abzusichern. Die Funktionsweise entspricht der eines normalen Caps, nur wird der Durchschnitt einer Reihe von Zinssätzen als Referenzsatz benutzt. Soll der Cap zur Absicherung von Finanzierungen dienen, deren variable Zinssätze zu unterschiedlichen Zeiten festgelegt werden, verringert ein Average-Rate-Cap die Gefahr, dass das Absicherungsergebnis durch "Ausreißerfixings" beeinträchtigt wird. Zudem führt der glättende Charakter der Durchschnittsbildung zu geringeren Volatilitäten und damit im Vergleich zum normalen Cap zu einem geringeren Preis.

#### 5.2.3.3 Swaptions

Eine weitere Möglichkeit, Optionen sinnvoll einzusetzen, ist das **Recht auf einen Swap**, also eine sogenannte Swaption. Im Rahmen des Kapitels 3.2.4 wurde schon besprochen, inwieweit es Möglichkeiten gibt, Finanzierungen in der Zukunft abzusichern. Anstelle des Forwardswaps kann auch eine Swaption abgeschlossen werden. Damit kann die Chance auf eine noch positivere Entwicklung offengehalten werden, andererseits ist der Käufer gegen unvorteilhafte Entwicklungen geschützt. Wählt man als Strikepreis den Forwardsatz von 5,3%, ergibt sich hier eine Optionsprämie von 1% für eine **Payerswaption**. Damit erhält der Käufer das Recht, sich in zwei Jahren **einmalig** zu **entscheiden**, ob der Swap einer **Zahlung von 5,3%** gegen **LIBOR** eingegangen werden soll. Liegt der Marktsatz in zwei Jahren über 5,3%, wird die Option ausgeübt und ein variabler Kredit aufgenommen. Im Vergleich zu einer Forwardstrategie haben sich die Kosten um den Optionspreis erhöht.

In zwei Jahren kann ein Kredit auf variabler Basis aufgenommen werden. Somit ist der Festsatz von 5,3% gesichert:

| Tabelle 5.6: **AUSÜBUNG DER SWAPTION** (Marktsatz über 5,3% zum Zeitpunkt 2) | | | | | | | | |
|---|---|---|---|---|---|---|---|---|
| **Zeit** | **0** | **0,5 - 2** | **2,5** | **3** | **3,5** | **4** | **4,5** | **5** |
| **Kredit var.** | - | - | – LI | – LI | – LI | – LI | – LI | – LI |
| **Swap fest.** | – 1,0 | - | - | – 5,3 | - | – 5,3 | - | – 5,3 |
| **Swap var.** | - | - | + LI | + LI | + LI | + LI | + LI | + LI |
| **Gesamt** | – 1,0 | - | 0 | – 5,3 | 0 | – 5,3 | 0 | – 5,3 |

Der Vorteil einer Option ist jedoch, in Zukunft eventuell auftretende, noch günstigere Möglichkeiten auszunutzen. Liegt der 3-Jahres-Kredit bei 4,8%, wird die Swaption nicht ausgeübt und statt dessen ein entsprechender Festsatzkredit abgeschlossen:

| Tabelle 5.7: **VERFALL DER SWAPTION** (Marktsatz mit 4,8% unter 5,3% zum Zeitpunkt 2) | | | | | | | | |
|---|---|---|---|---|---|---|---|---|
| **Zeit** | **0** | **0,5 - 2** | **2,5** | **3** | **3,5** | **4** | **4,5** | **5** |
| **Kredit fest.** | | - | - | – 4,8 | - | – 4,8 | - | – 4,8 |
| **Swap fest.** | – 1,0 | - | - | - | - | - | - | - |
| **Swap var.** | - | - | - | - | - | - | - | - |
| **Gesamt** | – 1,0 | - | - | – 4,8 | 0 | – 4,8 | 0 | – 4,8 |

Die Swaption eignet sich also ausgezeichnet, um Finanzierungen in der Zukunft mit einem Maximalsatz zu sichern.

### 5.2.4 Bewertung von Zinsoptionen

Ein Problem bei der **stochastischen Beschreibung** von **Zinssätzen** besteht in der **Abhängigkeit** von Zinssätzen **untereinander,** da sich die Zinskurve aus Zerobonds (Spot Rates) ableitet (vgl. 2.4). Im Zeitablauf kann sich sowohl der einzelne **Zinssatz** als auch die **Zinsstruktur** ändern. Jede Änderung eines Zinssatzes hat also einen Einfluss auf andere Größen, die Preise der meisten Zinsderivate werden somit von mehr als einer stochastischen Variablen beeinflusst. Beispielsweise hängt eine European Style Option mit dreimonatiger Laufzeit auf einen 6-Monatssatz sowohl vom 3-Monats-Spotsatz als auch vom 6-Monats-Forwardsatz ab.

Bei der Analyse von Währungs- und Aktienoptionen wurde der Refinanzierungssatz für die Laufzeit der Option als konstant angenommen. Der daraus resultierende Fehler konnte vernachlässigt werden, da im Wesentlichen Kursschwankungen von Aktien und Devisen analysiert werden sollten. Es ist jedoch wenig sinnvoll anzunehmen, dass der 9-Monats-LIBOR eine stochastische Variable sei, der 3-Monats-Refinanzierungssatz hingegen im Zeitablauf konstant ist.

Darüber hinaus ergibt die **Zinsanalyse keinen stochastischen Prozess** in dem **Sinne**, dass wie bei Aktienoptionen die Verteilungsfunktion mit einer logarithmischen **Normalverteilung** relativ gut angenähert werden könnte. Zinsen scheinen **eher** einem **"Mean-Reverting-Process"** zu folgen. Das bedeutet, dass bei Zinssätzen, die relativ weit von einem langfristigen Durchschnittssatz entfernt liegen, eine Bewegung zu diesem Satz hin wahrscheinlicher ist als eine weitere Entfernung. Die Wahrscheinlichkeit von Zinsänderungen ist also abhängig vom herrschenden Zinsniveau und der Zinsstruktur.

Ein weiteres Problem bei der Bewertung von Zinsoptionen liegt in der **begrenzten Lebensdauer von Zinsinstrumenten**. Während bei Aktien und Devisen die Annahme einer konstanten Volatilität während der Laufzeit der Option nicht zwangsläufig falsch ist, muss die Volatilität eines Anleihepreises im Zeitablauf fallen, da die Zahlung am Fälligkeitstag bekannt ist. Am Ende der Anleihenlaufzeit muss die Volatilität des Anleihepreises Null betragen. Dieses Problem verschärft sich, je länger die Laufzeit der Option bzw. je kürzer die Restlaufzeit der Anleihe ist.

Die Probleme der Nichtkonstanz der Volatilität von Kasseanleihepreisen im Zeitablauf sowie die Nichtberücksichtigung von stochastischen Refinanzierungssätzen im Black/Scholes-Modell hat in der Praxis zu einer **Bevorzugung des Black-Modells** zur Berechnung von Zinsoptionen geführt. Das Black-Modell betrachtet den **Terminkurs** des zugrundeliegenden Instruments per Optionsfälligkeit als **stochastische Variable.** Da dieser Terminsatz sowohl auf Renditeveränderungen des Basisinstruments als auch auf veränderte Finanzierungskosten reagiert, ist die kritisierte Annahme im Black/Scholes-Modell nicht mehr so schwerwiegend. Der Black-Ansatz geht von während der Optionslaufzeit **konstanten Volatilitäten der Terminkurse** aus, was wegen der konstanten Länge der Forwardperiode wesentlich unproblematischer als die Annahme konstanter Kassapreisvolatilitäten trotz abnehmender Restlaufzeit des Basisinstruments ist. Entsprechend gilt für eine Option auf den Kurs eines festverzinslichen Papiers unter Ausnutzung der Black-Formel:

Mit

$$E_{Termin} = P_{Anleihe\_Termin}$$

ergibt sich

$$P_{Call} = e^{-r \cdot t} \cdot \left[ P_{Anleihe\_Termin} \cdot N(d_1) - X \cdot N(d_2) \right]$$

$$P_{Put} = e^{-r \cdot t} \cdot \left[ X \cdot N(-d_2) - P_{Anleihe\_Termin} \cdot N(-d_1) \right]$$

$$d_1 = \frac{\ln \frac{P_{Anleihe\_Termin}}{X} + \sigma_f^2 \frac{t}{2}}{\sigma_f \cdot \sqrt{t}}$$

$$d_2 = \frac{\ln \frac{P_{Anleihe\_Termin}}{X} - \sigma_f^2 \frac{t}{2}}{\sigma_f \cdot \sqrt{t}}$$

$P_{Anleihe\_Termin}$ = Terminkurs der Anleihe
$\sigma_f^2$ = Varianz der Terminkurse
$r$ = kontinuierlicher risikofreier Zins, bezogen auf die Optionsfrist (Zerobond)
$X$ = Strikepreis

**Beispiel:**

Eine Anleihe wird auf Termin in einem Jahr zum Kurs 100 gehandelt. Es soll der Wert eines Puts zum Strike von 100 für diese Laufzeit ermittelt werden. Der risikofreie Zins liegt bei 8% und die Volatilität bei 12%.

$$r_{frei} = \ln(1{,}08) = 0{,}077$$

$$P_{Put} = e^{-0{,}077 \cdot 1} \cdot [100 \cdot N(0{,}0600) - 100 \cdot N(-0{,}0600)] = 4{,}43$$

$$d_1 = \frac{\ln\frac{100}{100} + 0{,}12^2\frac{1}{2}}{0{,}12 \cdot \sqrt{1}} = 0{,}0600$$

$$d_2 = 0{,}0600 - 0{,}12 \cdot \sqrt{1}$$

Ein **Cap** kann aus einer **Serie von Optionen** abgeleitet werden. Dabei muss zuerst die nominale Höhe der Option ($Z^*$) bestimmt werden. Dies hängt von der Häufigkeit der Anpassungstermine pro Jahr ab. Da die Zinsen sich immer nur auf die entsprechende Periode beziehen, verringert sich die mögliche Zinszahlung des Capverkäufers auf den anteiligen Betrag pro Jahr.

$$Z^* = \textit{Nominalbetrag des Caps} \cdot \frac{\textit{Tage pro Capperiode im Jahr}}{360}$$

Bei einem Cap wird die Ausgleichszahlung am Ende einer Periode erfolgen. Da das LIBOR-Fixing und damit die eigentliche Optionsfrist genau um eine Capperiode vor dem Auszahlungszeitpunkt liegt, muss der Nominalbetrag für die Option ($Z$) entsprechend diskontiert werden.

$$Z = \frac{\textit{Nominalbetrag des Caps} \cdot \frac{\textit{Tage pro Capperiode im Jahr}}{360}}{1 + r_{forward} \cdot \frac{\textit{Tage pro Capperiode im Jahr}}{360}}$$

Jetzt kann die **prozentuale Prämie** ermittelt werden. Im Allgmeinen wird dazu ein **Call** auf den entsprechenden **Zinssatz** benutzt. Dies unterscheidet sich nur insoweit vom Black-Modell, dass die Forward Rate ($r_{forward}$) als Satz und der Capsatz ($r_{Cap\ Strike}$) als Strike benutzt wird.

$$P_{Cap\ in\,\%} = e^{-r \cdot t} \cdot \left[ r_{forward} \cdot N(d_1) - r_{Cap\_Strike} \cdot N(d_2) \right]$$

$$P_{Floor\ in\,\%} = e^{-r \cdot t} \cdot \left[ r_{Floor\_Strike} \cdot N(-d_2) - r_{forward} \cdot N(-d_1) \right]$$

$$d_1 = \frac{\ln \frac{r_{forward}}{r_{Strike}} + \sigma_f^2 \frac{t}{2}}{\sigma_f \cdot \sqrt{t}}$$

$$d_2 = \frac{\ln \frac{r_{forward}}{r_{Strike}} - \sigma_f^2 \frac{t}{2}}{\sigma_f \cdot \sqrt{t}} = d_1 - \sigma_f \cdot \sqrt{t}$$

**Beispiel:**

Kauf eines Caps über 10 000 € mit einer Optionsfrist von einem Jahr. Der Capsatz liegt bei 8% mit 6-Monats-LIBOR als Referenzsatz. Die Forward Rate liegt bei 7% und der 1-Jahressatz bei 6% (risikofrei, kontinuierlich verzinst) mit einer Volatilität der Forwards von 20%.

$$Z = \frac{0{,}5 \cdot 10000}{1 + 0{,}07 \cdot 0{,}5} = 4830{,}92$$

$$d_1 = \frac{\ln \frac{0{,}07}{0{,}08} + 0{,}2^2 \cdot \frac{1}{2}}{0{,}2 \cdot \sqrt{1}} = -0{,}5677 \qquad d_2 = -0{,}5677 - 0{,}2 \cdot \sqrt{1} = -0{,}7677$$

$$P_{Cap} = 4830{,}92 \cdot e^{-0{,}06 \cdot 1} [0{,}07 \cdot N(-0{,}5677) - 0{,}08 \cdot N(-0{,}7677)]$$

$$= \underbrace{4830{,}92 \cdot e^{-0{,}06}}_{4549{,}59} \cdot \left[ \underbrace{0{,}07 \cdot 0{,}2851 - 0{,}08 \cdot 0{,}2213}_{0{,}002253} \right] = 10{,}25\ Euro$$

## 5.2.5 Beispielanalyse asymmetrischer Risiken

Häufig werden Anleihen mit Kündigungsrechten für den Emittenten begeben. Dies entspricht mathematisch der Möglichkeit, eine Festsatzanleihe in eine variable Anleihe zu tauschen. Der Kerngedanke für die Bewertung liegt darin, dass es egal ist, ob eine Anleihe zu 100 zurückgezahlt wird oder ob sie einen Marktpreis von 100 hat. Betrachten wir eine fünfjährige Anleihe mit einem Kupon von 10% bei horizontaler Zinsstruktur und einer Laufzeit von fünf Jahren. Jedoch gibt es einen Call (Kündigungsrecht des Emittenten) nach drei Jahren zu Pari. Dies entspricht vom Risiko her dem Kauf einer Anleihe und dem Verkauf einer Receiverswaption in 3 für 2, also dem Recht des Käufers der Option, in drei Jahren in einen zweijährigen Swap mit einem Kupon von 10% einzutreten. Betrachten wir dies einmal grafisch.

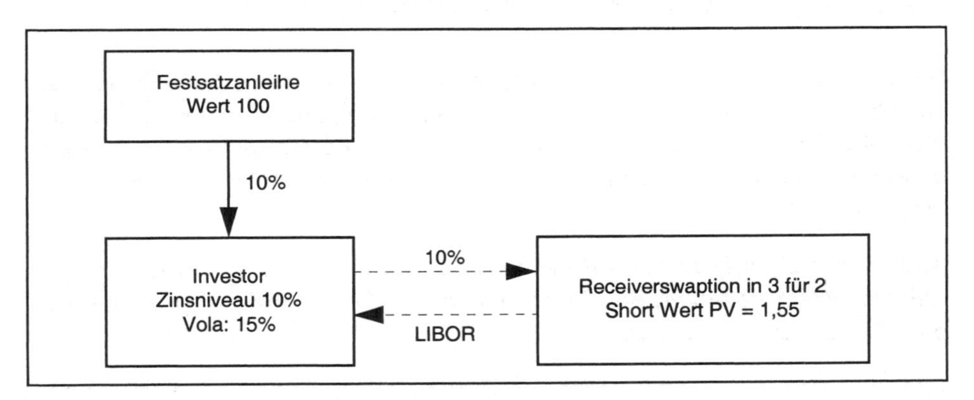


Abbildung 5.26: **Synthetische Anleihe mit Kündigungsrecht**

Der Investor kann diese Anleihe also zu einem Preis von $100 - 1{,}55 = 98{,}45$ kaufen. Bei einer Zinssenkung (z.B. auf 9%, Parallelverschiebung) wird einerseits die Festsatzanleihe wertvoller, jedoch steigt nun auch die Chance, dass der Emittent die Anleihe kündigt, d.h. die Swaption ausübt. Dies drückt sich in einer Wertsteigerung der Option aus.

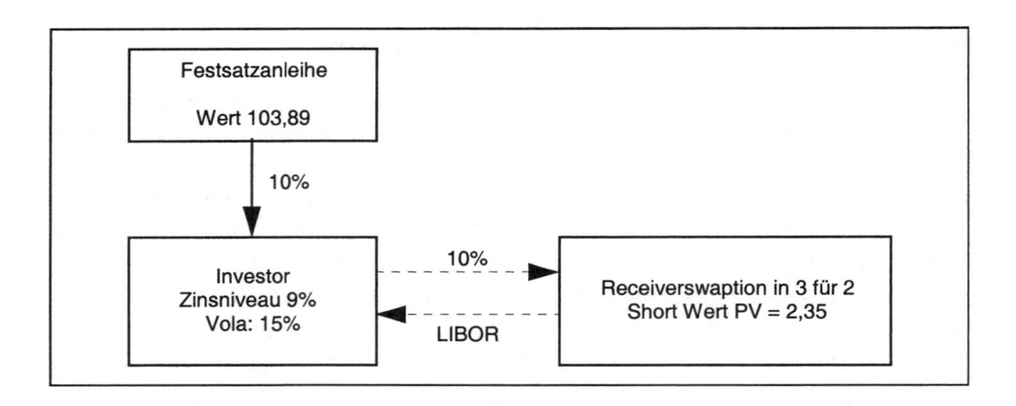


Abbildung 5.27: **Synthetische Anleihe mit Kündigungsrecht bei Zinssenkung**

Die Wertsteigerung der Anleihe auf 103,99 wird zum Teil durch die Verluste in der Swaption, deren Wert nun auf 2,35 geklettert ist, kompensiert. Insgesamt reagiert diese Anleihe deutlich langsamer als eine ähnliche Festsatzanleihe ohne Kündigungsrecht bei einer Zinssenkung. Der Gesamtwert der Anleihe mit Kündigung beträgt also 101,64.

Jedoch entstehen auch neue Risiken. Wenn die Volatilität der Zinsen zunimmt, wird die Option wertvoller. Bei einer Veränderung der Volatilität von 15% auf 20% ohne Zinsänderung ergibt sich:

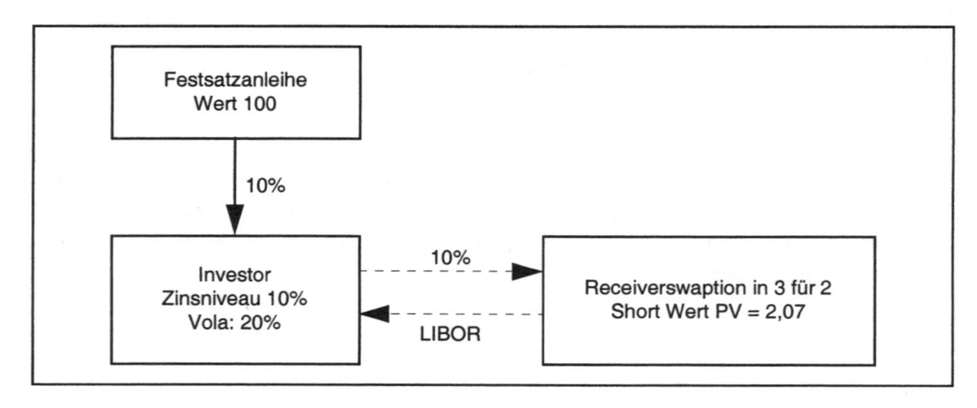


Abbildung 5.28: **Synthetische Anleihe mit Kündigungsrecht bei Volaerhöhung**

Obwohl die Zinsen unverändert geblieben sind, erleidet der Investor einen Verlust auf Grund der erwarteten zukünftigen stärkeren Schwankung der Märkte (d.h.

Steigerung der Volatilität), so dass der Gesamtwert nur noch 97,93 beträgt. Alle strukturierten Produkte mit Wahlkomponenten haben folglich ein **Volatilitätsänderungsrisiko**.

Eine besonders komplexe Konstruktion ist ein Collared Floater. Hier handelt es sich um eine variabel verzinste Anleihe bei gleichzeitigem Kauf eines Floors und Verkauf eines Caps. Die Wertänderungen zu analysieren ist ausgesprochen schwierig. Betrachten wir bei horizontaler Kurve einen Collared Floater mit einer Obergrenze von 11% und einer Untergrenze von 8,60%.

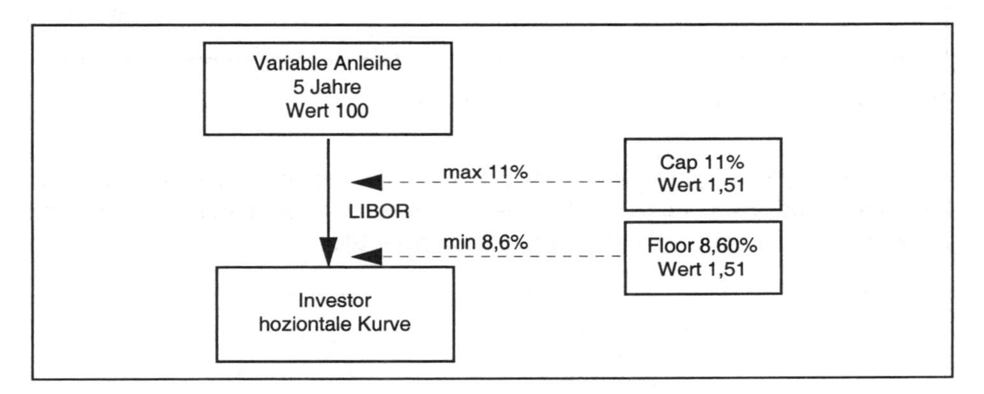


Abbildung 5.29: **Synthetischer Collared Floater bei horizontaler Zinsstruktur**

Der Wert des Caps (short) und der Wert des Floors (long) heben sich auf, so dass die gesamte Struktur in der Entstehung 100 kostet. Sie verhält sich jedoch völlig anders als ein normaler Floater. So hat ein leichtes Drehen der Zinsstrukturkurve (vgl. Abb. 5.30) von horizontal auf normal einen entscheidenden Einfluss. Obwohl sich die kurzfristigen Zinsen nicht verändert haben, sind die Forwardsätze stark angestiegen.

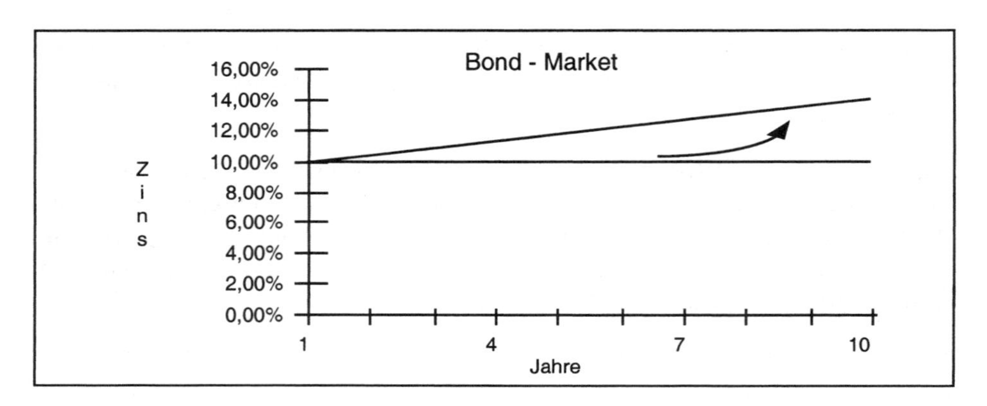


Abbildung 5.30: **Drehung zu einer normalen Zinsstruktur**

Da die Zinsbegrenzungsabkommen sich an den Forwardsätzen orientieren, ist der Cap auf Grund der hohen Forwards deutlich wertvoller geworden, während der Floor an Wert verloren hat. Es ergibt sich folgendes Bild:

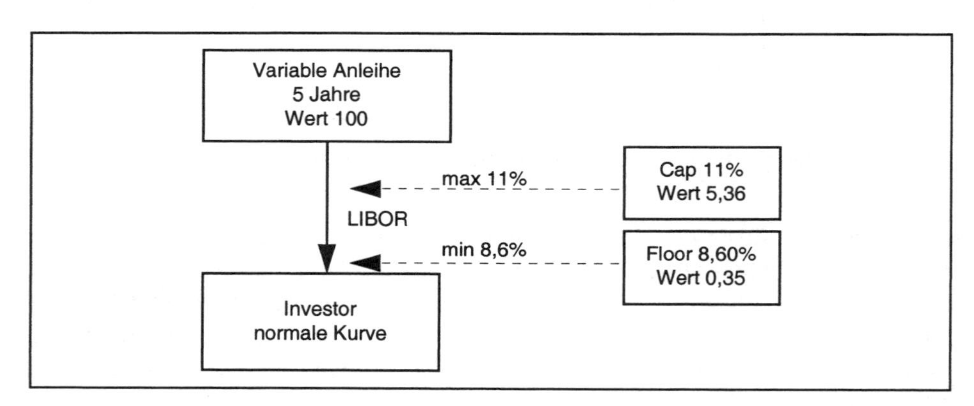


Abbildung 5.31: **Synthetischer Collared Floater bei normaler Zinsstruktur**

Die Gesamtkonstruktion ist nun 100 – 5,36 (Cap short) + 0,35 (Floor long) = 94,99 wert. Diese **Drehungsrisiken** auf Grund der verstärkenden Wirkung der Forwards spielen bei Strukturen mit Optionen also eine entscheidende Rolle. Sie können mit der Duration nicht beschrieben werden, so dass meist nur eine Sensitivitätsanalyse auf verschiedene Drehungen der Zinsstruktur einen Eindruck von dem Risikogehalt der Position vermittelt.

## 5.2.6 Schätzung der Volatilität

Die meisten Variablen, die den Optionspreis beeinflussen, sind relativ leicht zu ermitteln, bzw. die Fehler bei einer Schätzung führen nicht zu besonders gravierenden Veränderungen des Preises. Die einzige problematische Inputgröße ist letztlich die Standardabweichung. Um eine **Option** richtig zu bewerten, müsste die **Varianz** des entsprechenden **Underlying während der Optionsperiode** bekannt sein. Da dies unmöglich ist, bildet die **erwartete Standardabweichung für den Zeitraum** letztlich den **eigentlichen Preis der Option**, so dass auf einigen Märkten diese direkt gehandelt wird.

Einerseits kann durch **Auflösung der Optionsformel nach der Volatilität unter Ausnutzung des Preises** gehandelter Optionen eine Analyse der Markteinschätzung vorgenommen werden. Dazu können besonders gut Optionen auf Futurekontrakte benutzt werden, da dort schnell aktuelle Informationen zu bekommen sind. Die so ermittelte **implizite Volatilität** kann dann für die Bestimmung ähnlicher Optionen benutzt werden.

Andererseits versucht ein weiterer Ansatz, über die Ermittlung von **historischen Varianzen** auf die zukünftige Volatilität zu schließen. Drückt man den zukünftigen Kurs mit Hilfe einer kontinuierlichen Verzinsung aus, gilt generell:

$$P_i = P_{i-1} \cdot e^{u_i}$$

$u_i$: implizite kontinuierliche Rendite pro Periode

i : Zeitindex i

$P_i$: Preis des Underlying in Periode i

Daraus ergibt sich sofort:

$$u_i = \ln \frac{P_i}{P_{i-1}}$$

Den Ansätzen der **Black/Scholes**-Gruppe liegt in der Regel die Annahme zugrunde, dass die **Preise** einem **Zufallsprozess** folgen. Dabei sind die **prozentualen Preisänderungen normal verteilt**, daraus ergibt sich, dass die **Preisänderungen, in Geld ausgedrückt, logarithmisch normal verteilt** sind. Diese Annahme ist auch sehr sinnvoll, da dann eine kontinuierliche, erwartete Preissteigerung (Drift), wie sie bei Aktien sehr wahrscheinlich ist, leicht in die

Analyse integriert werden kann. Die **erwartete Rendite** und deren **Varianz** können durchaus **konstant** sein, während dies für absolute Preisänderungen eher unwahrscheinlich ist. Dies würde bedeuten, dass eine Standardabweichung von 10 € bei einem Aktienpreis von 100 € unverändert bleibt, selbst wenn durch den Drift die Aktie inzwischen 200 € kostet. Daher wird im Allgmeinen immer von einer Normalverteilung der Renditen ausgegangen. Dies hat den weiteren Vorteil, dass dann auch theoretisch **negative Preise nicht möglich** sind.

Mit Hilfe der Schätztheorie kann dann aus den $u_i$ die erwartete Varianz berechnet werden.

$$\sigma^2_{Periode\ geschätzt} = \frac{1}{n-1} \cdot \sum_{i=1}^{n} \left(u_i - u_{Mittelwert}\right)^2$$

$$u_{Mittelwert} = \frac{1}{n} \cdot \sum_{i=1}^{n} u_i$$

Für die Optionspreisberechnung sind jedoch **annualisierte Daten** notwendig. Es muss also die **geschätzte Varianz** je nach Art der genutzten Daten **umgerechnet** werden. Dies geschieht mit Hilfe der Formel:

$$\sigma_{annualisiert\ geschätzt} = \frac{\sigma_{Periode\ geschätzt}}{\sqrt{\dfrac{1}{Anzahl\ der\ möglichen\ Beobachtungen\ im\ Jahr}}}$$

Bei einer Analyse von **Wochendaten** gibt es entsprechend **52 mögliche Beobachtungen** im Jahr, bei Monatsdaten nur 12. Komplizierter ist die Betrachtung von täglichen Kursänderungen. In der Praxis wird meist mit Schlusskursen von **Handelstagen** und nicht mit Kalendertagen gearbeitet, da sich gezeigt hat, dass die Volatilität an Arbeitstagen der Börsen größer ist. Somit wird entsprechend mit ca. 250 Tagen annualisiert.

Beim Schätzen der Standardabweichung **verringert** eine **höhere Zahl** der **Daten** ($n$ steigt) zwar den **Schätzfehler**, auf der anderen Seite werden die Ergebnisse aber auch immer stärker von **"alten" Zahlen** beeinflusst. In der Praxis werden für kurz laufende Optionen oft die letzten 90 bis 180 Handelstage genutzt.

**Beispiel:**

Aus den Schlusskursen einer elfwöchigen Periode soll die Volatilität geschätzt werden (dieses Verfahren ist in der Realität nicht zu empfehlen und dient nur der Veranschaulichung).

Tabelle 5.8:

**HISTORISCHE VOLATILITÄTSBESTIMMUNG**

| Woche | Kurs ($P$) | $u_i = \frac{P_i}{P_{i-1}}$ | $u_i - u_{Mittelwert}$ | $(u_i - u_{Mittelwert})^2$ |
|---|---|---|---|---|
| 0 | 100 | | | |
| 1 | 98 | –0,02020271 | –0,02696857 | 0,00072730 |
| 2 | 102 | 0,04000533 | 0,03323947 | 0,00110486 |
| 3 | 99 | –0,02985296 | –0,03661883 | 0,00134094 |
| 4 | 100 | 0,01005034 | 0,00328447 | 0,00001079 |
| 5 | 101 | 0,00995033 | 0,00318447 | 0,00001014 |
| 6 | 103 | 0,01960847 | 0,01284261 | 0,00016493 |
| 7 | 101 | –0,01960847 | –0,02637434 | 0,00069561 |
| 8 | 103 | 0,01960847 | 0,01284261 | 0,00016493 |
| 9 | 105 | 0,01923136 | 0,01246550 | 0,00015539 |
| 10 | 107 | 0,01886848 | 0,01210262 | 0,00014647 |
| | Summe = | 0,06765865 | 0,00000000 | 0,00452137 |
| | $u_{Mittelwert} =$ | 0,00676586 | $\sigma^2_{Periode\ geschätzt}$ | 0,00050237 |

$$\sigma^2_{Periode\ geschätzt} = \frac{1}{10-1} \cdot 0{,}00452137 = 0{,}00050237$$

$$\sigma_{Periode\ geschätzt} = \sqrt{0{,}00050237} = 0{,}0224136$$

$$\sigma_{annualisiert\ geschätzt} = 0{,}0224136 \cdot \sqrt{52} = 0{,}161626 \approx 16{,}2\%$$

Mit Hilfe der historischen Volatilitäten kann dann versucht werden, auf die Zukunft zu schließen.

Im Regelfalle werden jedoch implizite Volatilitäten bei der Bewertung benutzt, da dies meist am besten die Prognose für die zukünftige Schwankung des Underlying widerspiegelt. Allerdings werden diese am Geld bestimmt. Für Preise, die nicht am Geld sind, werden am Markt oft Auf-, (manchmal) auch Abschläge verlangt. Dies kann am besten durch die unzureichende Erklärung der Kursschwankungen mit der Normalverteilung erklärt werden. Die wirkliche Verteilung ist meist schief und hat fat tales, d.h., starke Kursbewegungen kommen öfter als prognostiziert vor. Entsprechend wird das Unterbewerten der Option durch die Black/Scholes-Formel mit Hilfe einer Erhöhung der benutzten Volatilitäten kompensiert. Da dies oft wie das Lächeln eines Smileys aussah, wird dieser Effekt auch als Volatilitäten-Smile bezeichnet. Auch ändert sich die Volatilität mit der Laufzeit der Option, so dass sich dann ein Volatilitäten-Surface ergibt.

Dieser Teil beschließt die Anwendungsbeispiele zur Optionspreistheorie. Es gibt noch eine Vielzahl weiterer interessanter Möglichkeiten, z.B. Warrants und Optionsanleihen, doch sind die grundsätzlichen Ansätze relativ ähnlich den hier vorgestellten Grundmodellen.

*Literatur: Sauter (1996), Tompkins (1994), Smithson (1991), Hull (1989)*

# 6.

# Hedging von festverzinslichen Positionen

# 6 Hedging von festverzinslichen Positionen

Ein gutes Beispiel für die Analysemethoden des finanzmathematischen Teils bieten auch alle Formen der Termingeschäfte auf festverzinsliche Werte. Bei einem Termingeschäft wird zwischen den Parteien festgelegt,

- eine **bestimmte Menge**,
- zu einem im Vertrag **festgelegten Preis**,
- zu einem **späteren Zeitpunkt**
- **abzunehmen** oder zu **liefern**.

Es wird also schon heute der Preis festgelegt, obwohl die Erfüllung erst zu einem späteren Zeitpunkt in der Zukunft stattfindet. Ein **Terminkontrakt** ist ein **Vertrag**, der bei **Erfüllung** oder bei einer von allen Vertragsparteien akzeptierten Auflösung **untergeht**. Dabei sind die **Vertragspartner gebunden**, sie haben keine Wahlrechte wie bei einer Option. Im Folgenden wird am **Beispiel des Bund-Futures** der EUREX (ähnlich der Kontrakte an der LIFFE) die grundsätzliche Wirkungsweise von Future-Kontrakten gezeigt und dabei kurz auf die Unterschiede eines frei ausgehandelten Termingeschäfts (OTC, d.h. over the counter) hingewiesen. Zum Abschluss wird zuerst der Hedge mit einem Future und dann zum Vergleich der Hedge mit einem Zinsswap analysiert.

## 6.1 Funktionsweise eines Bund-Futures

Ein Future ist allgemein ein börsengehandelter standardisierter Finanzkontrakt. Der Bund-Future bezieht sich auf eine fiktive Bundesanleihe mit 10-jähriger Restlaufzeit und einem Kupon von 6%. Eine Handelseinheit (1 Future-Kontrakt) entspricht nominal 100 000 € dieser Bundesanleihe. Es werden immer drei Fälligkeitstermine gleichzeitig gehandelt, und zwar findet die Erfüllung immer am 10. Kalendertag des Liefermonats statt, mit März, Juni, September und Dezember als möglichen Erfüllungsmonaten. Die Notierung geschieht in Prozent pro 100 € nominal, so dass die kleinstmögliche Kursänderung von 0,01 (ein Tick)

$$\frac{100\,000}{100} \cdot 0{,}01 = 10$$

entspricht. Im Gegensatz dazu sind **OTC**-Kontrakte in ihrer Ausstattung völlig frei und bieten die Möglichkeit, sie exakt auf die **individuellen Bedürfnisse** zuzuschneiden. Der Vorteil des **Futures** liegt jedoch in der **hohen Liquidität,** da die standardisierten Kontrakte an einer **Börse zentral gehandelt** werden. Durch die Standardisierung ist es auch deutlich **einfacher, Terminkontrakte vorzeitig zu beenden**. Dies bedeutet beim Future, dass der Kauf eines Kontraktes jederzeit durch den Verkauf eines Kontraktes glattgestellt werden kann.

Beim börsengehandelten Future werden in der Regel ständig Geld- und Briefkurse gestellt, die meist nur einen Tick auseinanderliegen. So ist es in diesem Markt meist möglich, auch große Volumina ohne deutliche Preisbewegungen zu handeln.

Ein großes Problem bei Termingeschäften ist die **Bonität der Vertragsparteien**. Kann eine Partei zum Liefertermin die Leistung nicht erbringen, muss die andere Vertragspartei zwar den Vertrag nicht erfüllen, jedoch können durch Preisbewegungen erhebliche Verluste entstanden sein. Da bei einem **OTC-Geschäft** der **Geldfluss** und die **Lieferung** erst am **Ende der Laufzeit** stattfinden, entsteht hier ein relativ **hohes Adressenrisiko**. Um diese Probleme zu vermeiden, wird im **Future-Markt** eine **Clearingstelle** zwischen die Kontraktparteien geschaltet. Die Bonität dieser Stelle wird durch deren Mitglieder, Kreditinstitute, die höchsten Bonitätsansprüchen genügen, gewährleistet. Future-Geschäfte können nur von Clearing-Mitgliedern abgeschlossen werden, so dass ein Kunde in der Regel nur über eine Bank am Futurehandel teilnehmen kann. Die **Minimierung** des **Ausfallrisikos** wird aber vor allem durch die zu leistenden **Margen** (Einschuss, Sicherheitsleistung) gewährleistet. Wird ein **Future-Kontrakt** eingegangen, muss sofort der entsprechende **Einschuss** (zum Beispiel 5 000 € pro Kontrakt) **hinterlegt** werden. Die **Kontrakte werden täglich bewertet** und eventuelle Gewinne oder **Verluste** müssen **sofort ausgeglichen** werden. Der tägliche Abrechnungskurs wird aus dem Durchschnitt der Preise der letzten Handelsminute errechnet. Liegen weniger als fünf Abschlüsse vor, wird der Durchschnitt der letzten fünf Abschlüsse als Abrechnungskurs benutzt. Ein weiterer Vorteil der Clearingstelle ist, dass **Future-Kontrakte nicht mit einem bestimmten Partner glattgestellt** werden müssen, sondern jeder Kauf und Verkauf sich **automatisch** auf das **Clearinghaus** bezieht.

**Beispiel:**

Der **Futurekurs** entspricht **exakt** der **10-jährigen Anleihe mit 6% Kupon**. Beim Zinsniveau von 8% wird ein Future-Kontrakt **verkauft** und **4 Tage gehalten**. Am letzten Tag wird die Position durch Kauf eines Kontraktes glattgestellt.

Tabelle 6.1:
ENTWICKLUNG EINER FUTUREPOSITION

| | Tag 1 | Tag 2 | Tag 3 | Tag 4 | Gesamt |
|---|---|---|---|---|---|
| **Futureposition** | –1 Kontrakt | –1 Kontrakt | –1 Kontrakt | 0 Kontrakt | |
| **Zinsniveau** | 8% | 8,50% | 7,50% | 7,50% | |
| **Futurekurs** | 86,58 | 83,6 | 89,7 | 89,7 | |
| **Kursveränderung** | - | –2,98 | 6,1 | 0 | |
| **Wertveränderung der Position** | - | +2 980 € | –6 100 € | 0 € | |
| **Marginkonto** | 5 000 € | 5 000 € | 5 000 € | 0 € | |
| **Einschüsse** | 5 000 € | - | 6 100 € | 0 € | 11 100 € |
| **Abzüge** | - | 2 980 € | - | 5 000 € | 7 980 € |

Aus der Futuretransaktion ist also ein Verlust von 3 120 € entstanden.

Da in der Regel keine Anleihe existiert, die genau der theoretischen (Notional Bond) entspricht, dürfen alle Bundesanleihen und Anleihen des Fonds der Deutschen Einheit geliefert werden, die am Erfüllungstag eine Restlaufzeit von 8,5 bis 10,5 Jahren haben. Auf diese Art wird gewährleistet, dass über Arbitrage eine ständige Verbindung von Kassa- und Terminmarkt besteht. Jedoch müssen die verschiedenen Anleihen vergleichbar gemacht werden, um einen standardisierten Kontrakt zu erreichen. Dies geschieht mit Hilfe des Preisfaktors (PF). Die Grundidee ist dabei, eine Verhältniszahl zu finden, die eine Relation von betrachteter Anleihe und theoretischer Anleihe darstellt. Der Preisfaktor entspricht dem Verhältnis des Barwertes einer realen Anleihe zum Barwert der theoretischen Anleihe bei einem Zinsniveau von 6%. Jedoch werden bei der Berechnung nur die vollen Monate benutzt und die Tage bei der Restlaufzeit gestrichen.

$$PF_{Anleihe} = \frac{PV_{Anleihe}(\text{bei 6\% Renditeniveau})}{PV_{Notional}(\text{bei 6\% Renditeniveau})}$$

Dies entspricht der Börsenformel:

$$PF_{Anleihe} = \frac{1}{(1{,}06)^f} \cdot \left[ \frac{c}{6} \cdot \left( 1{,}06 - \frac{1}{(1{,}06)^n} \right) + \frac{1}{(1{,}06)^n} \right] - \frac{c \cdot (1-f)}{100}$$

$c$ = Kupon

$n$ = Anzahl der Jahre bis Fälligkeit

$f$ = volle Monate bis zum nächsten Kupon, geteilt durch 12
(wenn $f = 0$, dann $n = n{-}1$, $f = 1$)

Für alle lieferbaren Anleihen wird der jeweilige Preisfaktor in den Börsenpublikationen veröffentlicht.

**Beispiel:**

Für eine 7,25% Bundesanleihe (Anleihe X) mit einer Restlaufzeit bei Fälligkeit des **Future-Kontraktes** von 9 Jahren, 1 Monat und 10 Tagen soll der Preisfaktor bestimmt werden. Dazu werden die Tage der Restlaufzeit ignoriert. Der Barwert der Anleihe nach ISMA bei einem Zinsniveau von 6% liegt bei 108,5456. Daraus ergibt sich als Preisfaktor:

$$PF_X = \frac{108{,}5456}{100} = 1{,}085456$$

Alternativ mit der Börsenformel:

$$PF_X = \frac{1}{1{,}06^{\frac{1}{12}}} \cdot \left[ \frac{7{,}25}{6} \cdot \left( 1{,}06 - \frac{1}{1{,}06^9} \right) + \frac{1}{1{,}06^9} \right] - \frac{7{,}25 \cdot \left( 1 - \frac{1}{12} \right)}{100} = 1{,}085456$$

Diese Preisfaktoren werden eingesetzt, um bei einer effektiven Lieferung der Stücke die entsprechenden Zahlungen des Kontrahenten zu ermitteln. Wird ein Bund-Future bis zur Fälligkeit gehalten, muss der Verkäufer des **Future-Kontraktes** am letzten Handelstag anzeigen, welche Anleihe er liefern wird. Mittels eines Zufallsprozesses wird dann ein Kontraktpartner zugeordnet. Dieser zahlt für die Lieferung den mit dem entsprechenden Preisfaktor der gelieferten Anleihe bereinigten Exchange Delivery Settlement Price (EDSP), der ähnlich dem täglichen Abrechnungspreis bestimmt wird, und die Stückzinsen.

$$\text{Rechnung}_{\text{bei Erfüllung}} = \text{EDSP} \cdot \text{PF}_{\text{Anleihe}} \cdot 1000 \quad + \text{Stückzinsen}$$

$$\text{Stückzinsen} = \frac{\text{Tage} \cdot \text{Kupon}_{\text{in\%}} \cdot 100000}{360}$$

**Beispiel:**

Für die Anleihe *X* ergibt sich bei Lieferung zu einem Abrechnungskurs von 89,70:

$$\textit{Stückzinsen} = \frac{320 \cdot 0{,}0725 \cdot 100\,000}{360} = 6\,444{,}44$$

$$\textit{Rechnungsbetrag} = (89{,}70 \cdot 1{,}085456 \cdot 1000 \quad ) + 6\,444{,}44 \quad = 103\,809{,}84$$

Hätte der Verkäufer des **Future-Kontrakts** aus Beispiel I die Anleihe im Portfolio gehalten, ergäbe sich ohne die Einbeziehung der Cost of Carry (vgl. nächster Abschnitt) bei Lieferung eine Gesamteinnahme aus der Transaktion von

$$\textit{Gesamteinnahmen} = \textit{Rechnungsbetrag} + \textit{Abrechnung des Futurekontos}$$

$$\textit{Gesamteinnahmen} = 103\,809{,}84 \quad - 3120 \quad = 100\,689{,}84$$

Im Regelfall wird jedoch diejenige Anleihe geliefert werden, die für den Future-Verkäufer am günstigsten ist. Diese Anleihe wird als **Cheapest to Deliver** bezeichnet **(CTD)**. Am einfachsten kann die jeweilige CTD-Anleihe mit Hilfe der impliziten Verzinsung **(Implied Repo Rate)** gefunden werden.

$$\textit{Implied Repo} = \frac{(\textit{Abrechnungssumme Future}_{\textit{incl Stückz.}} - \textit{Kassakurs}_{\textit{incl Stückz.}}) \cdot 360}{\textit{Kassakurs}_{\textit{incl Stückz.}} \cdot \textit{Tage bis Lieferung}}$$

Die Anleihe mit der **höchsten impliziten Verzinsung** ist die **Cheapest to Deliver**, da sie einem Käufer für den Zeitraum bis zur Erfüllung des Termingeschäfts den höchsten Ertrag sichert.

**Beispiel:**

Dreißig Tage vor Lieferung existieren zwei mögliche lieferbare Anleihen bei einem Futurekurs von 89,70. Die Anleihe X notiert in der Kasse mit 97. Als Alternative könnte auch die Anleihe Y geliefert werden. Sie hat eine Implied Repo von 8,90%.

$$\text{Implied Repo}_X = \frac{\left(89{,}71 \cdot 1{,}085456 + \frac{320}{360} \cdot 7{,}25\right) - \left(97 + \frac{290}{360} \cdot 7.25\right)}{\left(97 + \frac{290}{360} \cdot 7.25\right) \cdot \frac{30}{360}}$$

$$= \frac{(97{,}37 + 6{,}44) - (97 + 5{,}84)}{(97 + 5{,}84) \cdot \frac{30}{360}} = 11{,}32\%$$

In dieser Situation ist die Anleihe *X* die Cheapest to Deliver. Jedoch kann sich dies bei anderen Parametern ändern.

Der **Kurs des Futures** wird sich also am **Kassakurs** der **am günstigsten zu liefernden Anleihe orientieren**. Es handelt sich aber um einen **Terminkurs**. Für eine faire Preisberechnung ist es daher notwendig, die **Kosten bzw. den Ertrag** beim **Halten** des Cheapest to Deliver mit in die Analyse einzubeziehen. Da bei Finanzkontrakten, anders als bei Commodities, kaum Lager- und Versicherungskosten anfallen, kann die Analyse auf die Finanzierungskosten beschränkt werden. Wird ein **Future-Kontrakt** verkauft, kann gleichzeitig die Anleihe gekauft werden, um sie dann bei Fälligkeit zu liefern. Der **Unterschiedsbetrag** zwischen **Kassakurs** und **theoretischem Terminkurs** wird als **Cost of Carry** bezeichnet. Damit ergibt sich der Terminkurs einer Anleihe mit:

$$\textit{Terminkurs}_{\textit{Anleihe}} = \textit{Kassakurs}_{\textit{Anleihe}} + \textit{Finanzierungskosten} - \textit{Stückzinsertrag}$$

**Beispiel:**

Bei einem Geldmarktzins von 12% für 30-tägige Finanzierungen ergibt sich der Terminkurs der Anleihe X bei Lieferung in 30 Tagen (bei Fälligkeit des Futures sind Stückzinsen für 320 Tage fällig, also zu dem hier betrachteten Zeitpunkt für 290 Tage):

$$\text{Terminkurs}_x = 97 + \underbrace{\left(97 + \frac{290}{360} \cdot 7{,}25\right) \cdot 12\% \cdot \frac{30}{360} - \frac{30}{360} \cdot 7{,}25}_{\text{Cost of Carry} = 0{,}42} = 97{,}42$$

Da die CTD-Anleihe in den **Future-Kontrakt** geliefert werden kann, muss ein Gleichgewicht zwischen deren Terminkurs einschließlich Stückzinsen und dem entsprechenden Rechnungsbetrag bei Lieferung zur Erfüllung des Future-Kontrakts bestehen. Somit ergibt sich der theoretische Kurs des Futures als:

$$Futurekurs_{theoretisch} = \frac{Terminkurs_{ctd}}{Preisfaktor_{ctd}}$$

$$Futurekurs_{theoretisch\ mit\ X\ als\ ctd} = \frac{97{,}42}{1{,}085456} = 89{,}75$$

Weicht der tatsächliche Kurs vom theoretischen ab, wäre bei einem OTC-Geschäft sofort ein Gewinn möglich, da auch die Endabrechnung bekannt ist. Dies gilt zwar grundsätzlich ähnlich für einen Future, doch kann die tägliche Wertberechnung zu Abweichungen führen.

**Beispiel OTC-Termingeschäft:**

Der gehandelte Terminkurs in 30 Tagen für die Anleihe *X* sei 97,45. Der Arbitrageur schließt ein Termingeschäft ab, das ihn zur Lieferung von nominal 100 000 € der Anleihe *X* verpflichtet. Er kauft die Anleihe *X* heute und finanziert sie auf dem Geldmarkt.

$$\text{Erlös}_{\text{in30Tagen}} = \left(97{,}45 + \frac{320}{360} \cdot 7{,}25\right) \cdot 1000 \quad = 103\,894{,}44$$

$$\text{Aufwand} = \left[\left(97 + \frac{290}{360} \cdot 7{,}25\right) + \left(97 + \frac{290}{360} \cdot 7{,}25\right) \cdot 12\% \cdot \frac{30}{360}\right] \cdot 1000$$

$$= 103\,868{,}68$$

$$\text{Arbitragegewinn} = 103\,894{,}44 \quad - 103\,868{,}68 \quad = 25{,}76$$

Es können über 25,76 € risikoloser Gewinn erzielt werden, daher wird ein Arbitrageur solange die Anleihe kaufen und auf Termin verkaufen, bis Kassa- und Terminkurs wieder im Gleichgewicht sind.

**Beispiel Future-Geschäft:**

Beim Future ist das Ergebnis etwas komplizierter. Als erste Überlegung wird ein Geschäft ohne Einschusspflicht bei einem gehandelten Futurekurs von 89,80 analysiert. Der Aufwand im Vergleich zum OTC-Geschäft ändert sich nicht, jedoch ergibt sich ein Erlös von:

$$\text{Erlös}_{\text{in30Tagen}} = \left(89{,}80 \cdot 1{,}085456 + \frac{320}{360} \cdot 7{,}25\right) \cdot 1000$$

$$= 103{,}9184 \cdot 1000 \quad = 103\,918{,}39$$

Es entstünde daher ein Arbitragegewinn in Höhe von

103 918,39 € – 103 868,68 € = 49,71 €.

Jedoch wird der **Future-Kontrakt** täglich abgerechnet, so dass die Einschüsse von der Entwicklung der Kurse in der Zwischenzeit abhängig sind. Dies soll am Beispiel von zwei Kursveränderungen nach 10 und 20 Tagen gezeigt werden.

Tabelle 6.2:
**LIEFERUNG EINER ANLEIHE BEIM BUND-FUTURE**

| | Heute | nach 10 Tagen | nach 20 Tagen | nach 30 Tagen | Gesamt |
|---|---|---|---|---|---|
| **Futureposition** | –1 Kontrakt | –1 Kontrakt | –1 Kontrakt | Erfüllung | |
| **Futurekurs** | 89,80 | 91,10 | 92,10 | 92,10 | |
| **Kursveränderung** | - | +1,30 | +1,00 | 0 | |
| **Wertveränderung der Position** | - | –1 300 € | –1 000 € | 0 € | |
| **Marginkonto** | 5 000 € | 5 000 € | 5 000 € | 0 € | |
| **Einschüsse** | 5 000 € | 1 300 € | 1 000 € | 0 € | 7 300 € |
| **Abzüge** | - | | - | 5 000 € | 5 000 € |
| **Finanzierungs-kosten bei 10%** | | 13,89 € | 17,50 € | 20,28 € | 51,67 € |

$$\text{Aufwand im Marginkonto} = 7300 \quad - 5000 \quad + 51{,}67 = 2351{,}67$$

$$\text{Gesamtaufwand} = 103\,868{,}68 \quad + 2351{,}67 \quad = 106\,220{,}35$$

$$\text{Erlös}_{\text{nach30Tagen}} = \left(92{,}10 \cdot 1{,}085456 + \frac{320}{360} \cdot 7{,}25\right) \cdot 1000 \quad = 106\,414{,}94$$

$$\text{Arbitragegewinn} = 106\,414{,}94 \quad - 106220{,}35 \quad = 194{,}59$$

Das Arbitrageergebnis wird zwar von den Zinsaufwendungen geschmälert, entscheidend jedoch wirkt sich die zufällige Kurssteigerung auf 92,1 aus. Der Preisfaktor bezieht sich nur auf die endgültige Abrechnung, nicht aber auf die Gewinne und Verluste auf dem Marginkonto bis zur Fälligkeit.

Der theoretische Futurepreis kann zwar als Richtschnur benutzt werden, in der Realität kann es aber aufgrund von Marktgegebenheiten und der Schwierigkeit, nur eine ganzzahlige Anzahl von Kontrakten handeln zu können, zu mehr oder minder großen Abweichungen kommen.

An der Eurex sind zur Zeit drei Zins-Futures handelbar. Sie unterscheiden sich nur durch die Restlaufzeit der lieferbaren Anleihen in den Kontrakt, alle anderen Spezifikationen sind identisch.

Tabelle 6.3:
**LIEFERBARE ANLEIHEN BEI FÄLLIGKEIT**

| | Future | | |
|---|---|---|---|
| | **Bund** | **Bobl** | **Schatz** |
| **Restlaufzeit** | 8,5 - 10,5 | 3,5 – 5 | 1,75 - 2,25 |
| **Initial Margin** | 1600 € | 700 € | 400 € |

## 6.2 Symmetrisches Hedging von Zinspositionen

Zur Erklärung der Funktionsweise einer Kursabsicherung (Hedge) mit Hilfe des Bund-Futures bzw. eines Zinsswaps werden im Folgenden zwei Wertpapierbestände betrachtet. Bei einem Zinsniveau von 8% und horizontaler Zinskurve werden folgende Wertpapiere gehalten:

Tabelle 6.4:
**ANLEIHENPORTFOLIO**

| Anleihe | Bestand | Kupon | Restlaufzeit | Kurs bei 8% Rendite |
|---|---|---|---|---|
| A | 10 Mio. | 8% | 10 Jahre | 100% |
| B | 10 Mio. | 8% | 8,5 Jahre | 99,92% |

Es wird befürchtet, dass der Marktsatz auf 10% steigt. Da diese Bestände jedoch nicht verkauft werden sollen, wird versucht, eine Kurssicherung über Futures vorzunehmen.

### 6.2.1 Hedge mit dem Future

Als erstes werden die Möglichkeiten einer Absicherung mit dem Bund-Future untersucht. Der erste Ansatz ist, sich über den Verkauf von Bund-Futures über 20 Mio. € nominal abzusichern (**Nominalhedge**). Dabei wird zunächst davon ausgegangen, dass die **Preisveränderungen** des **Futures exakt** denen der zugrundeliegenden **theoretischen 10-jährigen Anleihe** mit einem Kupon von 6% **entsprechen.**

Als Ausgangspunkt werden also

$$\frac{20\,000\,000}{100\,000} = 200\ Kontrakte$$

verkauft. Bei einem Zinsanstieg auf 10% fallen entsprechend die Kurse der Anleihen:

Tabelle 6.5:
**Wertveränderungen des Anleihenportfolios**

| Anleihe | Kurs bei 10% | Kurs bei 8% | Verlust bei 10 Mio. nominal |
|---|---|---|---|
| A | 87,71 | 100 | –1,229 Mio. € |
| B | 88,80 | 99,92 | –1,112 Mio. € |
| Bund Future | 75,42 | 86,58 | |

Für die Absicherung mit jeweils 100 Kontrakten ergibt sich ein Erlös aus dem Futurebestand von:

$$(86{,}58\% - 75{,}42\%) \cdot 100\,000 \quad \cdot 100 = 11{,}16\% \cdot 10 \text{ Mio.} \quad = 1{,}116 \text{ Mio.}$$

Hieraus ergibt sich folgendes Gesamtergebnis für die beiden abgesicherten Positionen:

| Tabelle 6.6: **WERTENTWICKLUNG DES GESAMTPORTFOLIOS** | | | |
|---|---|---|---|
| **Anleihe** | **Verlust Anleihe** | **Gewinn Hedge** | **Gesamtergebnis** |
| A | – 1 229 000 € | 1 116 000 € | – 113 000 € |
| B | – 1 112 000 € | 1 116 000 € | + 4 000 € |

Dies wird in folgender Abbildung verdeutlicht.

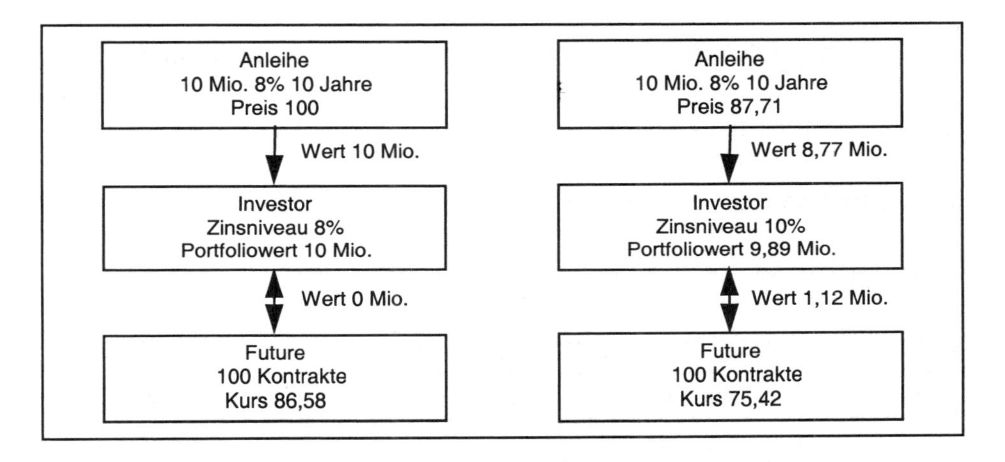


Abbildung 6.1: **Nominaler Hedge der Anleihe A durch den Bund-Future**

Der **Verlust** konnte also **gemindert** werden, jedoch war **keine** der beiden Absicherungen **perfekt**. Die Frage stellt sich, ob die Sicherungsergebnisse über die Anpassung der Anzahl der Kontrakte verbessert werden können. Als weitere Komplikation kommt hinzu, dass nicht theoretische, sondern **tatsächlich existierende Anleihen** geliefert werden. Daher verändert sich der Futurepreis mit jeder Wertänderung der günstigsten zu liefernden Anleihe, der **Cheapest to Deliver.**

Werden **Finanzierungskosten** unterstellt, die **identisch** mit den für den Zeitraum vereinnahmten **Stückzinsen** der Anleihe sind, so ergibt sich ein Terminkurs, der mit dem **Kassakurs** identisch ist. Ist die **Anleihe X** (7,25% Bundesanleihe, Restlaufzeit bei Lieferung 9 Jahre 1 Monat und 10 Tage, entspricht einem Preisfaktor von 1,085456) die **Cheapest to Deliver**, so ändert sich der theoretische Futurekurs wie folgt:

| Tabelle 6.7: THEORETISCHER KURS DES FUTURES | | |
|---|---|---|
| **Zinsniveau** | **Kassakurs$_{ctd}$** | **Futurekurs** |
| 8% | 95,25 | $\frac{95,25}{1,085456} = 87,75$ |
| 10% | 84,01 | $\frac{84,01}{1,085456} = 77,40$ |

Für die jeweilige Future-Verkaufsposition von 40 Kontrakten bedeutet dies einen Gewinn von:

$$(87,75\% - 77,40\%) \cdot 100\,000 \quad \cdot 100 = 10,35\% \cdot 10 \text{ Mio.} \quad = 1,035 \text{ Mio.}$$

Die **Ergebnisse des nominalen Hedges** ändern sich entsprechend:

| Tabelle 6.8: WERTVERÄNDERUNG DES GESAMTPORTFOLIOS BEI EINEM NOMINALHEDGE | | | |
|---|---|---|---|
| **Anleihe** | **Verlust Anleihe** | **Gewinn Hedge** | **Gesamtergebnis** |
| A | – 1 229 000 € | 1 035 000 € | – 194 000 € |
| B | – 1 112 000 € | 1 035 000 € | – 77 000 € |

Die unbefriedigenden Absicherungsergebnisse können durch einfache Berücksichtigung des Preisfaktors bereits deutlich verbessert werden. Die für den **Preisfaktorenhedge** notwendige Kontraktzahl errechnet sich wie folgt:

$$HedgeRatio = \frac{Nominalwert\,Kassaposition}{Nominalwert\,Future} \cdot Preisfaktor_{CTD}$$

Dieser Ansatz berücksichtigt einfach, dass nicht der Notional Bond, sondern letztlich der Cheapest to Deliver den Kontraktpreis bestimmt. Für das Beispiel ergibt sich ein notwendiger Verkauf von jeweils:

$$100 \cdot 1,08546 = 108,5 \approx 109 \text{ Kontrakten}$$

Somit verbessert sich das Absicherungsergebnis auf:

$$(87{,}75\% - 77{,}40\%) \cdot 100\,000 \quad \cdot 109 = 10{,}35\% \cdot 10{,}9\,\text{Mio.} \quad = 1\;128\;150$$

Tabelle 6.9:
**WERTVERÄNDERUNG DES GESAMTPORTFOLIOS BEI EINEM PREISFAKTORENHEDGE**

| Anleihe | Verlust Anleihe | Gewinn Hedge | Gesamtergebnis |
|---|---|---|---|
| A | – 1 229 000 € | 1 128 150 € | – 100 850 € |
| B | – 1 112 000 € | 1 128 150 € | + 16 150 € |

Mit dieser Methode lässt sich bereits eine Verbesserung des Absicherungsergebnisses erreichen, voll befriedigend ist es dennoch nicht.

In den meisten Fällen eignet sich das Konzept eines **Basispunkt-Hedge** am besten für eine Absicherungsstrategie. Sowohl für die Cheapest to Deliver-Anleihe als auch für die abzusichernde Position wird ermittelt, wie der Anleihepreis auf eine vorgegebene Änderung von 0,01% reagiert (**BPV = Basis Point Value**). Die berechneten Sensitivitäten gehen dann in die Ermittlung der optimalen Kontraktzahl ein:

$$HedgeRatio = \frac{Nominalwert\,Kassaposition}{Nominalwert\,Future} \cdot Preisfaktor_{CTD} \cdot \frac{BPV_{Kassa}}{BPV_{CTD}}$$

Zuerst wird die **Sensitivität der CTD**-Anleihe und der beiden **abzusichernden Positionen** ermittelt:

Tabelle 6.10:
**BASIS POINT VALUE DER ANLEIHEN**

| Anleihe | Kurs bei 8% | Kurs bei 8,01% | BPV |
|---|---|---|---|
| ctd | 95,24707 | 95,18605 | – 0,06102 |
| A | 100,00000 | 99,93292 | – 0,06707 |
| B | 99,92305 | 99,86296 | – 0,06009 |

Hieraus folgen unter Verwendung der Formel für den Basispunkt-Hedge folgende Kontraktgrößen:

$$A)HR_A = 100 \cdot \frac{-0,06707}{-0,06102} \cdot 1,085456 = 119,31 \approx 119$$

$$B)HR_B = 100 \cdot \frac{-0,06009}{-0,06102} \cdot 1,085456 = 106,89 \approx 107$$

Bei einem Zinsanstieg von 8% auf 10% ergibt dies bei Verkauf einen entsprechenden Gewinn aus dem Futurebereich:

$$A) \rightarrow 10,35\% \cdot 119 \cdot 100000 = 1\,231\,650$$

$$B) \rightarrow 10,35\% \cdot 107 \cdot 100000 = 1\,107\,450$$

Hieraus resultiert eine deutlich verbesserte Gesamtabsicherung.

Tabelle 6.11:
**WERTVERÄNDERUNG DES GESAMTPORTFOLIOS BEI EINEM BASISPUNKTHEDGE**

| Anleihe | Verlust Anleihe | Gewinn Hedge | Gesamtergebnis |
|---|---|---|---|
| A | – 1 229 000 € | 1 231 650 € | + 2 650 € |
| B | – 1 112 000 € | 1 107 450 € | +4 550 € |

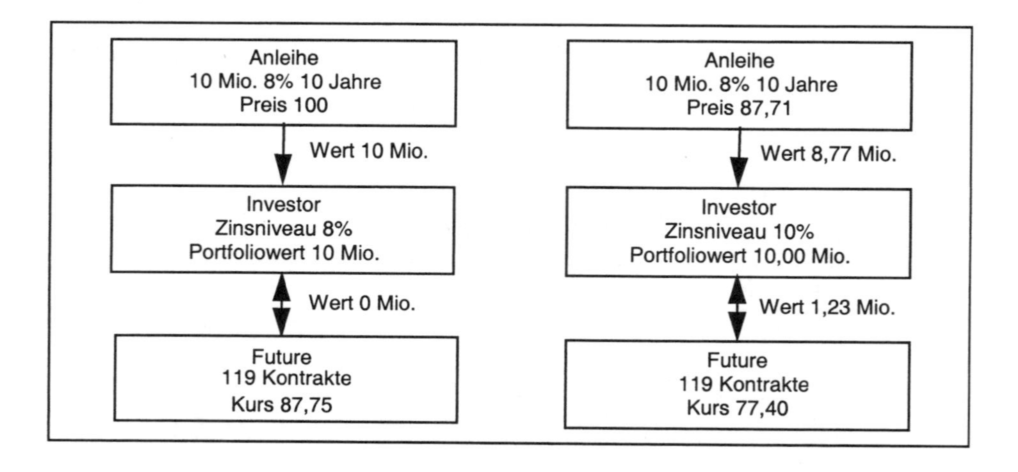


Abbildung 6.2: **Basispunkt-Hedge der Anleihe A mit einem Future**

Mit der **Basispunktmethode** gelingt es im **Regelfall, gute Ergebnisse** zu erzielen. Alternativ zur Absicherung einzelner Positionen kann auch die Sensitivität eines Portfolios ermittelt und analog zur obigen Vorgehensweise zur Berechnung des Hedge Ratios herangezogen werden.

### 6.2.2 Hedge mit einem Zinsswap

Als Alternative zu einer Absicherung mit einem Future kann für das gleiche Portfolio auch ein Swap herangezogen werden. Da es sich um OTC-Produkte handelt, kann die Laufzeit gewählt werden, die am nächsten zur Restlaufzeit der zu sichernden Position liegt. Bei einem nominalen Hedge müssten jeweils Zahlerswaps (Payer) von 8% gegen Euribor für nominal 10 Mio. abgeschlossen werden. Dabei wird die erste Position mit einem zehnjährigen Swap gesichert und zur Verdeutlichung die zweite Position mit einem 9-Jahres-Swap. Bei der Zinsveränderung ergibt sich dann ein entsprechender Close-Out-Wert von:

Tabelle 6.12:
**HEDGE MIT DEM ZINSSWAP**

| Anleihe | Kurs bei 10% | Kurs bei 8% | Veränderung bei 10 Mio. nominal |
|---|---|---|---|
| A | 87,71 | 100 | – 2,29 Mio. € |
| B | 88,80 | 99,92 | – 1,112 Mio. € |
| Swap 10 Jahre | 87,71 | 100 | + 2,29 Mio. € |
| Swap 9 Jahre | 88,48 | 100 | + 1,152 Mio. € |

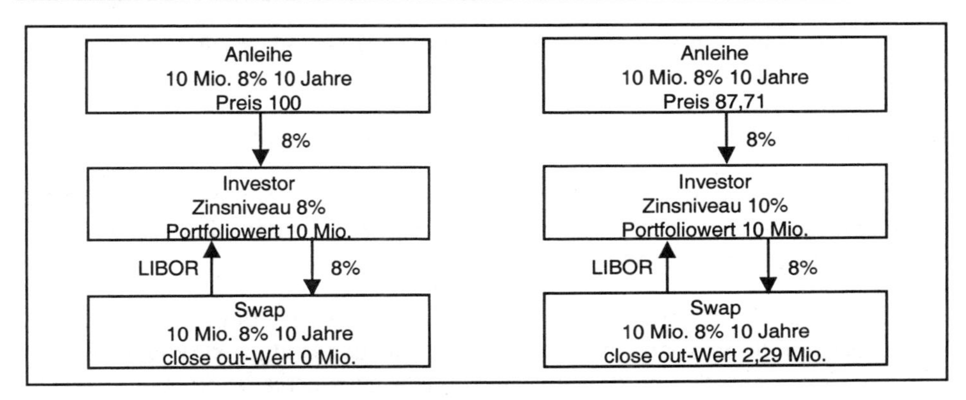


Abbildung 6.3: **Hedge der Anleihe A mit einem Payerswap**

Aufgrund der nicht genau passenden Restlaufzeit bzw. des aktuellen Swap-Kupons kann es auch hier zu Ungenauigkeiten kommen. Entsprechend ergibt sich wieder die Möglichkeit, einen Sensitivitäten-Hedge abzuschließen:

$$Hedge\ Ratio_{Swap} = \frac{BPV_{Kasse}}{BPV_{Swap}} \cdot Nominalwert\ Kassaposition$$

| Tabelle 6.13: **Basis Point Value** | | | |
|---|---|---|---|
| **Anleihe** | **Kurs bei 8%** | **Kurs bei 8,01%** | **BPV** |
| B | 99,92305 | 99,86296 | 0,06008 |
| Swap 9 Jahre | 100,00000 | 99,93756 | 0,06244 |

$$Hedge\ Ratio_{Swap} = \frac{0{,}06008}{0{,}06244} \cdot 10\ \text{Mio.} = 9{,}622\ \text{Mio.}$$

Für die Position ergibt sich durch den Abschluss eines 9jährigen Payerswaps mit einem Kupon von 8% gegen LIBOR ein Basispunkt-Hedge mit einem Nominalvolumen von 9,622 Mio. €. Als Gesamtergebnis ergibt sich:

| Tabelle 6.14: **Wertveränderung des Gesamtportfolios bei einem Basispunkt-Hedge** | | | |
|---|---|---|---|
| **Anleihe** | **Verlust Anleihe** | **Gewinn Hedge** | **Gesamtergebnis** |
| B | – 1 112 000 € | 1 108 267 € | + 2 220 € |

Im Regelfall können so akzeptable Hedgeergebnissse erzielt werden.

## 6.2.3 Vergleich der Absicherungen mit Future und Swap

Es ist deutlich, wie die verschiedenen **Absicherungsmethoden aufeinander aufbauen**. Generell ist in der Realität jedoch nicht zu erwarten, dass die Absicherungsergebnisse perfekt sind.

Bei beiden Verfahren lassen sich Basisrisiken nicht ausschließen. Im Regelfall hat die abzusichernde Position eine andere Bonität als das Hedgeinstrument, so dass sich bei einer Veränderung des Bonitätsspreads Unterschiede ergeben. Der Future hat zusätzlich das Risiko einer **Veränderung** der **Cheapest to Deliver**-Anleihe (Neuemission, Preisverschiebung) mit der Folge einer veränderten Sensitivität des Future-Kontrakts. Auch andere nicht-finanzmathematische Faktoren wie Reaktionen auf Steuern können zu solchen Effekten führen.

Hinzu kommen die finanzmathematischen Effekte, dass die Restlaufzeitverkürzung und die unterschiedlichen Kupons meist einem perfekten Hedge im Wege stehen, völlige Perfektion kann sicherlich in den meisten Fällen nicht angestrebt werden.

Es gibt darüber hinaus aber einige Vor- und Nachteile bei den beiden Instrumenten. Der Swap eignet sich eher für den Hedge einer längerfristigen Position, da erst beim Auflösen durch den Hedger wieder analysiert werden muss. Beim Future ist die Laufzeit des Kontraktes meist kürzer als die Absicherung, so dass die Kontrakte gerollt werden müssen. Dies bedeutet, dass die Futures der laufenden Periode glattgestellt werden und die entsprechende Position in der nächsten Periode wieder eröffnet wird. Dies ist relativ aufwendig und führt zum Risiko einer Veränderung der Cost of Carry. Auf der anderen Seite kann eine Future-Position sehr schnell und sehr billig verändert werden. Die Transaktionskosten liegen beim Swap meist etwas höher. Jedoch muss beim Future durch das Margining täglich die Position überprüft werden, und es kommt zu Liquiditätsrisiken.

Tabelle 6.15:
**WICHTIGE MERKMALE EINES HEDGES MIT EINEM ZINSSWAP VS. EINEN ZINSFUTURE**

| | **Swap** | **Future** |
|---|---|---|
| **Transaktionskosten** | klein<br>(bei AA ca. 0,03%) | minimal<br>(meist 0,01%) |
| **Liquidität des Produkts** | sehr gut | Bund-Future: sehr gut<br>Bobl-Future: gut<br>Schatz-Future: befriedigend |
| **Sicherheitsleistung** | keine | Margining |
| **Liquiditätsrisiko** | nein | ja |
| **Drehungsrisiken der Zinsstruktur** | klein | meist groß,<br>da nur drei Produkte |
| **Bonitätsspreadrisiko** | ja | ja |
| **Cost of Carry-Risiko** | kaum | ja |
| **Bearbeitungsaufwand** | klein | groß (tägliches Margining) |
| **empfohlen für** | längerfr. Positionen | kurzfristige Positionen |

Für Handelspositionen eignen sich daher in der Regel Futures am besten, da diese einen schnellen Wechsel der Position zu minimalen Transaktionskosten ermöglichen. Wegen des schnellen Wechsels und des normalen Gebrauchs von Futures bei der Positionsführung entsteht durch das Rollen nur ein begrenzter Aufwand. Hauptproblem ist meist das Basis- und das Liquiditätsrisiko. Bei längerfristigen Positionen eignet sich der Swap oft besser. Er hat zwar höhere Transaktionskosten, dafür kann aber die gewünschte Laufzeit gewählt werden. Das Rollen entfällt und Drehungsrisiken der Zinsstrukturkurve werden minimiert. Im Regelfall ist dies der deutlich einfachere Hedge.

*Literatur: Hull (2000), Deutsche Terminbörse (1999), Natenberg (1988)*

# 7.

# Kreditderivate

# 7 Kreditderivate

In den letzten Jahren hat eine intensive Entwicklung von Kreditderivaten begonnen. Im Kern soll hiermit die Möglichkeit geschaffen werden, das Adressenrisiko einer Transaktion von ihrem Marktrisiko zu separieren und es damit einzeln handelbar, aber insbesondere auch hedgebar zu machen. Bei vielen Banken (z.B. bei Sparkassen aufgrund des Regionalprinzips) weist das Kreditportfolio eine schlechte Diversifikation in Bezug auf Regional- und Branchenrisiken auf. Der direkte Handel mit Krediten erweist sich oft als zu umständlich, und den Möglichkeiten der Verbriefung (asset backed) sind auch enge Grenzen gesetzt. Ein tiefer Markt in Derivaten ermöglicht hier, Risiken aus dem Portfolio indirekt zu verkaufen, aber auch durch Beimischung schwach korrelierter Regionen und Branchen die Effizienz des Portfolios zu erhöhen. Manchen Häusern sind Kredite erster Bonität (AAA und AA) nur begrenzt zugänglich. Auch sie können mit Hilfe geeigneter Derivate die Portfoliostruktur verbessern. Auf der anderen Seite können jetzt andere Gruppen Risiken aus Kreditgeschäften übernehmen und so ihre Portfolios effizienter gestalten. Ein weiterer wesentlicher Punkt ist die Möglichkeit, Kreditrisiken nun mit Zwei-Wege-Preisen (Geld/Brief) zu handeln. Dies ermöglicht einen deutlich effizienteren Handel und mittelfristig eine transparentere Preisbildung.

## 7.1 Überblick über Kreditderivate

Die Entwicklung von synthetischen Kreditprodukten begann mit den **Asset Swaps**. Dabei kaufen Investoren eine Festsatzanleihe und benutzen anschließend einen Zinsswap, um eine variable Zinsverbindlichkeit zu erhalten. Dieser Asset Swap zahlt in Abhängigkeit der Bonität und den Marktpreisen einen Zins über LIBOR (LIBOR +). Damit werden verschiedene Kreditqualitäten leichter miteinander vergleichbar. Da eine Bank eine solche Konstruktion mit LIBOR refinanzieren kann, ist es nun möglich, das Kreditrisiko losgelöst von anderen Risiken zu bewerten. Dieses Verfahren ist jedoch aufgrund der Kapitalflüsse und der Notwendigkeit, geeignete Wertpapiere zu finden, relativ ineffizient.

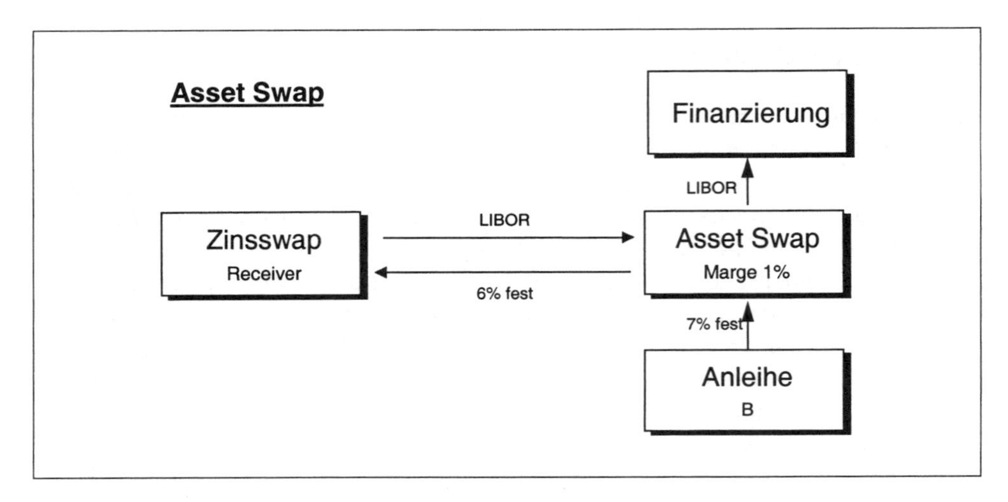


Abbildung 7.1: **Asset Swap**

In der Risikoanalyse werden Risiken meist in die Hauptgruppen Marktpreisrisiken (Kursrisiko bei Währung, Zinsen, Aktien) und Adressenrisiken aufgeteilt. Zu den Adressenrisiken zählen die reinen Ausfallrisiken (Default) und die Bonitätsrisiken (Spread-Risiken). Bei den Ausfallrisiken ist eine nicht erbrachte Kreditleistung der Auslöser, während bei den Bonitätsrisiken eine Ausweitung des Risikoaufschlags gemessen als Preis (Spread) des Credit Default Swaps als Grundlage dient.

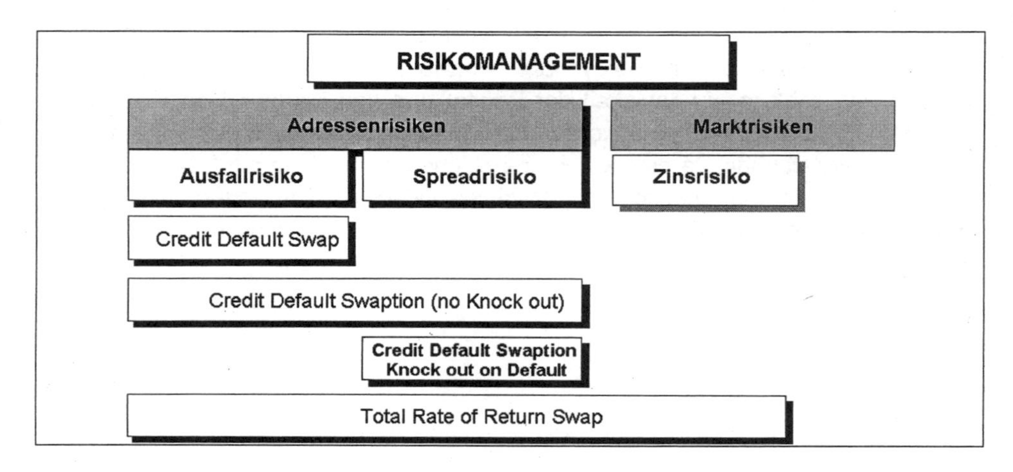


Abbildung 7.2: **Risikokategorien**

Ein Kreditderivat ist ein außerbilanzieller Finanzkontrakt, der es den Vertragspartnern erlaubt, das Adressenrisiko eines oder mehrerer Referenzschuldner zu isolieren und damit handelbar zu machen. Die erste Generation dieser Derivate waren Credit Default Swaps, Credit Spread Options und Total Rate of Return Swaps. Die Produkte sichern jeweils ein bestimmtes Risiko ab. Bei Credit Default Swaps wird nur das reine Ausfallrisiko versichert, so dass sie in der Wirkung mit einer Garantie verglichen werden können. Nachdem der Markt für Credit Default Swaps liquide geworden ist, werden Optionen auf den eigentlichen Credit Spread (von Anleihen) kaum noch gehandelt. Da der Preis eines Credit Default Swaps dem Spread einer Anleihe des gleichen Emittenten sehr ähnlich ist, dient jetzt direkt das Derivat als Underlying. Das Risiko einer Veränderung des Spread kann also mit einer Credit Default Swaption abgesichert werden. Die meisten der im Markt gehandelten Credit Default Swaptions werden bei einem Ausfall wertlos (Knock out on Default). Jedoch gibt es diese Derivate auch ohne Kock out, dann wird für einen höheren Preis auch das Ausfallrisiko mit eingeschlossen. Als übergreifendes Instrument bietet der Total Return Swap eine Absicherung gegen jede Art der Wertänderung, egal ob es sich um eine Anhebung des risikofreien Zinses handelt oder um eine Erhöhung des Ausfallrisikos. Diese Produkte werden im Folgenden erklärt und dabei die Grundelemente von Kreditderivaten vorgestellt.

### 7.1.1 Credit Default Swap

Bei einem Credit Default Swap **(CDS)** bezahlt der Risikoverkäufer auf den Nominalbetrag eine Prämie in Basispunkten. Kommt es während der Laufzeit des Swaps zu einem noch näher zu klärenden **Kreditereignis** (Credit Event), leistet der Risikokäufer an den Risikoverkäufer eine **Ausgleichszahlung**. Dabei bezieht sich die Konstruktion im Regelfall auf einen Referenzwert.

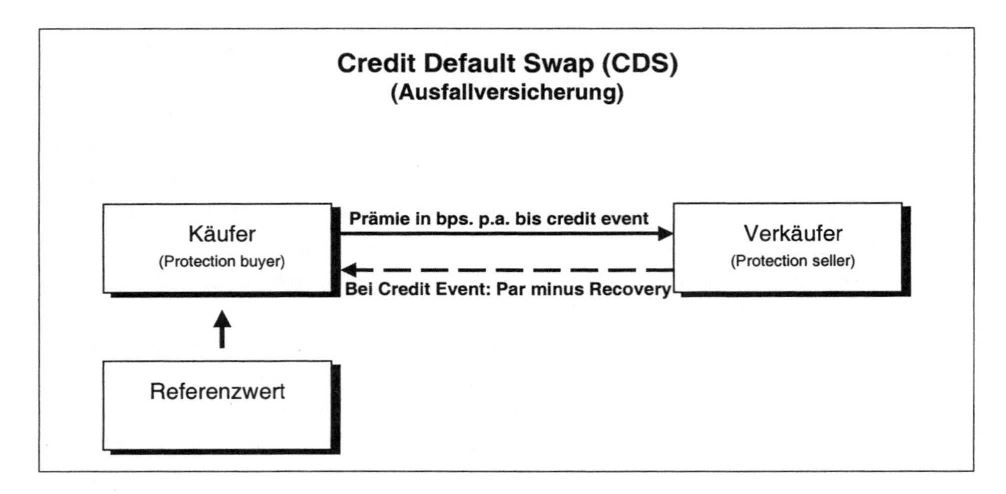


Abbildung 7.3: **Credit Default Swap**

Als Referenzwerte dienen meist Anleihen, da hier die Bewertung im Fall einer Zahlungsstörung deutlich einfacher ist (Marktpreis) als bei einem Kredit. Im Allgemeinen wird als Credit Event die Definition der International Swaps and Derivatives Association (ISDA) benutzt. Neben der Insolvenz und der Nichtzahlung eines Kupons (bzw. Rückzahlung) bei einer Anleihe gibt es drei weitere Ereignisse. Bei "vorzeitiger Fälligstellung" hat der Emittent bei einer anderen Schuld die Zahlung nicht fristgerecht geleistet. Moratorium ist die Zahlungseinstellung bei einem Land als Schuldner, mit dem Sonderfall der Aufsage. Dies bedeutet die nicht Anerkennung des Schuldverhältnisses (z.B. nach einer Revolution). Schließlich gilt auch die Umstrukturierung von Schulden zu Ungunsten der Gläubiger als Kreditereignis. Die folgende Abbildung zeigt die möglichen Varianten.

**Credit Event Credit Swap**
**ISDA Credit Derivative Definition 5/99 6/03**

- Insolvenz (Bankruptcy)
- Nichtzahlung (Failure to Pay)
- Umstrukturierung (Restructuring)
- Vorzeitige Fälligstellung (Obligation Acceleration)
- Aufsage/Moratorium (Repudiation)

Abbildung 7.4: **Credit Event**

Bei einem Credit Event wird meist physisch geliefert. Dabei wird der **Referenzwert** bei Ausübung gegen eine vorher fixierte Zahlung **übertagen**. Alternativ kann der Wertverlust durch einen **Barausgleich** (Cash Settlement) kompensiert werden. Auch hier gibt es unterschiedliche Ansätze. So wird vom par-Preis des Papiers entweder der Marktpreis nach dem Credit Event oder der Recovery-Wert abgezogen. Ist beides nicht verfügbar (Kredite), kann auch ein synthetischer Preis auf Basis der Cash Flows herangezogen werden. Die so errechnete Differenz entspricht dann der Ausgleichssumme. Bei einigen Produkten wird auch einfach nur ein vorher **fixierter Betrag** fällig **(Binary)**. Als Alternative bietet sich die physische Lieferung an. Der Credit Default Swap hat sich als das wichtigste Kreditderivat etabliert.

Aus der ursprünglichen Form entstehen inzwischen neue Produktvarianten wie der **First to Default Swap**, bei dem Referenztitel verschiedener Schuldner benannt werden und nur der erste Ausfall von allen versichert. Der Vorteil besteht in einer erhöhten Prämie für den Risikokäufer, ohne dass sich sein Maximalrisiko verändert. Auf der anderen Seite ist ein Ausfall mehrerer Schuldner aufgrund der geringen Korrelationen eher unwahrscheinlich, so dass der Risikoverkäufer eine deutlich höhere Sicherheit bekommt.

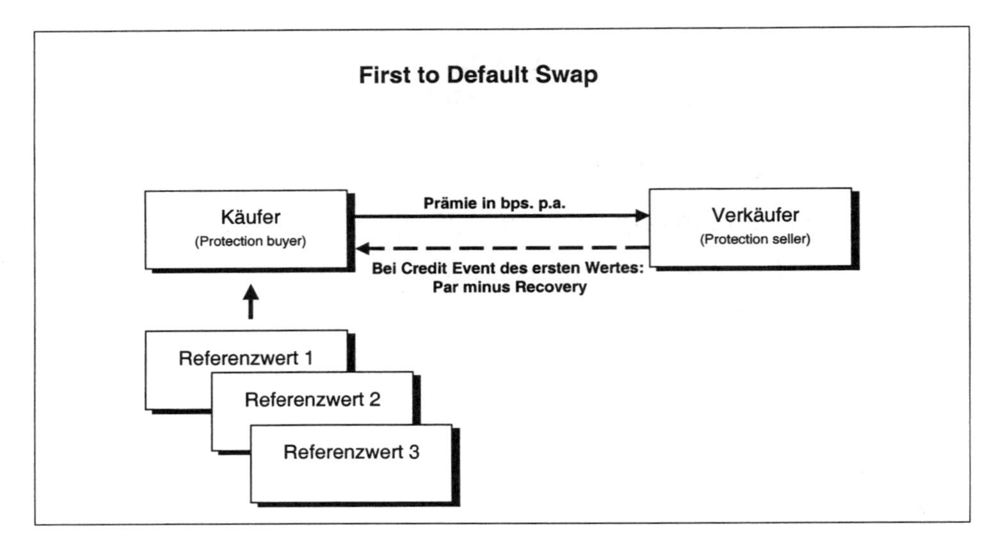


Abbildung 7.5: **First to Default Swap**

Ein weiteres wichtiges Produkt ist der **Digital Default Swap** (auch Binary Default Swap), bei dem bei einem Ausfall immer ein fester Betrag gezahlt wird. Der Vorteil liegt hier in der Trennung der Ausfallwahrscheinlichkeit und der Recovery Rate.

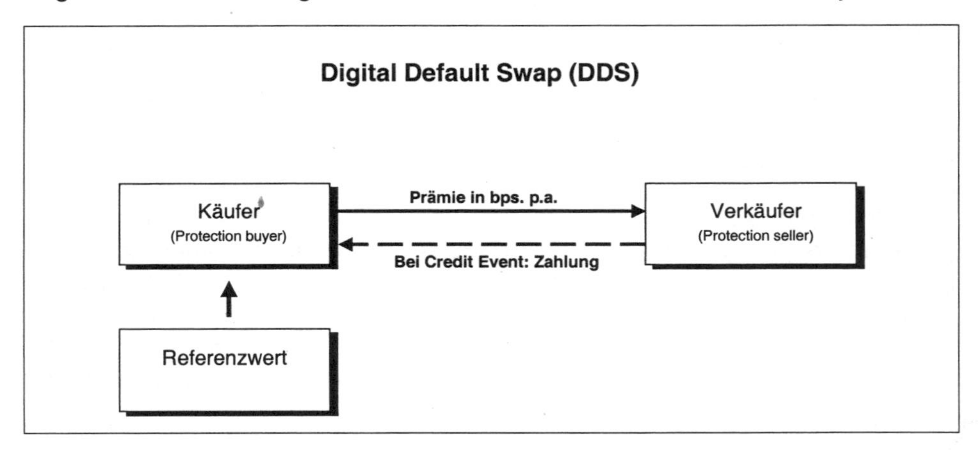


Abbildung 7.6: **Digital Default Swap**

Der Digital hängt aufgrund der festen Zahlung nur von der Wahrscheinlichkeit der Ausübung ab, so dass also die Möglichkeit geschaffen wird, implizite Ausfallwahrscheinlichkeiten zu handeln.

## 7.1.2 Credit Default Swaption

Ein Instrument im Bereich der **Spread-Risiken** ist die Credit Default Swaption. Wie bei Optionen üblich, können vier Positionen eingenommen werden. Einerseits kann die Option gekauft oder verkauft werden, wobei der Käufer das Recht zur Ausübung hat. Bei einer **Credit Default Payer Swaption**, hat der Käufer das Recht in einen CDS einzutreten. Er zahlt dann die CDS Prämie (Payer), die mit dem Strike der Swaption bereits vereinbart wurde. Er hat also die Möglichkeit, sich bei einer Verschlechterung der Kreditqualität zum niedrigeren bereits vereinbarten Spread abzusichern.

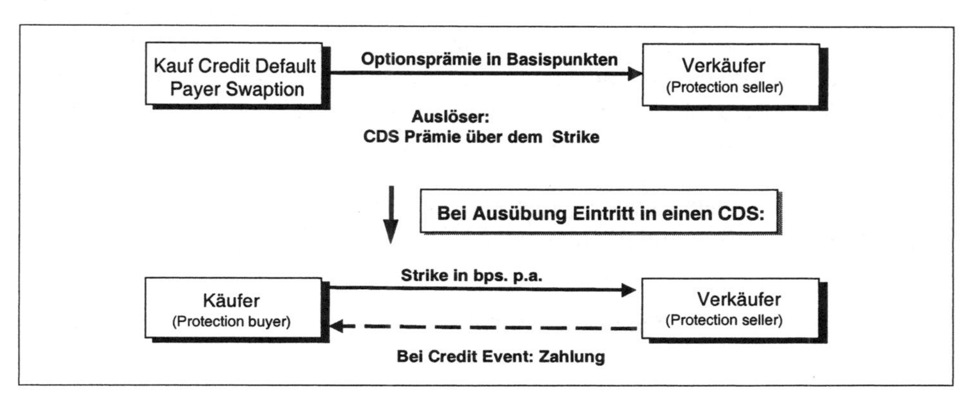


Abbildung 7.7: **Kauf Credit Default Payer Swaption**

Diese Optionen sind European Style und eine Ausübung ist nur am Ende möglich. Bei einem Kredit Ereignis vor dem Laufzeitende der Option verfällt diese wertlos. (Knock out). Seltener werden auch Optionen ohne Knock out gehandelt.

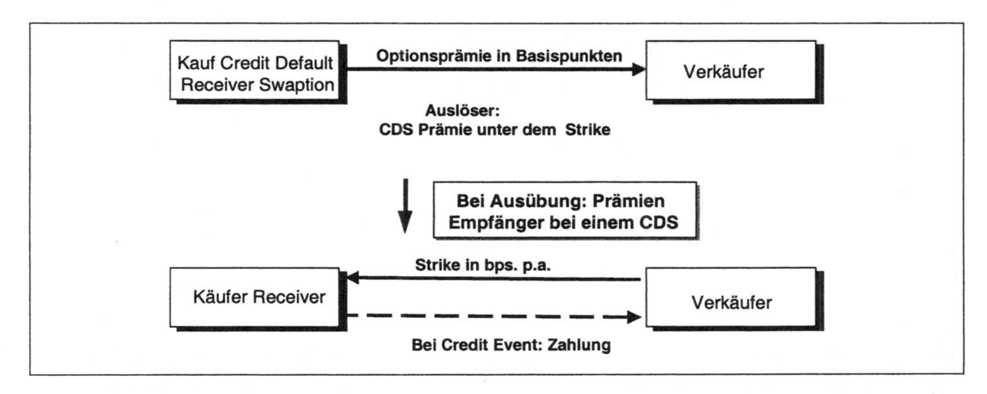


Abbildung 7.8: **Kauf Credit Default Receiver Swaption**

Die zweite Möglichkeit ist der Kauf einer **Credit Default Receiver Swaption**. In diesem Falle kann der Käufer den CDS abgeben, so dass er den vereinbarten Spread (Strike) erhält und so die Versicherung oberhalb des Marktniveaus verkauft. Da der Käufer hier die Prämienzahlungen aus dem CDS erhält, spricht man von einem Receiver. Hier profitiert der Käufer von einer Verbesserung der Kreditqualität.

### 7.1.3 Total Rate of Return Swap

Bei den bisherigen Produkten richtete sich die Absicherung auf das reine **Adressenrisiko**. Bei einer Anleihe hat der Besitzer zusätzlich das **Marktpreisrisiko** einer Zinsänderung, die zu Barwertverlusten führen kann. Beide Risiken können mit dem Total Rate of Return Swap **gleichzeitig abgesichert** werden. Dabei reicht der Total Rate Payer alle erhaltenen Zinszahlungen und eventuelle positive Marktwertveränderungen an den Total Rate Receiver weiter. Dafür bekommt er eine festgelegte variable Zahlung (meist auf LIBOR / EURIBOR-Basis) und alle negativen Marktpreisveränderungen des Referenzwertes ausgezahlt.

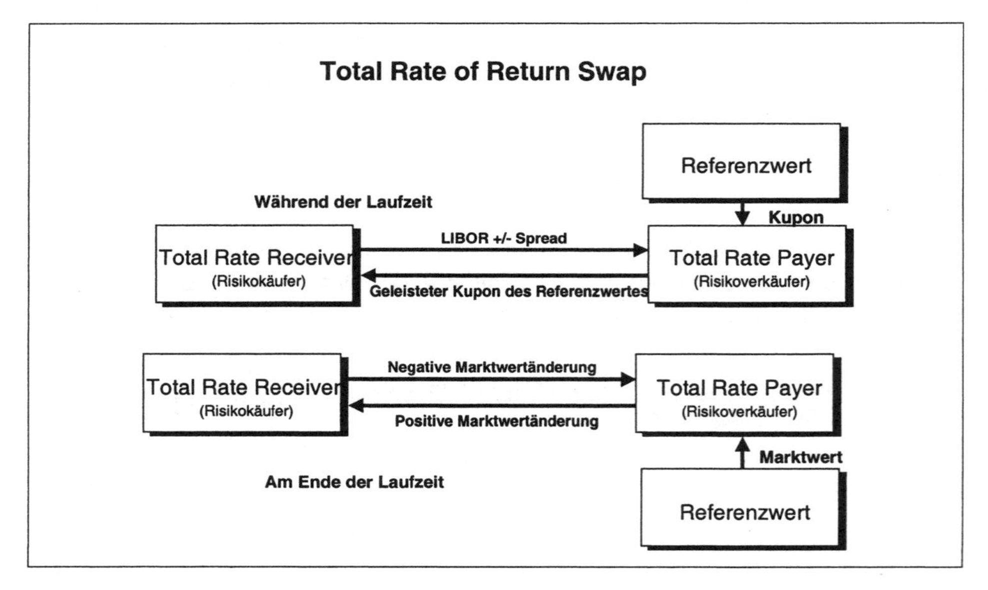


Abbildung 7.9: **Total Rate of Return Swap**

Als Referenzwerte für Total Performance Swaps können Anleihen und Kredite dienen, aber auch Indizes oder andere Assetkörbe sind denkbar. Bei einem Ausfall wird der Swap aufgelöst, und der Receiver erstattet dem Payer den Verlust. Ähnlich dem Zinsswap können nun synthetisch Positionen in Anleihen aufgebaut werden, die sowohl die Zinskomponente als auch die Bonitätskomponente einschließen. So entspricht die Total Rate Receiver Position dem synthetischen Kauf (long) der Kreditposition, und entsprechend ist die Total Rate Payer Position der Leerverkauf (short).

### 7.1.4 Credit Linked Note

Bei allen bisher besprochenen Produkten wird zwar das Kreditrisiko des Referenzwertes verändert, jedoch entsteht ein neues Adressenrisiko mit dem Partner des Derivativgeschäftes. Bei guter Bonität ist dies allerdings vergleichsweise klein. Um die möglichen Gruppen von Risikokäufern und -verkäufern zu erweitern, wurden Credit Linked Notes eingeführt. Hierbei wird eine **Schuldverschreibung** mit einem **Kreditderivat kombiniert**, wobei je nach Ausstattung entweder der Kupon oder die Rückzahlung von einem Credit Event betroffen ist. Der Hauptvorteil liegt in der völligen Absicherung des Risikos, da das eventuell benötigte Kapital bereits durch den Kauf der Credit Linked Note zur Verfügung gestellt wurde.

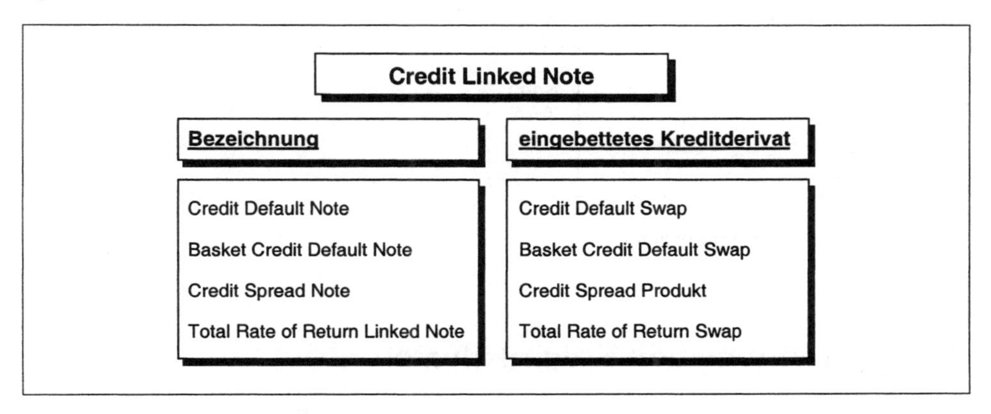


Abbildung 7.10: **Credit Linked Note**

Die Grundkonstruktion beruht auf der Gründung einer Zweckgesellschaft (**S**pecial **P**urpose **V**ehicle) in einer Steueroase. Einzige Aufgabe des SPV ist die Emission einer Anleihe. Bei einer Credit Default Note wird das Ausfallrisiko eines Portfolios mit Hilfe eines Credit Default Swaps an das SPV verkauft. Der Unterschied zu einer **A**sset **B**acked **S**ecurity besteht also praktisch nur in der derivativen Übertragung der Risiken, anstatt die Assets tatsächlich an das SPV zu verkaufen.

Die **Zweckgesellschaft emittiert** die **Credit Default Note** und setzt die Erlöse zum Kauf risikofreier Anleihen ein. Da das SPV praktisch kein Eigenkapital besitzt, dienen diese Anleihen als Sicherheit für die Rückzahlung. Mit Hilfe der Zinszahlungen des Sicherheitenpools zuzüglich der Zahlungen aus dem Credit Default Swap kann jetzt an die Käufer der Credit Linked Note eine Rendite ausgezahlt werden, die deutlich über dem Markt für risikofreie Anleihen liegt. Tritt kein Credit Event während der Laufzeit der Anleihe ein, wird mit Hilfe des Verkaufes der Sicherheiten die Anleihe bedient. Tritt jedoch ein Credit Event ein, wird aus den Sicherheiten der Verlust bezahlt und der Rest an die Käufer der Credit Linked Note ausgeschüttet. Dies geschieht sofort nach Eintritt des Events.

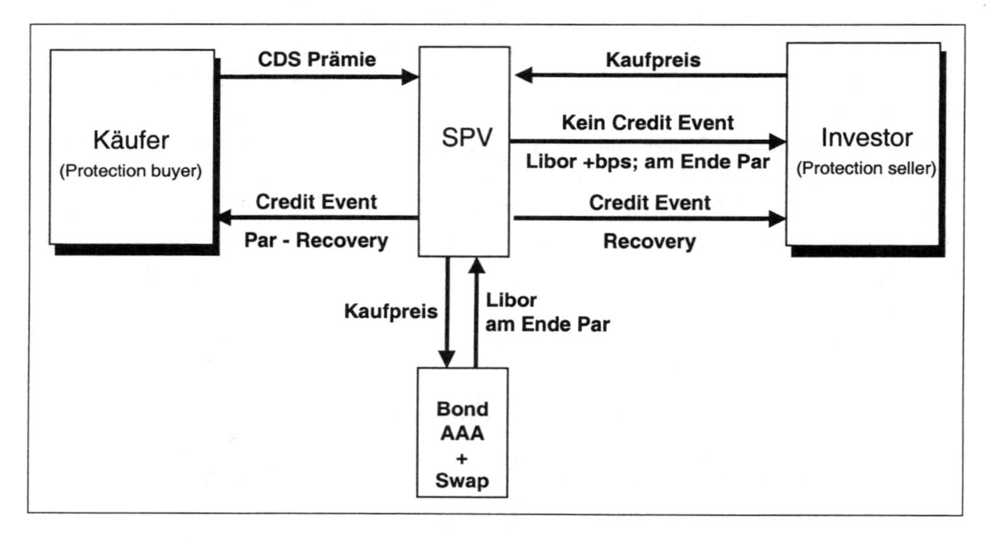


Abbildung 7.11: **Credit Default Note**

## 7.2 Anwendung von Kreditderivaten

Die besprochenen Produkte können insbesondere zum Risikomanagement und zur Ertragssteuerung eingesetzt werden, aber auch die Möglichkeiten des Bilanzmanagements oder der Beseitigung von Limit-Problemen sind hier wesentliche Anwendungen. Im Folgenden sollen diese Aspekte beleuchtet werden.

**Anwendungsmöglichkeiten**

**Risikomanagement**
- Risikoreduzierung
- Risikodiversifikation / -substitution
- Risikodesign
- Absicherung zukünftiger Finanzierungskosten

**Ertragssteuerung**
- Renditeverbesserung
- Arbitrage

**Sonstige**
- Bilanzstrukturmanagement
- Erhalt und Ausbau der Kundenbeziehung

Abbildung 7.12: **Anwendungsmöglichkeiten von Kreditderivaten**

Im Rahmen der **Risikoreduzierung** bietet sich die Möglichkeit, unerwünschte Kreditrisiken effizient auf Dritte zu übertragen. Dies ist insbesondere bei Klumpenrisiken in Branchen oder Ländern bzw. Regionen interessant. Da Genossenschaften und Sparkassen aufgrund des Regionalprinzips ihre Mittel geografisch oft sehr gebündelt einsetzen, ergibt sich eine Häufung von Branchenrisiken im Portfolio, hinzu kommt eine starke Abhängigkeit von der lokalen wirtschaftlichen Entwicklung. Auf der anderen Seite haben beispielsweise Investmentbanken eine Häufung von Risiken im Bankbereich und in spezifischen Ländern, in denen sie vorrangig tätig sind. Hier besteht nun die Möglichkeit, die Risikosituation anzupassen, ohne die betroffenen Kunden zu involvieren. Vor allem bei guten Beziehungen zu bestimmten Kundengruppen entstehen oft zu starke Kreditrisikobelastungen für die Bank. Mit Hilfe der Derivate kann nun der Konditionserfolg völlig vom Risikoerfolg getrennt werden.

Ein weiterer wesentlicher Punkt ist die **Diversifikation** des Portfolios. Aufgrund einer einseitigen Ausrichtung auf Branchen oder Regionen kann es sinnvoll sein, neue schwach korrelierte Risiken in das Portfolio aufzunehmen. Dies wird insbesondere bei einer **Risikosubstitution** klar. Hier wird ein mit dem eigenen Portfolio hoch korrelierter Kredit durch ein Derivat veräußert und gleichzeitig eine ähnliche Bonität mit gleicher Marge, aber geringer Korrelation gekauft. Es verändern sich weder Marge noch Einzelrisiken, aber das Portfoliorisiko wird reduziert, so dass sich dieser Ansatz sehr gut zur Steuerung von Kreditrisiken eignet. Auch das gewünschte **Risikodesign** des Kreditportfolios kann mit Hilfe der Kreditderivate leichter aufgebaut werden. Über Total Performance Swaps können synthetische Kredite konstruiert werden, die genau in die Risikovorstellung passen. Auch eine **Absicherung zukünftiger Finanzierungskosten** ist denkbar. Hier werden European Credit Spread Puts auf den eigenen Namen abgeschlossen. Für die gezahlte Prämie bekommt der Risikoverkäufer eine Ausgleichszahlung, wenn bei einer neuen Finanzierung der Risikoaufschlag höher ist als der Spread.

Ein weiterer Ansatzpunkt ist die **Renditeverbesserung** durch die Übernahme von Risiken. Dies ist im Kern eng mit dem Arbitragemarkt verbunden. Auf Basis einer Kreditbewertung im Anleihen-, Kredit- und Derivativmarkt kommen oft unterschiedliche Einschätzungen zustande. Dadurch ist es möglich, über die Verbindung der Märkte zusätzliche Erträge zu generieren. Insbesondere haben Investmentbanken oft ein sehr hohes Interesse Kreditrisiken zu verkaufen, da diese nicht zu ihrem Kerngeschäft zählen und sind daher bereit über dem Kreditmarkt liegende Margen zu bezahlen. Ähnliche Ideen liegen der **Arbitrage** zu Grunde. Hier werden Kreditrisiken im Markt über ein Derivat erworben. Anschließend wird dieses dann in einer Credit Linked Note neu verpackt und Versicherungen zum Kauf angeboten. Da diese jetzt in Risikoklassen wie z. B. Mittelstandkredite investieren können, die ihnen vorher nicht zugänglich waren, kann daher deren Portfolio besser diversifiziert werden. Aufgrund unterschiedlicher Margen im Bankenmarkt im Vergleich zu anderen Investoren kann so ein risikoloser Gewinn erzielt werden.

Ein weiterer Aspekt liegt im **Bilanzstrukturmanagement**. Im Rahmen der aufsichtsrechtlichen Behandlung im Grundsatz 1 bei Banken wird das notwendige Eigenkapital für Kreditrisiken nach Bonität des Kreditnehmers unterschieden. Jedoch müssen Kreditrisiken häufig mit mehr Eigenkapital unterlegt werden, als eigentlich ökonomisch notwendig ist. Da andere Unternehmen (Versicherungen, Industrieunternehmen) nicht demselben Aufsichtsrecht unterliegen, ist es sinnvoll, Kreditrisiken zu verkaufen, wenn dadurch rechtlich gebundenes Eigenkapital zu befreien ist. Mittelfristig wird der **Erhalt und Ausbau der Kundenbeziehung** ein entscheidender Faktor werden. Bei guten Kunden wird aufgrund des Klumpenrisikos oft ein Limit erreicht, so dass weitere Geschäfte trotz der guten Marge nicht mehr möglich sind. Hier kann das Ausfallrisiko dann einfach über ein Derivat weiter veräußert werden. Im Kern entsteht jetzt neben der klassischen Treasury eine Credit Treasury, die alle Adressenrisiken kauft und zentral managet. Somit ist für Banken dann tatsächlich eine vollständige Trennung von Produktion, Vertrieb und Risikoübernahme (Handel) möglich. Dies wird die Struktur im Finanzdienstleistungssektor nachhaltig beeinflussen.

## 7.3 Bewertung von Kreditderivaten

In den letzten Jahren hat sich die Bewertung von Kreditrisiken stark verändert. Standen in der Vergangenheit in der Praxis oft intuitive Verfahren im Vordergrund, hat die Entwicklung zu deutlich mathematischeren Ansätzen geführt. Dies liegt unter anderem an der Entwicklung von Kreditderivaten, die es nun möglich machen, solche Risiken aktiv zu handeln, während klassisch das Kreditgeschäft von einer Buy-and-Hold-Strategie geprägt war.

Marktpreisrisiken werden schon sehr lange aktiv gehandelt, auch der Markt für deren Derivate ist liquide. Ein wesentlicher Unterschied zwischen Marktpreis- und Kreditrisiken liegt in der Liquidierbarkeit. Im Marktbereich können Positionen meist sehr kurzfristig verändert werden, während dies im Kreditbereich in der Vergangenheit kaum möglich war. Durch die Vielzahl der Kreditrisiken (unterschiedliche Adressen) wird sich dies auch in der Zukunft nicht wesentlich ändern. Auf diesen Liquiditätsaspekt wird in diesem Buch jedoch nicht weiter eingegangen.

Im Zentrum der Überlegungen steht die Bewertung von Kreditprodukten aufgrund ihrer Ausfallgefahr. Auch hier gibt es einen wesentlichen Unterschied zu den klassischen Handelsprodukten. Bei Marktpreisrisiken kann im Großen und Ganzen bei effizienten Märkten von einer Normalverteilung der Renditen ausgegangen werden. Für einen Marktpreishändler steht dem Downside Risk meist eine Upside Chance mit ähnlicher Wahrscheinlichkeit und Größe gegenüber. Für einen Kreditrisikohändler ergeben sich relativ kleine Gewinnchancen (Ratingverbesserung, Spreadverringerung) bei deutlich größeren Verlusthöhen und –wahrscheinlichkeiten (Downrating, Spreadaus-weitung, Insolvenz). Mit anderen Worten: Für eine AAA geratete Firma gibt es keine guten Nachrichten! Dies führt zu einer “schiefen” Verteilung der Kreditrenditen, die Bewertungen mit Hilfe der Normalverteilung nicht zulässt.

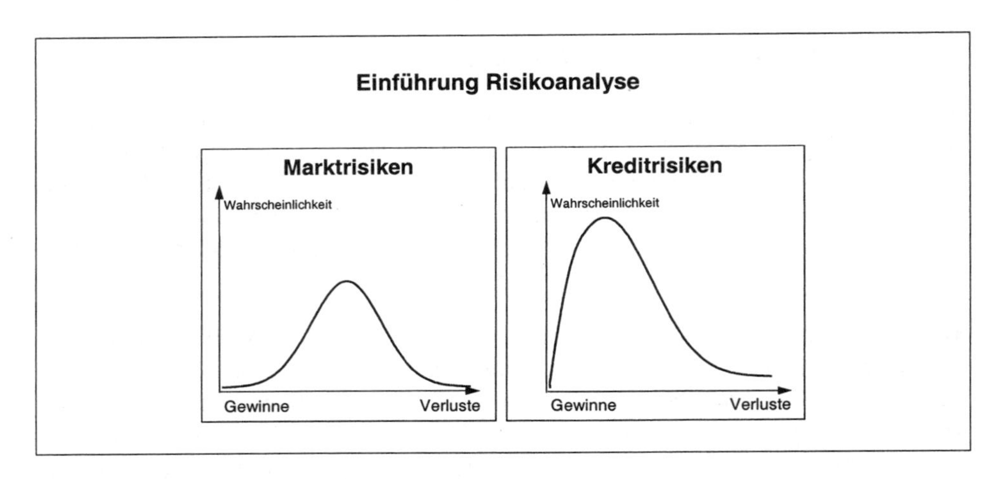


Abbildung 7.13: **Verteilung der Rendite**

Unter **Adressenrisiken** versteht man die Gesamtheit aller Kosten, die durch den Ausfall eines Kontrahenten entstehen. Hier sind im Wesentlichen die Kreditausfälle (**Kreditrisiko**), der **Wiedereindeckungsaufwand** für andere Produkte, wie z.B. Derivate und das **Vorleistungsrisiko** zu nennen. Im Folgenden wird auf das Kreditrisiko abgestellt. Dieses Risiko kann durch den Ausfall, durch eine Bonitätsveränderung des Unternehmens oder durch eine generelle Spreadausweitung (Risikoaufschlag auf den risikofreien Zins) des Marktes für das gleiche Risiko entstehen.

Bei der Bewertung stehen in dieser Arbeit die Ausfallrisiken im Mittelpunkt. Trotzdem reagieren diese Produkte auf eine veränderte Bonität, weil sich dann zwangsläufig die Ausfallwahrscheinlichkeit verändert hat. Im Folgenden werden zwei in der Praxis wichtige Bewertungsansätze vorgestellt. Zuerst werden Arbitragegedanken besprochen, da sie das Herzstück der Bewertung von Kreditderivaten bilden. Die zweite Gruppe basiert auf optionstheoretischen Ansätzen, bei denen aus Aktienkursen und deren Volatilität auf die Ausfallwahrscheinlichkeit geschlossen wird. Dies wird primär bei der Portfolioanalyse benutzt.

Als durchgehendes **Beispiel** wird ein zweijähriger Kredit bzw. Anleihe bzw. Credit Default Swap (CDS) auf die Luftschloss AG benutzt. Sie hat ein AA Rating und zahlt einen Zins von 10%, während der risikofreie Zerozins (Spotsatz) für ein und zwei Jahre bei 9,6% liegt.

## 7.3.1 Bewertung von Credit Default Swaps

Bei einem Credit Default Swap bekommt der Käufer (Protection Buyer) eine Ausgleichszahlung ($Settlement_{CDS}$) vom Verkäufer (Protection Seller), wenn zu einem Zeitpunkt $\tau$ innerhalb der Gesamtlaufzeit T ein Credit Event auf das Referenz-Asset vorliegt. Die Ausgleichszahlung berechnet sich aus dem Markpreis nach Default ($P(\tau)$). $\text{Settlement}_{CDS} = 100 - P(\tau) \quad \tau \leq T$

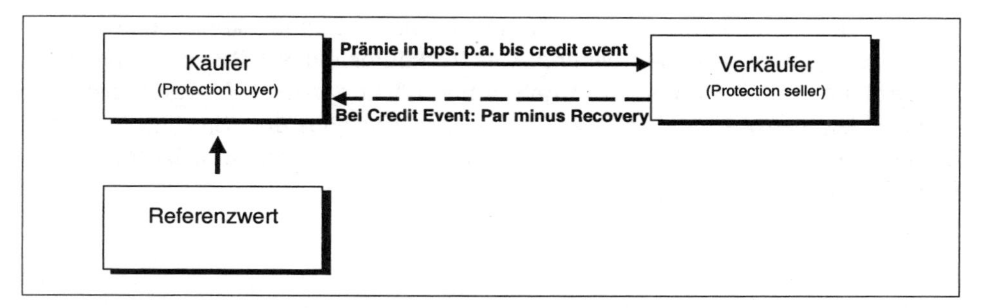


Abbildung 7.14: **Credit Default Swap CDS**

Für die Absicherung zahlt der Käufer eine nachschüssige prozentuale Zahlung (credit swap spread / premium = $S_{CDS}$) meist vierteljährlich mit act/360.

Für die Bewertung werden folgende Vereinfachungen angenommen, die zum Teil später aufgehoben werden:

1. Bei Ausfall verfallen die weiteren Prämienzahlungen des Käufers, d.h. es werden keine anteiligen Leistungen erbracht. Die Prämienzahlung erfolgt jährlich auf der Basis 30/360.

2. Die Referenzanleihe ist ein Floater (C-FRN) mit einem Preis von par. Im Folgenden wird das ausfallgefährdete Produkt immer mit einem C bezeichnet.

3. Die Referenzanleihe kann ohne Leihgebühr leer verkauft werden.

4. Es existiert ein risikofreier Floater (FRN) mit dem risikofreien Zins $r_t$ , während der risikobehaftete Floater zusätzlich einen festen Spread $S_{C\text{-}FRN}$ zahlt.

5. Es gibt keine Transaktionskosten oder Steuerprobleme.

6. Im Falle eines Credit Events $\tau < T$ erfolgt die Abrechnung des CDS (D) zum nächsten Kupontermin des Floaters nach dem Credit Event. Dann erhält der

Käufer einen Wertausgleich in Höhe von par abzüglich des Markpreises des C-FRN nach dem Credit Event ($P_{C\text{-}FRN}(\tau)$).

$$D = 100 - P_{C-FRN}(\tau) \quad \tau \leq T$$

7. Die Abrechnung erfolgt durch physische Lieferung des C-Floaters gegen eine Zahlung von par.

Der aktuelle Marktpreis des Credit Default Swaps kann durch ein Arbitrageargument gefunden werden. Der **Verkäufer** eines **CDS** muss, um sich abzusichern, den **C-Floater short gehen** und erhält daraus 100. Dafür leistet er jährlich den risikofreien Zins plus den Spread des Floaters ($S_{C\text{-}FRN}$). Aus den Einnahmen erwirbt er den risikofreien Floater zu par und erhält $r_t$. Daher gilt für jede Kuponzahlung:

$$r_t - (r_t + S_{C-FRN}) = S_{C-FRN}$$

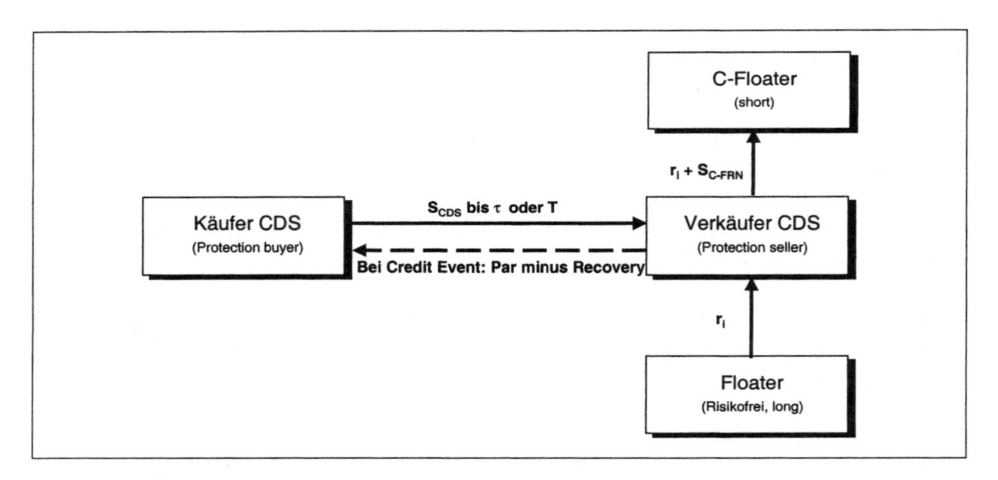


Abbildung 7.15: **Absicherung eines verkauften CDS**

Erfolgt kein Credit Event während der Laufzeit, werden beide Floater zu par fällig, so dass sich Rückzahlung und Wiedereindeckung genau ausgleichen. Dies entspricht der Situation, wenn der CDS wertlos verfällt.

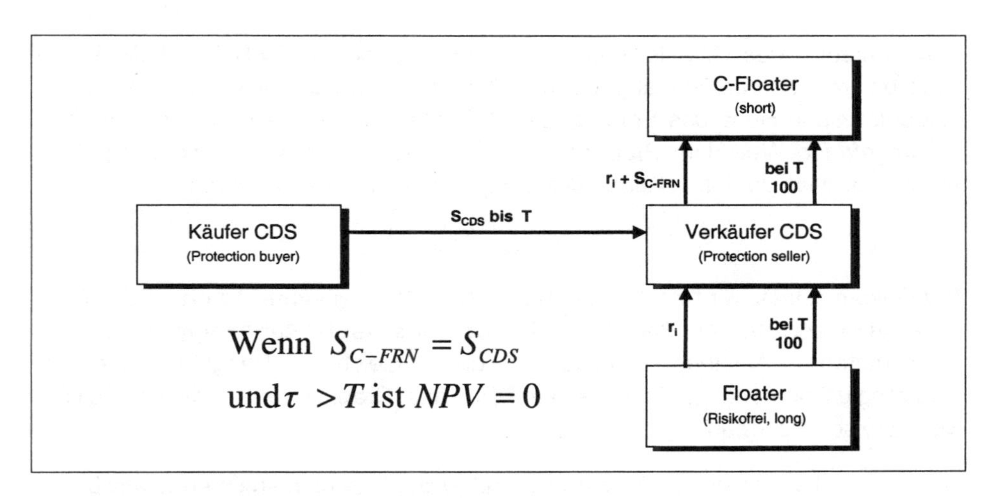


Abbildung 7.16: **Auflösung des CDS Hedges bei Fälligkeit T**

Im Falle eines Credit Events in τ, wird die Short-Position des kreditrisikobehafteten Floaters (C-FRN) zum Marktpreis eingedeckt, während der Floater zu 100 verkauft werden kann. Dies entspricht genau der zu leistenden Zahlung in den CDS.

$$Arbitrage\_Position = 100 - P_{C-FRN}(\tau) = Settlement_{CDS} \quad mit \quad \tau \leq T$$

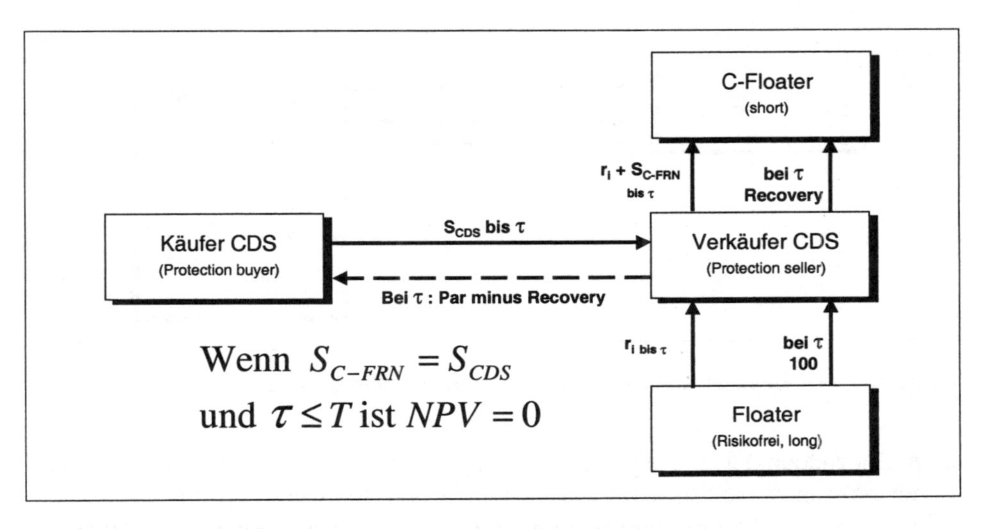


Abbildung 7.17: **Auflösung des CDS Hedges bei Credit Event vor Fälligkeit**

Der Verkäufer des CDS ist durch die Short-Position im C-FRN und die Long-Position im FRN perfekt abgesichert. Aus dem Hedge entstehen Kosten pro Kupontermin in Höhe des Spreads des C-Floaters ($S_{C\text{-}FRN}$), so dass dies in einer arbitragefreien Welt dem Preis des CDS entsprechen muss, dabei wird jedoch unterstellt, dass der letzte Kupon des C-FRN noch voll gezahlt wurde.

$$S_{C-FRN} = S_{CDS}$$

Bei diesem Ansatz wird zur Bewertung ein **C-FRN** mit **gleicher Laufzeit** des CDS herangezogen, da im Regelfalle die **Spreads laufzeitabhängig** sind. Alle betrachteten Anleihen müssen die gleiche Rangstufe haben (Erstrangig/Nachrangig), da sonst im Falle des Credit Events unterschiedliche Marktpreise existierten.

Leider sind die betroffenen **Anleihen oft illiquide**. Daraus resultieren relativ breite Geld-/Brief-Spannen. Insbesondere die Short-Position im C-FRN ist oft relativ "teuer". Für die Bewertung spielt es keine Rolle, ob die Short-Position über eine Leihe oder über einen Reverse-Repo aufgebaut wurde. Da bei der Leihe für den Eigentümer substanzielle Ausfallrisiken entstehen, setzt sich am Markt immer stärker der **Reverse-Repo** durch. Dabei wird das gewünschte Papier gekauft und gleichzeitig ein Termingeschäft über den Rückkauf abgeschlossen. Das Papier kann dann einfach am Markt veräußert werden.

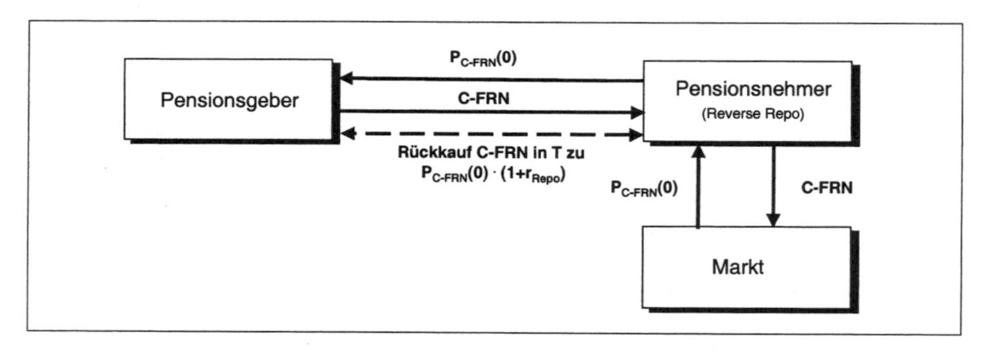


Abbildung 7.18: **Eingehen eines inversen Repos für eine Shortposition in 0**

Zum Endzeitpunkt (T) muss nun das Papier im Markt zurückgekauft werden. Damit entstehen die Gewinne bzw. Verluste der Short-Position, da das Papier gleich zum vereinbarten Terminkurs an den Pensionsgeber weitergereicht werden muss. Zusätzliche Kosten entstehen durch Abweichung der vereinbarten Repo-Rate im Vergleich zum risikofreien Zins. Bei illiquiden Papieren führt dies zu substanziellen zusätzlichen Kosten.

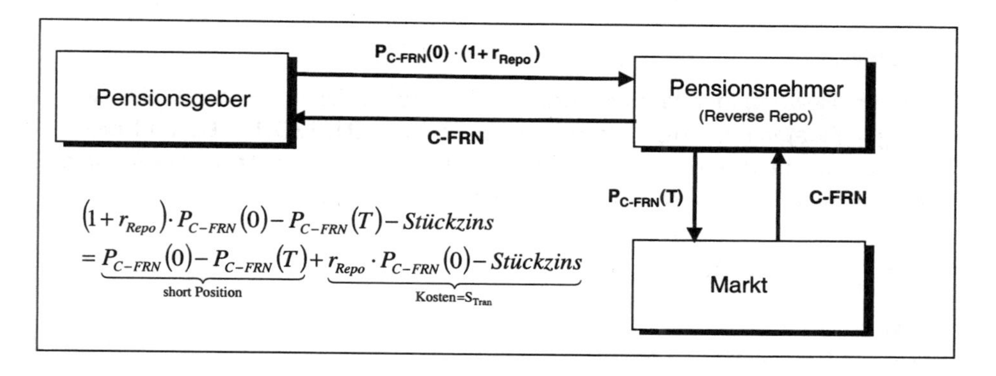


Abbildung 7.19: **Auflösung des inversen Repos in T**

Diese zusätzlichen Kosten werden als Transaktionsspread ($S_{Tran}$) bezeichnet und müssen entsprechend an den Kunden weitergegeben werden. Damit ergibt sich für den CDS Spread: $S_{C-FRN} + S_{Tran} = S_{CDS}$

## 7.3.2 Approximation des Floating Rate Spreads

Häufig ist der angenommene par C-FRN nicht verfügbar, so dass der Spread über eine Approximation berechnet werden muss. Ist im Markt ein C-FRN mit gleicher Laufzeit und einem Preis ($P_{C\text{-}FRN}$) ungleich par erhältlich, so kann aus dessen Preis und Ausstattung der gesuchte Spread berechnet werden. Zur Bewertung wird eine Annuität A definiert, die eine Währungseinheit pro Kupontermin bis zum Endzeitpunkt des CDS zahlt. Diese entspricht der Summe der risikobehafteten Diskontfaktoren und hat für eine Laufzeit T den Wert $A_T$. Der Wertunterschied eines C-FRN zu par und eines C-FRN ungleich par bei gleicher Laufzeit muss dem Preisunterschied des Barwertes der diskontierten Spreaddifferenzen entsprechen.

$$A_T = \sum_{i=1}^{T} e^{-r_i \cdot T_i}$$

$$P_{C-FRN\neq Par} - 100 = PV\left(S_{C-FRN\neq Par} - S_{C-FRN=Par}\right) = A_T \cdot \left(S_{C-FRN\neq Par} - S_{C-FRN=Par}\right)$$

$$S_{C-FRN=Par} = S_{C-FRN\neq Par} + \frac{100 - P_{C-FRN\neq Par}}{A_T}$$

**Beispiel:**

Für die Bewertung des zweijährigen CDS auf Luftschloss steht ein zweijähriger Floater mit einem jährlichen Kupon von EURIBOR + 69 und einem Marktpreis von 100,50 zur Verfügung. Der Diskontierungssatz für die Annuität wird mit für 10% ( ln(1+01)=9,53% kontinuierlich) hergeleitet.

$$A_2 = \frac{1}{1{,}1} + \frac{1}{1{,}1^2} = 1{,}73554$$

oder

$$A_2 = e^{-0{,}0953 \cdot 1} + e^{-0{,}0953 \cdot 1} = 1{,}73554$$

$$S_{C-FRN=Par} = S_{C-FRN \neq Par} + \frac{100 - P_{C-FRN \neq Par}}{A_2} = 0{,}69\% + \frac{100 - 100{,}5}{1{,}73554} = 0{,}40\%$$

Der zweijährige CDS auf Luftschloss hätte also einen Preis von 0,40% pa (30/360).

Der Spreadunterschied zwischen Floatern und Festsatzanleihen ist im Regelfalle so gering, dass für diese Berechnung auch mit Festsatzanleihen gearbeitet werden kann.

$$S_{C-FRN=Par} \approx S_{C-Bond} + \frac{100 - P_{C-Bond}}{A_T}$$

## 7.4 Bewertung mit Ausfallintensitäten

Die Ausfallrate (hazard rate = h) ist die Eintrittswahrscheinlichkeit des Credit Events. Die Ausfallwahrscheinlichkeit p für eine kurze Perioden Δ errechnet sich mit Hilfe der Hazard Rate:

$$p \approx h \cdot \Delta .$$

### 7.4.1 Konstante Hazard Rates

Zuerst wird von einer risikoneutralen konstanten hazard rate (h) ausgegangen.

$a_i(h)$ ist der heutige Wert einer Zahlung von 1 zum Zeitpunkt i falls $i < \tau$. Dies ist der Wert eines Euros, den man am Ende der Periode i bekommt, wenn der Ausfall bis zu diesem Zeitpunkt nicht eingetreten ist.

$$a_i(h) = e^{-(h+r_i)\cdot T_i}$$

Dabei kann **$a_i(h)$** als Diskontfaktor in **Abhängigkeit** vom **Zins und** der **Ausfallwahrscheinlichkeit** interpretiert werden. Dies ist der Diskontfaktor für eine Zahlung im Zeitpunkt i unter Einbeziehung der Diskontierung für die Zeit und der Diskontierung für das Ausfallrisiko.

$b_i(h)$ ist der heutige Wert einer Zahlung von 1 zum Zeitpunkt i falls $i - 1 < \tau < i$.

$$b_i(h) = e^{-r_i \cdot T_i} \cdot \left(e^{-h \cdot T_{i-1}} - e^{-h \cdot T_i}\right)$$

Damit bezeichnet **$b_i(h)$** den **Barwert** für eine Zahlung von einem Euro, wenn das **Kreditereignis im Zeitraum** von i-1 bis i eintritt.

Die Addition dieser Diskontfaktoren über alle Kupontermine (N = Anzahl der Kupontermine) bis zum Endzeitpunk T wird mit $A_{h,T}$ bzw. $B_{h,T}$ bezeichnet. Daher entspricht A dem Erwartungswert einer Zahlung von 1 zu jedem Kupontermin bis zum Endzeitpunkt oder bis zum Credit Event, je nachdem was zuerst eintritt.

$$A_{h,T} = \sum_{i=1}^{N} a_i$$

$$B_{h,T} = \sum_{i=1}^{N} b_i$$

B bezeichnet den Erwartungswert der Zahlung von 1 am ersten Kupontermin nach dem Credit Event, wenn dieser vor dem Endzeitpunkt liegt. Mit E (loss) wird der erwartete Verlust bezeichnet. In einer risikoneutralen Welt (Arbitrage ist nicht möglich) entspricht der Preis eines CDS dem Erwartungswert der Auszahlung im Falle eines Credit Events minus dem Erwartungswert aller Prämienzahlungen, die zu leisten sind.

$$P_{CDS}(h, E(loss), T, S_{CDS}) = B_{h,T} \cdot E(loss) - A_{h,T} \cdot S_{CDS}$$

Bei Entstehung des Geschäftes wird der Spread so festgelegt, dass das Geschäft in der Entstehung einen Wert von Null hat. Daher ergibt sich:

$$P_{CDS}(h, E(loss), T, S_{CDS}) = B_{h,T} \cdot E(loss) - A_{h,T} \cdot S_{CDS} = 0$$

$$S_{CDS}(h, T, E(loss)) = \frac{B_{h,T} \cdot E(loss)}{A_{h,T}}$$

Um h zu berechnen, benötigt man zuerst eine Schätzung der Recovery: Der erwartete Verlust im Credit Event wird mit $E(loss) = 100 - Recovery$ festgelegt. Nun muss aus vorhandenen Anleihen h geschätzt werden. Am Beispiel der Anleihe C-FRN* mit einer Laufzeit von T* und einem Spread von S* unter den Annahmen des vorigen Abschnitts gilt also:

$$I \quad P_{C-FRN*} = A_{h,T*} \cdot (r + S*) + a_T \cdot 100 + B_{h,T*} \cdot (1 - E(loss))$$

$$II \quad 100 = A_{h,T*} \cdot (r + S) + a_T \cdot 100 + B_{h,T*} \cdot (1 - E(loss))$$

$$I - II \qquad P_{C-FRN*} - 100 = A_{h,T*} \cdot S* - A_{h,T*} \cdot S$$

$$\Leftrightarrow P_{C-FRN*} - 100 = A_{h,T*} \cdot S* - B_{h,T*} \cdot E(loss)*$$

Betrachtet man Gleichung II näher, muss bei einem C-FRN$_{Par}$ der Spread genau ausreichen, um die erwarteten Verluste zu kompensieren.

$$II \quad 100 = \underbrace{A_{h,T*} \cdot r + a_T \cdot 100 + B_{h,T*} \cdot 100}_{100} + A_{h,T*} \cdot S - B_{h,T*} \cdot E(loss)$$

$$\Rightarrow \quad A_{h,T*} \cdot S = B_{h,T*} \cdot E(loss)$$

Daraus ergibt sich folgender Zusammenhang, der numerisch nach h gelöst werden kann.

$$P_{C-FRN*} - 100 = A_{h,T*} \cdot S* - B_{h,T*} \cdot E(loss)*$$

Für eine Festsatzanleihe eignet sich jedoch besser der Zusammenhang, dass der Wert des Bonds dem Barwert der erwarteten Cash Flows entspricht. Diese setzen sich aus dem Erwartungswert der Kupons, der Rückzahlung und der Recovery zusammen.

$$P_{C-Bond} = A_{h,T} \cdot Kupon + a_T \cdot 100 + B_{h,T*} \cdot (1 - E(loss)*)$$

**Beispiel** für die Bewertung eines zweijährigen CDS auf Luftschloss. Es steht ein zweijähriger Floater mit einem jährlichen Kupon von EURIBOR + 40 und einem Marktpreis von 100,00 zur Verfügung. Der risikofreie Zins liegt bei 9,6% (kontinuierlich ln(1+0,096)=9,17%. Und die erwartete Recovery bei 20, so dass sich ein E(loss) von 100 – 20 = 80 ergibt.

Zuerst müssen die Summen der Diskontfaktoren in Abhängigkeit von h ermittelt werden.

$$A_{h,2} = e^{-(h+0{,}0917)\cdot 1} + e^{-(h+0{,}0917)\cdot 2}$$
$$B_{h,2} = e^{-0{,}0917\cdot 1}\cdot\left(e^{-h\cdot 0} - e^{-h\cdot 1}\right) + e^{-0{,}0917\cdot 2}\cdot\left(e^{-h\cdot 1} - e^{-h\cdot 2}\right)$$

Im nächsten Schritt wird h mit Hilfe des Floater-Preises und des erwarteten Verlusts kalibriert.

$$P_{C-FRN*} - 100 = A_{h,T*}\cdot S* - B_{h,T*}\cdot E(loss)*$$
$$100 - 100 = A_{h,2}\cdot 0{,}4 - B_{h,2}\cdot 80$$

Durch einen numerischen Suchprozess ergibt sich hier ein h von 0,00499 und damit: (z.B. der Solver in Excel).

$$A_{h,2} = e^{-(0{,}00499+0{,}0917)\cdot 1} + e^{-(0{,}00499+0{,}0917)\cdot 2} = 1{,}732006$$
$$B_{h,2} = e^{-0{,}0917\cdot 1}\cdot\left(e^{-0{,}00499\cdot 0} - e^{-0{,}00499\cdot 1}\right) + e^{-0{,}0917\cdot 2}\cdot\left(e^{-0{,}00499\cdot 1} - e^{-0{,}00499\cdot 2}\right) = 0{,}008664$$
$$1{,}732006\cdot 0{,}4 - 0{,}008664\cdot 80 = 0$$

Im nächsten Schritt kann dann der Spread für den CDS ermittelt werden.

$$S_{CDS}(h,T,E(loss)) = S_{CDS}(0{,}0499;\,2;\,80) = \frac{B_{0{,}0499;2}\cdot 80}{A_{0{,}0499;2}} = \frac{0{,}008664\cdot 80}{1{,}732006} = 0{,}40$$

Dies ergibt den erwateten Spread von 0,40% für den CDS.

Mit Hilfe dieses Ansatzes können jedoch nun auch Marking-to-Market-Ansätze und Bewertung anderer Laufzeiten stattfinden.

**Beispiel**: Es soll der Preis eines zweijährigen 100 Mio. CDS auf Luftschloss mit jährlicher Zahlung und einem Spread von 30 ermittelt werden.

$$P_{CDS}(h, E(loss), T, S_{CDS}) = P_{CDS}(0{,}00499;\, 80;\, 2;\, 30) = B_{0{,}00499;2} \cdot E(loss) - A_{0{,}00499;2} \cdot S_{CDS}$$
$$= 0{,}008664 \cdot 80 - 1{,}732006 \cdot 0{,}3 = 0{,}1735$$
$$0{,}1735\% \cdot 10\ Mio = 17\,350{,}00$$

Der Marktpreis des CDS entspricht also 17 350,00 €.

**Beispiel**: Es soll der Spread für einen einjährigen CDS ermittelt werden.

$$A_{0{,}00499;\,2} = e^{-(0{,}00499+0{,}0917)\cdot 1} = 0{,}907837$$
$$B_{0{,}00499;\,2} = e^{-0{,}0917\cdot 1} \cdot \left(e^{-0{,}00499\cdot 0} - e^{-0{,}00499\cdot 1}\right) = 0{,}004541$$
$$S_{CDS}(h, T, E(loss)) = S_{CDS}(0{,}0499;\, 1;\, 80) = \frac{0{,}004541 \cdot 80}{0{,}907837} = 0{,}40$$

## 7.4.2 Laufzeitstruktur von Creditspreads

Meist ist die Hazard-Rate jedoch laufzeitabhängig. Mit $h_i$ wird die "marginale" Hazard-Rate von der Zeitperiode $T_{i-1}$ bis $T_i$ bezeichnet. Wir erhalten daher den Vektor $h = (h_1, \ldots h_n)$. Entsprechend ergibt sich mit $\mathbf{H_i}$ die daraus resultierende **kumulative Hazard-Rate** bis zum Zeitpunkt i:

$$a_i(H) = e^{-(H_i + r_i)T_i} \quad mit \quad H_i = \frac{h_1 + \ldots + h_i}{i}$$
$$b_i(H) = e^{-r_i \cdot T_i} \cdot \left(e^{-H_{i-1} \cdot T_{i-1}} - e^{-H_i \cdot T_i}\right)$$

**Beispiel:** Zusätzlich existiert ein einjähriger Par C-FRN mit einem Spread von 0,35. Auf dieser Basis kann jetzt die Struktur der Ausfallraten bestimmt werden.

$$h_1 = 0{,}00436 \Rightarrow H_1 = \frac{h_1}{1} = 0{,}00436$$
$$A_{H,1} = e^{-(0{,}00436+0{,}0917)\cdot 1} = 0{,}908409$$
$$B_{H,1} = e^{-0{,}0917\cdot 1}\cdot\left(e^{-0{,}00436\cdot 0} - e^{-0{,}00436\cdot 1}\right) = 0{,}00396931$$
$$0{,}908409\cdot 0{,}35 - 0{,}00396931\cdot 80 = 0$$

$$h_2 = 0{,}00562 \Rightarrow H_2 = \frac{h_1 + h_2}{2} = \frac{0{,}00436 + 0{,}00562}{2} = 0{,}0499$$
$$A_{H,2} = e^{-(0{,}00499+0{,}0917)\cdot 1} + e^{-(0{,}00499+0{,}0917)\cdot 2} = 1{,}732006$$
$$B_{H,2} = e^{-0{,}0917\cdot 1}\cdot\left(e^{-0{,}00499\cdot 0} - e^{-0{,}00499\cdot 1}\right) + e^{-0{,}0917\cdot 2}\cdot\left(e^{-0{,}00499\cdot 1} - e^{-0{,}00499\cdot 2}\right) = 0{,}008664$$
$$1{,}732006\cdot 0{,}4 - 0{,}008664\cdot 80 = 0$$

Auf dieser Basis können jetzt auch komplexe Produkte bewertet werden.

**Beispiel**: Es soll der Spread für einen Forward CDS in einem Jahr für ein Jahr berechnet werden:

$$A = e^{-(0{,}00562+0{,}0917)\cdot 2} = 0{,}823131$$
$$B = e^{-0{,}0917\cdot 2}\cdot\left(e^{-0{,}00562\cdot 1} - e^{-0{,}00562\cdot 2}\right) = 0{,}004639$$
$$S_{CDS\_in\_1\_für\_1}(h_2, T, E(loss)) = S_{CDS}(0{,}000562;\ \text{in 1 für 1};\ 80) = \frac{0{,}004639\cdot 80}{0{,}823131} = 0{,}45$$

Für den CDS müssen am Ende des zweiten Jahres 0,45% vom Nominal gezahlt werden.

Die Analyse auf Basis der Arbitragebewertung setzt sich bei Kreditderivaten zunehmend durch. Hierbei ist jedoch ein Markt von Anleihen auf den Emittenten Voraussetzung. Insbesondere können jetzt auch Produkte bewertet und abgesichert werden, ohne einen von der Laufzeit her genau passenden Bond zur Verfügung zu haben. Mit der Weiterentwicklung von Kreditderivaten wird auch der

Repo-Markt für die entsprechenden Anleihen liquider werden, so dass sich dieser Ansatz für alle Adressen mit verbrieften Schulden mittelfristig durchsetzten wird.

## 7.5 Optionstheoretische Ansätze zur Bewertung von Kreditrisiken

Der Optionsansatz nutzt die Aktienkurse des Emittenten als Grundlage für die Bewertung von Krediten. Es wird versucht den Marktwert der Aktiva mit Hilfe der Marktkapitalisierung zu bestimmen. Dabei wird der **Gesamtwert der Aktien** als **Call auf die Firma** interpretiert. Wenn bei Fälligkeit des Kredits der Marktwert der Firma kleiner als die Kreditsumme ist, wird die Insolvenz erklärt und die Firma gehört den Kreditgebern. Ist jedoch der Firmenwert größer, werden die Besitzer die Schulden zurückzahlen und den Kredit tilgen. Dies kann als Call auf die Firma, mit dem Strike Kreditsumme und der Laufzeit der Fälligkeit der Kredite interpretiert werden. Bei Fälligkeit der Option wird sie ausgeübt, wenn der Firmenwert größer als die Kreditsumme (= Strike) ist.

| Auszahlunsmatrix Eigenkapitalgeber | |
|---|---|
| | **Ergebnis für Eigenkapitalgeber** |
| Unternehmenswert > Kreditsumme | Unternehmenswert – Kreditsumme |
| Unternehmenswert < Kreditsumme | 0 |

| Auszahlungsmatrix Call auf Firma mit Strike Kreditsumme | | |
|---|---|---|
| | **Wirkung** | **Ergebnis** |
| Unternehmenswert > Kreditsumme | Ausübung Call zahlt Strike bekommt Firma | Unternehmenswert minus Kreditsumme |
| Unternehmenswert < Kreditsumme | Call verfällt wertlos | 0 |

Abbildung 7.20: **Firmenwert als Call**

Die zur Zeit bekannteste Interpretation dieser Grundidee von Merton (Vgl. 5.2.1) stellt das KMV – Modell dar. Dabei wird die Höhe des Fremdkapitals (Debt) aus der Bilanz festgestellt. Der Firmenwert setzt sich aus dem Eigenkapital und dem Fremdkapital zusammen. Am Markt kann jedoch nur der Call beobachtet werden, der neben dem inneren Wert auch einen Zeitwert enthält. Der Marktwert der Assets ist also kleiner als Marktkapitalisierung plus dem Fremdkapital.

Um das Problem zu lösen, wird der Wert der Marktkapitalisierung mit Hilfe der Call-Bewertung berechnet.

$$Value\_Equity = Value\_Assets \cdot N(d_1) - e^{-r \cdot T} \cdot Debt \cdot N(d_2)$$

$$d_1 = \frac{ln\left(\frac{Value\_Assets}{Debt}\right) + \left(r + \frac{\sigma^2_{Assets}}{2}\right) \cdot T}{\sigma_{Asset} \cdot \sqrt{T}}$$

$$d_2 = d_1 - \sigma_{Asset} \cdot \sqrt{T}$$

Dieser Wert hängt von der Laufzeit (T), dem risikofreien Zins (r), dem gesuchten Gesamtwert der Aktiva (Value_Assets), dem Fremdkapital (Debt) und der unbekannten Renditeschwankung der Aktiva ($\sigma_{Assets}$) ab. N steht für den kumulativen Normalverteilungswert.

Leider kann die **Volatilität der Assets** nicht direkt im Markt abgelesen werden. Jedoch kann mit Hilfe der impliziten **Volatilität** von Optionen die Renditeschwankung der **Aktien** ($\sigma_{Equity}$) berechnet werden. Die Schwankungen der Aktien sind nicht identisch mit der Bewegung des Firmenwerts, da die Position einen **Leverage** hat. Die Eigenkapitalschwankung ist damit deutlich stärker als die Firmenwertschwankung. Dies kann durch die Relation der gesamten Aktiva (Value_Assets) zum Wert des Eigenkapitals ausgedrückt werden. Bei einer Erhöhung der Fremdfinanzierung nimmt die Schwankung des Eigenkapitals zu, da dann der "Aktienpuffer" in Bezug auf die Gesamtschwankung kleiner geworden ist. Hinzu kommt noch der Effekt, dass sich die Option nicht linear zum Wert der Firma entwickelt, sondern nur mit dem Faktor Delta ($\Delta$) verknüpft ist. Dabei entspricht Delta der ersten Ableitung der Callformel in Bezug auf den Wert der Assets.

$$\frac{\delta Value\_Equity}{\delta Value\_Assets} = \Delta = N(d_1)$$

Als zweite Gleichung ergibt sich also der Zusammenhang, dass die Aktienvolatilität der geleveragten und Delta-gewichteten Assetvolatilität entsprechen muss:

$$\sigma_{Equity} = \frac{\textbf{Value\_Assets}}{Value\_Equity} \cdot \Delta \cdot \sigma_{\textbf{Assets}} = \frac{Value\_Assets}{Value\_Equity} \cdot N(d_1) \cdot \sigma_{Assets}$$

Diese beiden Gleichungen werden durch einen Suchprozess für den Firmenwert (Value_Assets) und deren Schwankung ($\sigma_{Assets}$) gelöst. Mit diesem Ergebnis kann nun $N(d_2)$ berechnet werden. Mit dieser Wahrscheinlichkeit üben die Besitzer des Unternehmens ihren Call aus, zahlen also den Kredit zurück. Daher entspricht $1\text{-}N(d_2) = N(-d_2)$ der Ausfallwahrscheinlichkeit, denn der Call wird nicht ausgeübt, wenn am Ende der Laufzeit das Firmenwert kleiner als die Fremdkapitalsumme ist.

Mit Hilfe der ermittelten Werte kann nun der eigentliche **Kredit** bewertet werden. Dabei bietet sich die Interpretation eines **Puts** an. Für den Kreditgeber stellt sich die Auszahlung als Besitz eines risikofreien Zerobonds, mit dem Endwert der Kreditsumme und dem Verkauf eines Puts mit dem Strike "Kreditsumme", dar. Bei Fälligkeit werden die Put-Besitzer ausüben, wenn der Firmenwert unter der Kreditsumme liegt. Damit erhält der Kreditgeber die Firma und muss den Bond abgeben, im anderen Fall verfällt der Put wertlos und die Kreditsumme wird durch den Bond getilgt.

| AUSZAHLUNGSMATRIX BOND UND VERKAUF EINES PUT MIT STRIKE „KREDITSUMME“ | | |
|---|---|---|
| | **Wirkung** | **Ergebnis der Position** |
| Unternehmenswert > Kreditsumme | Put verfällt wertlos | Bond = Kreditsumme |
| Unternehmenswert < Kreditsumme | Put wird ausgeübt: zahlt Bond, bekommt Unternehmen | Unternehmenswert |

Abbildung 7.21: **Kredit als Put**

**Beispiel**: Die Luftschloss AG hat eine Marktkapitalisierung von 40 Mio. Euro und ist mit 100 Mio. Euro verschuldet. Alle Kredite sind in zwei Jahren fällig. Die Aktienvolatilität liegt bei 33%. Zuerst muss der Marktwert der Aktiva und deren Volatilität mit Hilfe der Bewertung des Calls ermittelt werden. Der numerische Suchprozess ergibt eine Lösung bei einem Value_Assets von 122,62 und einer Assetvolatilität von 10,81%.

$$r = kontinuierlicher Zins = \ln(1{,}1) = 9{,}53\%$$

$$Value\_Equity = \textbf{Value\_Assets} \cdot N(d_1) - e^{-r \cdot T} \cdot Debt \cdot N(d_2)$$

$$40 = \textbf{122,62} \cdot \underbrace{N(2{,}658)}_{0{,}9960} - e^{-0{,}0953 \cdot 2} \cdot 100 \cdot \underbrace{N(2{,}505)}_{0{,}9939}$$

$$d_1 = \frac{\ln\left(\dfrac{\textbf{Value\_Assets}}{Debt}\right) + \left(r + \dfrac{\sigma^2_{\text{Assets}}}{2}\right) \cdot T}{\sigma_{\textbf{Asset}} \cdot \sqrt{T}} = \frac{\ln\left(\dfrac{\textbf{122,62}}{100}\right) + \left(0{,}0953 + \dfrac{\textbf{0,1081}^2}{2}\right) \cdot 2}{0{,}1081 \cdot \sqrt{2}} = 2{,}658$$

$$d_2 = d_1 - \sigma_{\textbf{Asset}} \cdot \sqrt{T} = 2{,}658 - 0{,}1081 \cdot \sqrt{2} = 2{,}505$$

$$\sigma_{Equity} = \frac{\textbf{Value\_Assets}}{Equity} \cdot \underbrace{N(d_1)}_{\Delta} \cdot \sigma_{\text{Assets}} = \frac{\textbf{122,62}}{40} \cdot \underbrace{N(2{,}658)}_{\Delta} \cdot 0{,}1081 = 0{,}33$$

Da $N(d_2)$ die Ausübungswahrscheinlichkeit des Puts ist, ergibt sich die Ausfallwahrscheinlichkeit mit $1 - N(d_2) = N(-d_2) = 0{,}61\%$

Damit kann jetzt der Kredit als Put bewertet werden:

$$P_{Put} = Strike \cdot e^{-r \cdot t} \cdot N(-d_2) - Asset\_Wert \cdot N(-d_1)$$

$$P_{Put\,Luftschloß} = e^{-0{,}0953 \cdot 2} \cdot \underbrace{100 \cdot N(-2{,}505)}_{0{,}61} - \underbrace{122{,}62 \cdot N(-2{,}658)}_{0{,}48} = 0{,}024$$

Der Put kostet 0,024 Mio. Euro. Dieser sehr geringe Wert beruht auf der impliziten hohen Recovery von 0,48 Mio. Bei der Marktbewertung scheinen die Marktteilnehmer bei dem Konkurs eher von einer Recovery von Null auszugehen. Der erwartete Verlust von 0,61 Mio entspricht einem Spread von 0,35% und ist schon deutlich realistischer.

Die Bewertungsverfahren der Optionstheorie führen meist nicht zu überzeugenden Ergebnissen im Vergleich zur Marktbewertung. Auch im Beispiel passt die Ausfallwahrscheinlichkeit nicht zur Ratingklasse, obwohl der Spread übereinstimmt. Diese Verfahren werden daher hauptsächlich für die Bonitätseinschätzung im Rahmen der Portfolioanalyse benutzt.

## 7.6 Ausblick zur Kreditbewertung

Im Buch wurden unterschiedliche Bewertungsverfahren vorgestellt. Dabei eignen sich Cash-Flow-orientierte Verfahren am Besten zur Bewertung von Anleihen und Krediten, da hier tatsächlich ein primäres Pricing notwendig ist. Optionstheoretische Ansätze werden hauptsächlich für eine Berechnung der Ausfallwahrscheinlichkeiten und damit des Ratings auf Basis der Aktienkurse und ihrer Volatilität eingesetzt. Der Vorteil liegt in der schnellen Reaktion auf eine veränderte Marktsituation, jedoch sind die Marktbewertungen nicht überzeugend. Zur Bewertung von Kreditderivaten drängen sich Arbitrage-Modelle auf, da hier die Position durch einen risikolosen Hedge geschlossen werden kann.

Die Bewertungsverfahren im Kreditbereich werden sich auch in Zukunft stürmisch weiterentwickeln. Jedoch bleibt im Gegensatz zum Zinsbereich die Schwierigkeit, dass Ausfälle individuelle Ereignisse einer einzelnen Adresse sind. Daher wird der Markt nur eine begrenzte Liquidität entwickeln können. Durch die zunehmende Verbreitung von Kreditderivaten wird ein immer größerer Anteil dieser Risiken dann nicht mehr indirekt über den Anleihemarkt abgebildet, sondern es besteht die Möglichkeit das Risiko direkt in die Bücher zu nehmen. Die Entwicklung könnte ähnlich wie im Markt für Zinsswaps verlaufen. Während in den ersten Jahren die Bewertung indirekt über Anleihen erfolgte, hat sich der Swap-Markt inzwischen zu einem liquideren Markt entwickelt als der Bond-Markt. Immer stärker wird nun die Swapkurve zur Bewertung von Anleihen eingesetzt. Ein ähnlicher Prozess ist auf dem Markt für Credit Default Swaps zu erwarten.

*Literatur: Duffie (1999), Ong (1999)*

# 8.

# Mathematischer Anhang

# 8 Mathematischer Anhang

Dieser Anhang ist als eine Wiederholung der wichtigsten mathematischen Konzepte in diesem Buch gedacht. Der Ausgangspunkt war Didaktik und nicht Exaktheit, so mögen mir die Mathematiker einige Ungenauigkeiten verzeihen.

## 8.1 Folgen und Reihen

Eine Summe von drei Zahlen kann als Addition geschrieben werden

$$3+4+5=12$$

oder als Summe der einzelnen Glieder $x_i$, wobei das i als Index die Stelle bezeichnet, an der das jeweilige Glied steht. Die Gleichung lässt sich also auch schreiben als

$$\sum_{i=1}^{3} x_i = 12$$

mit $x_1 = 3; x_2 = 4; x_3 = 5$

Bei der Aufzinsung von Cash Flows sind die jährlichen Zahlungen (Z) oft gleich und unterscheiden sich nur durch den Diskontfaktor q.

$$q = \frac{1}{1+Zinssatz} = \frac{1}{1+r} \qquad \text{mit } r = Zinssatz$$

Eine Zahlung von 10 für 3 Jahre bei einem Zinssatz von 10% lässt sich schreiben:

$$10 \cdot \frac{1}{1{,}1} + 10\frac{1}{(1{,}1)^2} + 10\frac{1}{(1{,}1)^3} = \sum_{i=1}^{3} 10 \cdot \frac{1}{(1{,}1)^i} = \sum_{i=1}^{3} Z \cdot q^i = Z \cdot \sum_{i=1}^{3} q^i = 10 \cdot 2{,}4869 = 24{,}86$$

mit $Z = 10$ und $q = \frac{1}{1{,}1}$

Es ist also hilfreich, den Wert der **geometrischen Reihe** $\sum_{1=1}^{n} q^i$ schnell bestimmen zu können. Schreibt man die Summe der Reihe als Gleichung und subtrahiert dieselbe Gleichung multipliziert mit q ergibt sich:

$$[1]\ Summe = q^1 + q^2 + q^3 + q^4 + ...... + q^n$$

$$[2]\ q \cdot Summe = \quad q^2 + q^3 + q^4 + ...... + q^n + q^{n+1} \quad \big|\, [1] \cdot q$$

$$[1-2] \quad Summe - q \cdot Summe = q - q^{n+1}$$

$$\Leftrightarrow (1-q) \cdot Summe = q - q^{n+1}$$

$$\Leftrightarrow Summe = \frac{q - q^{n+1}}{1-q} \cdot \frac{-1}{-1} = \frac{q \cdot (q^n - 1)}{q-1}$$

Dies ist der **Rentenbarwertfaktor** einer nachschüssigen Rente, dessen Ergebnisse sich in einer Vielzahl von Tabellen wiederfinden. Mit der Entwicklung der Renditerechner ist die Bedeutung dieser Tabellen jedoch deutlich zurückgegangen. Für das Beispiel ergibt sich also:

$$\sum_{i=1}^{3} \frac{1}{1{,}1^i} = \frac{\frac{1}{1{,}1} \cdot \left( \frac{1}{1{,}1^3} - 1 \right)}{\frac{1}{1{,}1} - 1} = \frac{-0{,}2261}{-0{,}0909} = 2{,}4869$$

Bei einer **unendlichen Reihe** ergibt sich entsprechend:

$$[1] \quad Summe = q^1 + q^2 + q^3 + q^4 + ...... + q^n + q^{n+1} + .....$$

$$[2] \quad q \cdot Summe = \quad q^2 + q^3 + q^4 + ...... + q^n + q^{n+1} + ...$$

$$[1-2]\ Summe - q \cdot Summe = q \quad \big| \text{ da sich immer ein Glied zum Abziehen findet}$$

$$\Leftrightarrow (1-q) \cdot Summe = q \qquad mit\ q = \frac{1}{1+r}$$

$$\Leftrightarrow \left(1 - \frac{1}{1+r}\right) \cdot Summe = \frac{1}{1+r} \quad \big| \text{ Gleichung mit } 1+r \text{ multiplizieren}$$

$$\Leftrightarrow (1 + r - 1) \cdot Summe = 1$$

$$\Leftrightarrow Summe = \frac{1}{r}$$

Dies bedeutet nichts anderes, als dass für eine jährliche Zahlung von 10 bei einem Zinsniveau von 10% 100 angelegt werden müssen.

$$10 \cdot \frac{1}{0{,}1} = 100$$

Soll die Rente jedoch jährlich um einen **Wachstumsfaktor *g*** ansteigen, ergibt sich mit:

$x = 1 + g$

$[1]\ Summe = \quad q^1 + q^2 \cdot x + q^3 \cdot x^2 + q^4 \cdot x^3 + ......+ q^{n+1} \cdot x^n + q^{n+2} \cdot x^{n+1} + .....$

$[2]\ x \cdot q \cdot Summe = \quad q^2 \cdot x + q^3 \cdot x^2 + q^4 \cdot x^3 + ......+ q^{n+1} \cdot x^n + q^{n+2} \cdot x^{n+1} + .....$

$[1-2]\ Summe - x \cdot q \cdot Summe = q$ | da sich immer ein Glied zum Abziehen findet

$\Leftrightarrow (1 - x \cdot q) \cdot Summe = q \quad |$ mit $q = \dfrac{1}{1+r}$ und $x = 1 + g$

$\Leftrightarrow \left(1 - \dfrac{1+g}{1+r}\right) \cdot Summe = \dfrac{1}{1+r} \quad | \cdot (1+r)$

$\Leftrightarrow (1 + r - (1 + g)) \cdot Summe = 1$

$\Leftrightarrow Summe = \dfrac{1}{r-g}$

Will ein Investor eine unendliche Rente erwerben, die mit einer ersten Zahlung von 10 beginnt und anschließend mit 5% pro Jahr wächst, müssen bei einem Zinsniveau von 10% $\dfrac{10}{0{,}1 - 0{,}05} = 200$ investiert werden.

## 8.2 Natürlicher Logarithmus

Die natürliche Zahl e ist definiert als:

$$\lim_{x \to \infty} \left(1 + \frac{1}{x}\right)^x = 2{,}71828.... = e$$

Der natürliche Logarithmus (ln) einer Zahl *b* ist diejenige Zahl *a*, mit der *e* potenziert werden muss, um *b* zu erhalten:

$e^a = b \quad \Rightarrow a = \ln b$

Beispiel:

$\ln 10 = 2{,}3026, \quad$ weil $2{,}718281^{2{,}3026} = 10$

Der natürliche Logarithmus hat einige angenehme Eigenschaften, die hier kurz erwähnt werden:

$$\ln x \cdot y = \ln x + \ln y$$

$$\ln x^y = y \cdot \ln x$$

$$\ln \frac{x}{y} = \ln x - \ln y$$

## 8.3 Statistik

Im Folgenden werden einige wichtige statistische Konzepte in Bezug auf die Kapitalmarkt- und Optionstheorie erklärt.

### 8.3.1 Mittelwert, Varianz, Kovarianz

Der berühmte Biologix aus einem kleinen gallischen Dorf hat über einen Zeitraum von 10 Jahren eine Erhebung der jährlichen Geburten und der Anzahl der Störche in der Umgebung erstellt. Dies ergab folgendes Bild:

Tabelle 8.1:
ENTWICKLUNG VON BABYS UND STÖRCHEN

| Spalte | A | B | C | D | E | F |
|---|---|---|---|---|---|---|
| **Jahr** | **Babys** | **Störche** | $A_i - \mu_B$ | $(A_i - \mu_B)^2$ | $(B_i - \mu_S)$ | $(A_i - \mu_B)(B_i - \mu_S)$ |
| **1** | 8 | 40 | −2,00 | 4,00 | −8,00 | 16,00 |
| **2** | 9 | 45 | −1,00 | 1,00 | −3,00 | 3,00 |
| **3** | 12 | 60 | 2,00 | 4,00 | 12,00 | 24,00 |
| **4** | 8 | 50 | −2,00 | 4,00 | 2,00 | −4,00 |
| **5** | 7 | 45 | −3,00 | 9,00 | −3,00 | 9,00 |
| **6** | 14 | 55 | 4,00 | 16,00 | 7,00 | 28,00 |
| **7** | 10 | 50 | 0,00 | 0,00 | 2,00 | 0,00 |
| **8** | 9 | 40 | −1,00 | 1,00 | −8,00 | 8,00 |
| **9** | 11 | 45 | 1,00 | 1,00 | −3,00 | −3,00 |
| **10** | 12 | 50 | 2,00 | 4,00 | 2,00 | 4,00 |
| **Summe =** | 100 | 480 | 0,00 | 44,00 | 0,00 | 85,00 |
| **Mittelwert =** | 10 | 48 | **Varianz:** | 4,40 | **Kovarianz:** | 8,50 |

Um die Ergebnisse besser beschreiben zu können, ermittelt Biologix zuerst den Mittelwert bei Babys und Störchen, also die Gesamtsumme geteilt durch die Anzahl der Beobachtungen:

$$Mittelwert_{Babys} = \mu_B = \frac{1}{Anzahl} \cdot \sum_{i=1}^{n} x_i = \frac{100}{10} \quad | \text{ mit } x_i = \text{Babys im Jahr i}$$

Genauso wird der Mittelwert für die Störche mit $\mu_s = 48$ bestimmt. Da die Anzahl in den einzelnen Jahren aber vom Mittelwert deutlich abweicht, versucht er, ein Maß für die Streuung zu finden. Der Ansatz, einfach von dem Einzelergebnis den Mittelwert abzuziehen und dann die Ergebnisse aufzusummieren (Spalte C), scheitert, da dies aufgrund der Mittelwertdefinition 0 ergeben muss. Statt dessen quadriert Biologix die Zahlen und entwickelt so die Varianz.

$$Varianz_B = \sigma_B^2 = \frac{1}{Anzahl} \sum_{i=1}^{n} (x_i - \mu_B)^2 = \frac{44}{10} = 4{,}4$$

Da dieses Ergebnis durch das Quadrieren eine andere Dimension, d.h. *Babys²*, als die Ausgangsbeobachtung hat, wird anschließend die Standardabweichung als Wurzel aus der Varianz ermittelt:

$$Standardabweichung_{Babys} = \sigma_B = \sqrt{\sigma_B^2} = \sqrt{4{,}4} = 2{,}098\,.$$

Das gleiche Verfahren wendet Biologix bei den Störchen an.

$$Varianz_{Störche} = \sigma_S^2 = 36 \text{ und } \sigma_s = 6$$

Die Standardabweichung ist also ein Maß für die Streuung um den Mittelwert. Je höher die Varianz, desto wahrscheinlicher ist es, dass einzelne Werte weit vom Durchschnitt entfernt liegen. Unterstellt man eine Normalverteilung (vgl. 8.4), kann gezeigt werden, dass mindestens 95% der Beobachtungen im Intervall plus/minus der zweifachen Standardabweichung um den Mittelwert liegen, also hier im Bereich von 5,8 bis 14,2 Babys pro Jahr. Bei Biologix' Beobachtung gilt dies sogar für alle Beobachtungen.

$$\mu_B - 2 \cdot \sigma_B = 10 - 4{,}2 = 5{,}8$$
$$\mu_B + 2 \cdot \sigma_B = 10 + 4{,}2 = 14{,}2$$

Biologix interessiert sich aber auch für den Zusammenhang von Störchen und Babys. Dazu rät ihm Druide M, die Kovarianz zu berechnen. Dies geschieht durch

Multiplikation der Spalten C und E in Spalte F. Die Kovarianz ist ein Maß dafür, inwieweit die Abweichungen vom Mittelwert der Babys und der Störche im selben Jahr das gleiche Vorzeichen haben. Je öfter eine Abweichung bei den Störchen mit einer gleichgerichteten Abweichung bei den Babys zusammenfällt, um so größer ist der Zusammenhang und damit die Kovarianz.

$$Kovarianz_{Babys\ mit\ Störchen} = \sigma^2_{BS} = \frac{1}{Anzahl}\sum_{i=1}^{n}\left(x_{i\ Babys} - \mu_B\right)\cdot\left(x_{i\ Störche} - \mu_S\right) = \frac{85}{10} = 8{,}5$$

Die Kovarianz ist also eine Maßzahl, inwieweit zwei Datenreihen gemeinsam schwingen. Da die Höhe der Kovarianz stark vom Mittelwert der Reihen abhängt, wird das Ergebnis oft normiert, d.h. durch den Korrelationskoeffizienten $\rho$ ausgedrückt. Dieser Koeffizient ist eine Kennzahl zwischen −1 und +1.

$$\rho_{BS} = \frac{\sigma^2{}_{BS}}{\sigma_B \cdot \sigma_S} = \frac{8{,}5}{2{,}098 \cdot 6} = 0{,}68$$

Dabei bedeutet eine Korrelation von 1, es liegt ein positiver Zusammenhang vor, d.h. die Abweichung vom Mittelwert hat bei beiden Datenreihen immer die gleiche Richtung. Dies gilt offensichtlich für die Korrelation einer Zahlenreihe mit sich selbst. Eine Korrelation von 0 bedeutet, dass kein statistischer Zusammenhang besteht. Eine negative Korrelation bedeutet, dass Abweichungen vom Mittelwert in der Regel gegeneinander gerichtet sind. Bei dem Ergebnis von 0,68 schließt Biologix auf eine bekannte Geburtentheorie. Dies mag auch zur Warnung dienen, dass statistische Zusammenhänge nicht zwangsläufig auch kausale Zusammenhänge sein müssen. Häufig werden Zusammenhänge mit Hilfe einer Regressionsgeraden (vgl. 8.3.2) beschrieben. Dazu werden alle Beobachtungen in ein Diagramm eingetragen und die Gerade gesucht, die dem Zusammenhang am nächsten kommt.

Wichtig ist auch der Zusammenhang bei der Addition zweier Variablen. Biologix interessiert sich für die mit jeweils 50% gewichtete Summe aus Babys und Störchen (warum ihn das interessiert, weiß keiner so genau). Angenehmerweise kann der Mittelwert schnell aus den gewichteten Einzelmittelwerten errechnet werden.

$$\mu_{0,5\,Babys+0,5\,Störche} = 0{,}5 \cdot 10 + 0{,}5 \cdot 48 = 29$$

$$\mu_{gewichtete\ Summe\ aus\ x\ und\ y} = w_x \cdot \mu_x + w_y \cdot \mu_y$$

mit $w_i$ = Gewicht der Variablen i

Die Varianz dieser Summe ist leider etwas schwieriger zu bestimmen. Sie besteht einerseits aus den gewichteten Einzelvarianzen, aber zusätzlich kommt die jeweilige gewichtete Kovarianz zur anderen Variablen hinzu.

$$\sigma^2_{\text{gewichtete Summe aus x und y}} = w_x^2 \cdot \sigma_x^2 + w_x \cdot \sigma_{xy} + w_y^2 \cdot \sigma_y^2 + w_y \cdot \sigma_{yx}$$

$$= w_x^2 \cdot \sigma_x^2 + w_y^2 \cdot \sigma_y^2 + 2 \cdot w_x \cdot w_y \cdot \sigma_{xy} \qquad |\text{mit } \sigma_{xy} = \sigma_{yx}$$

Unter Ausnutzung des Korrelationskoeffizienten ergibt sich

$$\sigma^2_{\text{gewichtete Summe aus x und y}} = w_x^2 \cdot \sigma_x^2 + w_y^2 \cdot \sigma_y^2 + 2 \cdot w_x \cdot w_y \cdot \rho_{xy} \cdot \sigma_x \cdot \sigma_y$$

$$\sigma^2_{\text{Babys Störche}} = 0{,}5 \cdot 4{,}4 + 0{,}5 \cdot 36 + 2 \cdot 0{,}5 \cdot 0{,}5 \cdot 0{,}68 \cdot 2{,}098 \cdot 6 = 24{,}8$$

Formal kann der Zusammenhang am besten mit Hilfe von Erwartungswerten bewiesen werden:

$$\sigma_x^2 = E\left[(x - E(x))^2\right]$$

$$\sigma_{xy} = E\big(E(x - E(x)) \cdot E(y - E(y))\big)$$

$$\sigma_{xy}^2 = E\left(\left[(x+y) - [E(x) + E(y)]\right]^2\right) = E\left(\left[(x - E(x)) \cdot (y - E(y))\right]^2\right)$$

$$= E\left([x - E(x)]^2 + [y - E(y)]^2 + 2 \cdot [x - E(x)] \cdot [y - E(y)]\right) = \sigma_x^2 + \sigma_y^2 + 2 \cdot \sigma_{xy}$$

## 8.3.2 Regressionsanalyse

Um eine Vorstellung vom Zusammenhang zwischen Störchen und Babys zu entwickeln, kann ein Streudiagramm gezeichnet werden. Dabei werden die Werte der Beobachtungen in ein Diagramm eingetragen.

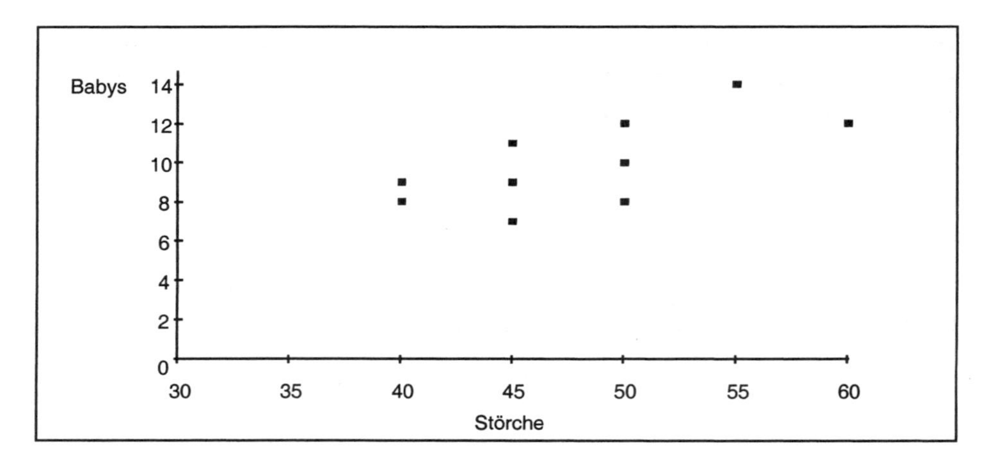


Abbildung 8.1: **Streudiagramm**

Bei einer Regressionsanalyse wird dann versucht, eine Gerade zu finden, die möglichst "gut" durch die Punktewolke führt. Da dies recht aufwendig ist, werden dazu in erster Linie Computerprogramme benutzt. Das Verfahren basiert auf der Idee, die Summe der quadrierten Abstände aller Punkte von der geschätzten Geraden zu minimieren. Es wird daher auch als die **Methode der kleinsten Quadrate** bezeichnet.

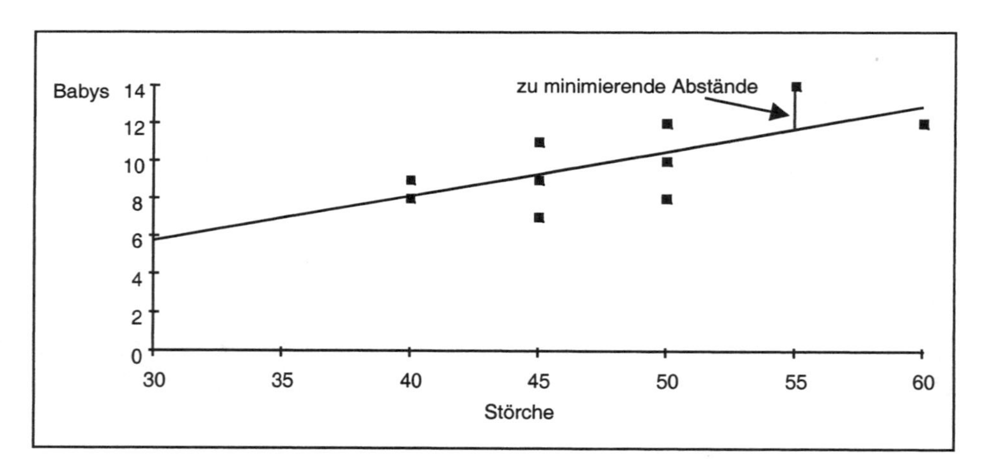


Abbildung 8.2: **Regression**

Es ergibt sich also hier eine Gleichung der Form:

$$y_{\text{zu erklärende Variable}} = \alpha + \beta \cdot x_{\text{erklärende Variable}} + \varepsilon$$

$$Babys = -1{,}33 + 0{,}24 \cdot Störche + \varepsilon$$

Dabei bezeichnet $\alpha$ den Achsenabschnitt und $\beta$ die Steigung der Geraden. Das $\varepsilon$ ist die unerklärte Störgröße, also die jeweilige Abweichung eines beobachteten Punktes von der geschätzten Geraden. Um die Güte der Erklärung überprüfen zu können, muss ein Maß für den Zusammenhang analysiert werden.

Folgendes Beispiel zeigt einen starken Zusammenhang:

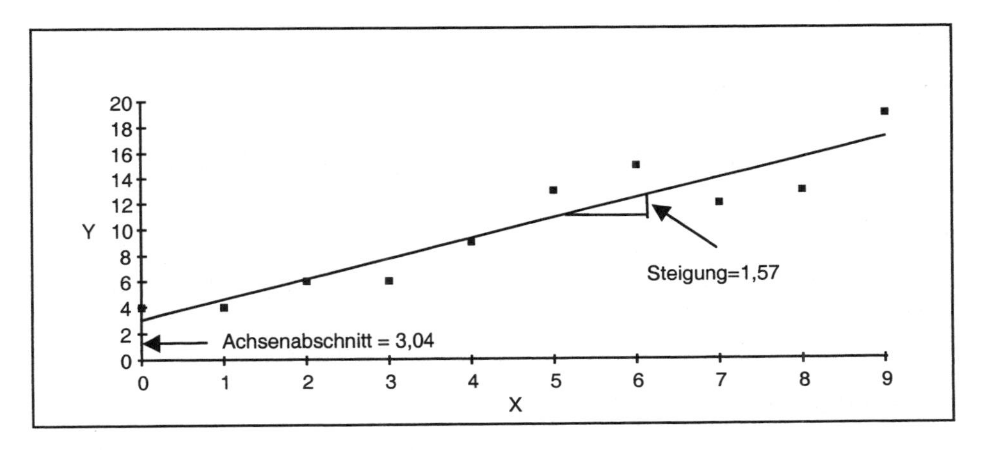


Abbildung 8.3: **Regression mit starkem Zusammenhang**

Die Gleichung

$$y = 3{,}036 + 1{,}5696 \cdot x$$

kann 87% der Streuung der Punkte erklären. Diese Zahl wird in der Regel als $R^2$ oder Bestimmtheitsmaß bezeichnet. $R^2$ liegt immer zwischen 0 (d.h. kein Zusammenhang) und 1 (d.h. 100%iger linearer Zusammenhang). Rein formal lässt es sich aus dem Korrelationskoeffzienten ableiten.

$$R^2 = \rho^2$$

Einen geringen Zusammenhang soll folgendes Bild verdeutlichen:

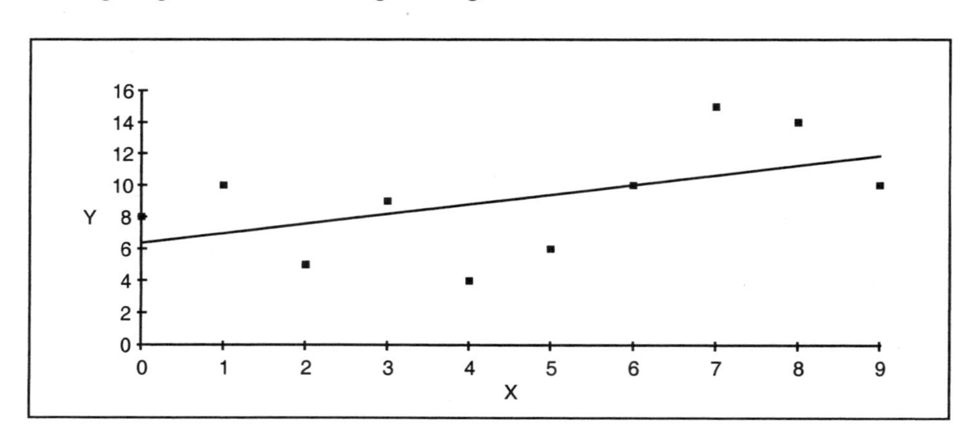


Abbildung 8.4: **Regression mit schwachem linearen Zusammenhang**

Bei dieser Anordnung der Punkte kann auch die beste Gerade, nämlich

$y = 6{,}35 + 0{,}61 \cdot x; \quad R^2 = 0{,}27$

nur 27% der Abweichungen erklären. Bei den Störchen und Babys konnten immerhin noch 46% der Streuung erklärt werden.

### 8.3.3 Schätzung

In vielen Fällen ist das Eintreten von Ereignissen nicht vorhersagbar, aber es ist durchaus möglich, eine Wahrscheinlichkeit für bestimmte Ausprägungen zu ermitteln. Das beste Beispiel für einen Zufallsprozess ist der Wurf einer Münze. Mit einer 50%igen Wahrscheinlichkeit fällt „Kopf" oder „Zahl", und je größer die Anzahl der Würfe, um so wahrscheinlicher wird es, dass bei ungefähr 50% der Würfe „Kopf" fällt. Im Folgenden wird ein Münzspiel betrachtet, bei dem eine Münze 10 mal geworfen wird. Bei jedem Erscheinen für „Kopf" wird eine 1 ins Ergebnisprotokoll eingetragen, bei „Zahl" entsprechend eine 0. Insgesamt wird das Münzspiel 20mal wiederholt. Als Erwartungswert – von der Zufallsfunktion ausgehend – ergibt sich für die Summe

$$E\left(Summe_{Münzspiel}\right) = \sum_{i=1}^{10} x_i \cdot p_i = \sum_{i=1}^{n} 1 \cdot 0{,}5 = 5$$

mit $x_i$ als Ausprägung mit 1 für „Kopf" und 0 für „Zahl",

mit $p_i$ als Wahrscheinlichkeit des Ereignisses.

Aus der folgenden Tabelle wurde der Erwartungswert aus den Münzspielen geschätzt. Es ist deutlich zu sehen, dass sich der Mittelwert bei einer höheren Anzahl von Spielen immer näher zum Erwartungswert hin bewegt. Dies wird in der Schätztheorie auch als Unverzerrtheit bezeichnet. Im Durchschnitt sollte der geschätzte Wert mit dem wirklichen Wert übereinstimmen.

Tabelle 8.2:
**ERGEBNISTABELLE DES MÜNZSPIEL**

| Spiel Nr. | ERGEBNIS | Summe | auf jeweils abgeschlossene Spiele | | |
|---|---|---|---|---|---|
| | | | Mittelwert | $\sigma^2_{aus\ 1/Anzahl-1}$ | $\sigma^2_{aus\ 1/Anzahl}$ |
| 1 | 0 0 1 0 0 1 1 1 1 1 | 6 | | | |
| 2 | 0 0 1 1 1 0 1 0 0 1 | 5 | 5,50 | 0,50 | 0,25 |
| 3 | 0 1 1 0 1 0 0 1 1 1 | 6 | 5,67 | 0,33 | 0,22 |
| 4 | 0 1 0 0 0 0 1 0 0 1 | 3 | 5,00 | 2,00 | 1,50 |
| 5 | 1 1 1 1 0 0 0 1 1 0 | 6 | 5,20 | 1,70 | 1,36 |
| 6 | 0 0 0 0 0 1 0 1 1 1 | 4 | 5,00 | 1,60 | 1,33 |
| 7 | 0 0 1 0 0 0 0 1 1 1 | 4 | 4,86 | 1,48 | 1,27 |
| 8 | 0 1 1 0 0 1 0 0 0 1 | 4 | 4,75 | 1,36 | 1,19 |
| 9 | 1 0 0 1 1 1 1 0 1 1 | 7 | 5,00 | 1,75 | 1,56 |
| 10 | 0 1 1 0 1 0 1 0 0 1 | 5 | 5,00 | 1,56 | 1,40 |
| 11 | 1 1 0 1 1 0 1 1 1 1 | 8 | 5,27 | 2,22 | 2,02 |
| 12 | 0 1 1 0 1 0 0 0 1 1 | 5 | 5,25 | 2,02 | 1,85 |
| 13 | 0 0 0 0 0 0 1 0 0 0 | 1 | 4,92 | 3,24 | 2,99 |
| 14 | 1 0 0 0 0 0 1 0 1 1 | 4 | 4,86 | 3,05 | 2,84 |
| 15 | 1 1 0 1 0 1 1 0 0 1 | 6 | 4,93 | 2,92 | 2,73 |
| 16 | 0 1 1 1 1 0 1 0 1 1 | 7 | 5,06 | 3,00 | 2,81 |
| 17 | 0 1 0 0 1 0 1 0 1 0 | 4 | 5,00 | 2,88 | 2,71 |
| 18 | 1 0 0 0 1 0 1 1 1 0 | 5 | 5,00 | 2,71 | 2,56 |
| 19 | 0 0 0 1 1 1 1 1 1 0 | 6 | 5,05 | 2,61 | 2,47 |
| 20 | 0 0 0 1 0 0 0 1 1 1 | 4 | 5,00 | 2,53 | 2,40 |

Für den Erwartungswert kann als Schätzfunktion geschrieben werden:

$$\textit{Schätzung von } E(\textit{Summe}) = \frac{1}{\textit{Anzahl}} \sum_{i=1}^{20} x_i \;\middle|\; x_i = \text{Summe eines Münzspiels}$$

Die Güte einer Schätzfunktion wird in der Regel durch ihre Unverzerrtheit beschrieben. Dies bedeutet, dass im Durchschnitt die korrekte Zahl geschätzt wird und dass bei einer Vergrößerung der Stichprobe das Schätzergebnis wahrscheinlich näher beim wirklichen Wert liegen wird. Bildlich sind dies Schüsse auf eine Zielscheibe, die im Mittel genau treffen. Der Mittelwert einer Stichprobe erfüllt diese Anforderungen zum Schätzen des Erwartungswertes. Dies gilt aber leider nicht ganz so einfach für die Schätzung der Varianz. Da bei einer Stichprobe immer nur ein Teil der Gesamtheit ausgewertet wird, führt die normale Varianzformel zu einem Unterschätzen, sie ist also verzerrt. Um einen unverzerrten Schätzwert zu erhalten, muss folgende Formel benutzt werden (im Ergebnisprotokoll sind die beiden Ergebnisse nebeneinandergestellt):

$$\textit{Schätzwert } \sigma^2 = \frac{1}{\textit{Anzahl} - 1} \cdot \sum_{i=1}^{20} \left(x_i - E(x)\right)^2$$

Die wirkliche Varianz aus der bekannten Verteilung kann über den einzelnen Münzwurf analysiert werden. Bei einem Erwartungswert von 0,5 ergibt sich entsprechend:

$$\sigma^2_{\textit{Einzelwurf}} = \left(x_i - E(x)\right)^2 \cdot p_i + \left(x_j - E(x)\right)^2 \cdot p_j = (1-0{,}5)^2 \cdot 0{,}5 + (0-0{,}5)^2 \cdot 0{,}5 = 0{,}25$$

mit $x_i$ = „Kopf“ $=1$ mit Wahrscheinlichkeit $p_i = 0{,}5$
mit $x_j$ = „Zahl“ $=0$ mit Wahrscheinlichkeit $p_j = 0{,}5$

Die Varianz der Summe ergibt sich aus den Einzelvarianzen, da die Ereignisse unbabhängig sind.

$$\sigma^2_{\textit{Summe 10 Würfe}} = 10 \cdot 0{,}25 = 2{,}5$$

## 8.4 Normalverteilung

Eine besonders wichtige Verteilung von Zufallsereignissen ist die Normalverteilung (*N*). Sie beschreibt eine Glockenkurve, wobei sich jeder Punkt in Abhängigkeit von *x* ausdrücken lässt durch

$$f(x) = \frac{1}{\sigma \cdot \sqrt{2 \cdot \pi}} \cdot e^{-\frac{1}{2}\left(\frac{x-\mu}{\sigma}\right)^2}$$

Im Regelfall wird eine Standardnormalverteilung benutzt, die durch einen Mittelwert von 0 und eine Standardabweichung von 1 gekennzeichnet ist. Diese symmetrische Funktion ergibt die unten abgebildete Glockenkurve.

$f(x) = \frac{1}{\sqrt{2 \cdot \pi}} \cdot e^{-\frac{x^2}{2}}$ für Standardnormalverteilung mit $\mu = 0$ und $\sigma = 1$

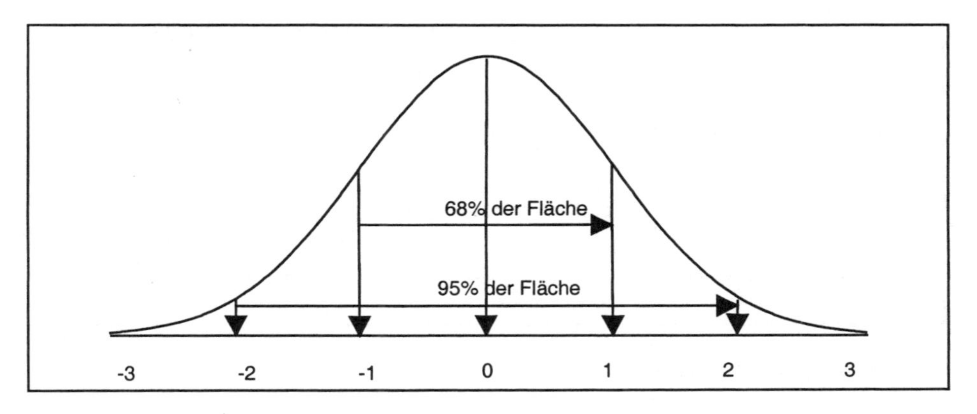


Abbildung 8.5: **Normalverteilung**

Um aus dieser Kurve, die auch als Dichtefunktion bezeichnet wird, die Wahrscheinlichkeit eines Ereignisses ableiten zu können, muss die Fläche unterhalb der Kurve berechnet werden. Dies ist leider sehr kompliziert, denn dazu muss folgendes Integral berechnet werden:

$$N(x) = \int_{-\infty}^{x} \frac{1}{\sqrt{2\pi}} \cdot e^{-\frac{y^2}{2}} \cdot dy$$

Dies kann nur mit Hilfe von Näherungsverfahren ermittelt werden, deshalb dient die Tabelle am Ende des Buches zum Nachschlagen der jeweiligen Werte. Inhaltlich bedeutet dies nichts anderes, als dass die Wahrscheinlichkeit, einen Wert kleiner oder gleich dem Mittelwert zu erzielen, bei 0,5 liegt (vgl. Tabelle). Diese 0,5 ist genau die linke Fläche unter der Kurve bis zum Wert 0. Interessant ist aber auch, mit welcher Wahrscheinlichkeit die Beobachtungen in ein bestimmtes

Intervall fallen. So ist die Fläche von –1 bis +1 entsprechend 68,3% der Gesamtfläche (95,4% für –2 bis +2). Daraus kann gefolgert werden, dass eine einzelne Beobachtung mit einer Wahrscheinlichkeit von über 68% plus/minus einer Standardabweichung um den Erwartungswert liegt.

Bei einer hohen Standardabweichung werden die Werte weiter um den Erwartungswert streuen als bei einer geringen Standardabweichung. Dies kann graphisch gut veranschaulicht werden:

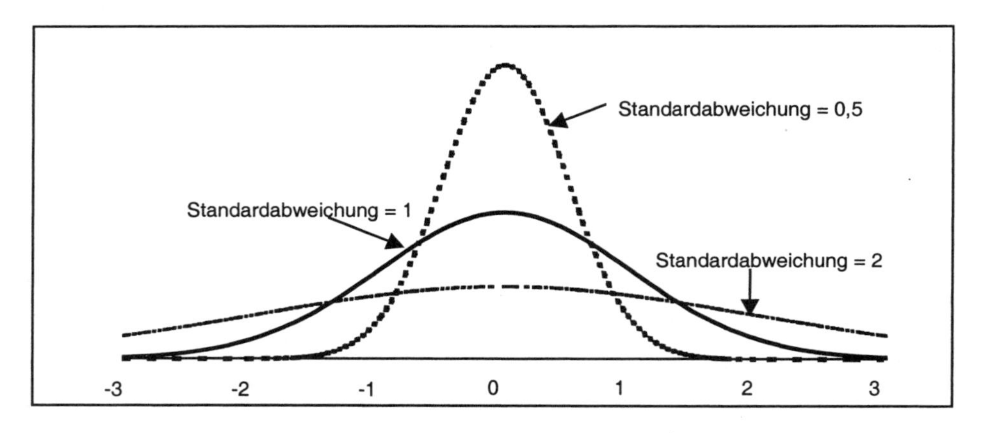


Abbildung 8.6: **Normalverteilung**

Häufig hat die beobachtete Verteilung jedoch einen anderen Erwartungswert bzw. eine andere Standardabweichung. Um trotzdem die Normalverteilungstabelle benutzen zu können, muss die Verteilung standardisiert werden. Dies geschieht, indem man von der Variablen den Erwartungswert abzieht (Erwartungswert wird 0) und durch die Standardabweichung teilt (Standardabweichung wird 1). Im Beispiel aus 8.3.1 wurde festgestellt, dass die Babys einen Erwartungswert von 10 bei einer Standarabweichung von 2,1 haben. Wenn Babys normalverteilt sind, kann jetzt deren Verteilung standardisiert werden. Wie hoch ist die Wahrscheinlichkeit, dass mindestens 12 Babys geboren werden? Durch Standardisieren ergibt sich ein Verteilungswert von 0,95.

$$d = \frac{12-10}{2{,}1} = 0{,}95$$

$$N(0{,}95) = 82{,}89\%$$

Mit Hilfe der Normalverteilungstabelle am Ende des Buches ergibt sich eine Wahrscheinlichkeit von 82,89%.

*Literatur: Natenberg (1988), Pindyk (1981), Wagner (1988)*

Literaturliste

# Literaturliste


| | |
|---|---|
| Bimberg, L.H., 1993 | Langfristige Renditeberechnung zur Ermittlung von Risikoprämien, Frankfurt u.a. |
| Brealey, R.A., 2000<br>Myers, S.C. | Principles of Corporate Finance, Singapore |
| Brooke, M.Z., 1990 | Handbook of International Financial Management (Basingstroke) |
| Carty, L. V., 1997<br>Liebermann, D. | Historical Default Rates of Corporate Bond Issueres 1920 - 1996, Moody´s Investor Services, Global Credit Research |
| Cornell, B., 1981<br>Reinganum, M. | Forward and Future Prices: Evidence from Foreign Exchange Markets, Journal of Finance, S. 1035 - 1045 |
| Copeland, T., 1994<br>Koller, T.,Murrin, J. | Valuation – Measuring and Managing the Value of Companies, 2nd Rdition, New York: Wiley & Sons |
| Cox, J.C., 1985<br>Ingersoll, J.E.<br>Ross, S.A. | A Theory of the Term Structure of Interest Rates, Econometrica, S. 385 - 407 |
| Deutsche Terminbörse, 2000 | Bund Futures, Frankfurt |
| Dresdner Bank 1999 | Basisinformationen über Finanzderivate |
| Duffie, D. 1999 | Credit Swap Valuation, Financial Analyst Journal Jan/Feb 1999 S. 73 - 86 |
| Fage, P., 1987 | Yield Calculations, Credit Suisse First Boston |
| Fama, E.F., 1970 | Efficient Capital Markets: A Review of Theory and Empirical Work, Journal of Finance, S. 383 - 417 |
| Garz, H. 1997<br>Günther, S.<br>Moriabadi, C. | Portfolio-Management, Theorie und Anwendung, Frankfurt |
| Heidorn, T. 1993<br>Bruttel, H. | Treasury Management; Risiko, Analysen, Steuerung, Wiesbaden |
| Heidorn, T. 1997<br>Vogt, J. | Trennung von Mantel und Bogen, ANLAGEpraxis, April, S. 30 - 35 |
| Heidorn, T. 2001 | Economic Value Added zur Erklärung der Bewertung |

Siebrech, F. Klein, H.-D. — europäischer Aktien. Finanzbetrieb, Oktober 2001, S. 560 - 564

Ho, T.S.Y., 1986 Claims Lee, S.B. — Term Structure Movements and Pricing Interest Rate Contingent, Journal of Finance, Dec., S. 1011 - 1029

Hull, J., 2000 — Options, Futures and other Derivative Securities, Englewood Cliffs

Jendruschewitz, B. 1997 — Value at Risk - Ein Ansatz zum Management von Marktrisiken in Banken -, Frankfurt

JPMorgan 1994 — RiskMetrics - Technical Document Second Edition, Morgan Guranty Trust Company Global Research, New York

Kempfle, W., 1990 — Duration, Bamberg

Klotz, R.G., 1985 — Convexity of Fixed-Income Securities, Salomon Brothers Inc.

Lombard, O., 1990 Marteau, D. — Devisenoptionen, Wiesbaden

Markowitz, H.M., 1952 — Portfolio Selection, Journal of Finance, S. 77 - 91.

Millar, B., 1991 — Global Treasury Management, Harper Business

Miron, P. 1991 Swannell, P. — Pricing and Hedging Swaps, Euromoney Books

Natenberg, S., 1988 — Option Volatility and Pricing Strategies, Chicago

Ong, K. M. 1999 — Internal Credit Risk Models Capital Allocation and Performance Measurement, London

Pindyk, R., 1981 Rubinfeld, D.L. — Economic Models & Economic Forecasts, New York

Price Waterhouse, — International Treasury Management Handbook, Vol. I und Vol. II, 1986, London, Euromoney

Rappaport, A. 1999 — Shareholder Value: Ein Handbuch für Manager und Investoren [Deutsche Übersetzung], 2.Auflage, Stuttgart: Schäffer-Poeschel, 1999, S. 105 – 119

Rendleman, R., 1980 Barter, B. — The Pricing of Options on Debt Securities; Journal of Financial and Quantitative Analysis, März, S. 11 - 24

Ross, D., 1990 — International Treasury Management, Cambridge

| | |
|---|---|
| Ross, S. A. 1976 | The Arbitrage Theory of Capital Asset Pricing, Journal of Economic Theory, S. 341 – 360 |
| Salomon Brothers Inc., 1985 | Understanding Duration and Volatility |
| Sauter, J. 1996 | Messung und Prognose von Volatilitäten am Beispiel des DAX, Frankfurt |
| Schierenbeck, H., 1986<br>Rolfes, B. | Effektivverzinsung in der Bankenpraxis, Zeitschrift für betriebswirtschaftliche Forschung, S. 766 - 778 |
| Smithson, C., 1991 | Wonderful Life (Taxonomy of Option Pricing Models), Risk, Oktober, S. 37 – 44 |
| Sharpe, W. F. 1964 | Capital Asset Prices: A Theory of Equilibrium under Conditions of Risk, Journal of Finance, S.425 - 442 |
| Stahlhut, B. 1997 | Messung und Analyse der Performance von Aktienportfolios, Frankfurt |
| Stewart, G. B. 1991 | The Quest for Value, New York: HarperCollins |
| Stoll, H.R. 1993<br>Whaley, R. E. | Futures and Options - Theory and Application -, Ohio |
| Tompkins, R. 1994 | Options Explained[2], Basingstroke |
| Uhlir, H., 1994<br>Steiner, P. | Wertpapieranalyse, Heidelberg |
| Wagner, E., 1988 | Effektivzins von Krediten und Wertpapieren, Frankfurt |
| Weston, J.F., 1993 | Essentials of Managerial Finance, Fort Worth |
| Wimmer, K. 1998<br>Stöckl-Pukall, E. | Neuregelung der Effektivzinsberechnung, Die Bank Januar, S.33 – 37 |

# Tabelle für die Werte der Normalverteilung

# Tabelle für die Werte der Normalverteilung

| x | | 0,00 | 0,01 | 0,02 | 0,03 | 0,04 | 0,05 | 0,06 | 0,07 | 0,08 | 0,09 |
|---|---|---|---|---|---|---|---|---|---|---|---|
| 0,0 | 0, | 5000 | 5040 | 5080 | 5120 | 5160 | 5199 | 5239 | 5279 | 5319 | 5359 |
| 0,1 | | 5398 | 5438 | 5478 | 5517 | 5557 | 5596 | 5636 | 6575 | 5714 | 5753 |
| 0,2 | | 5793 | 5832 | 5871 | 5910 | 5948 | 5987 | 6026 | 6064 | 6103 | 6141 |
| 0,3 | | 6179 | 6217 | 6255 | 6293 | 6331 | 6368 | 6406 | 6443 | 6480 | 6517 |
| 0,4 | | 6554 | 6591 | 6628 | 6664 | 6700 | 6736 | 6772 | 6808 | 6844 | 6879 |
| 0,5 | | 6915 | 6950 | 6985 | 7019 | 7054 | 7088 | 7123 | 7157 | 7190 | 7224 |
| 0,6 | | 7257 | 7291 | 7324 | 7357 | 7389 | 7422 | 7454 | 7486 | 7517 | 7549 |
| 0,7 | | 7580 | 7611 | 7642 | 7673 | 7703 | 7734 | 7764 | 7794 | 7823 | 7852 |
| 0,8 | | 7881 | 7910 | 7939 | 7967 | 7995 | 8023 | 8051 | 8078 | 8106 | 8133 |
| 0,9 | | 8159 | 8186 | 8212 | 8238 | 8264 | 8289 | 8315 | 8340 | 8365 | 8389 |
| 1,0 | | 8413 | 8438 | 8461 | 8485 | 8508 | 8531 | 8554 | 8577 | 8599 | 8621 |
| 1,1 | | 8643 | 8665 | 8686 | 8708 | 8729 | 8749 | 8770 | 8790 | 8810 | 8830 |
| 1,2 | | 8849 | 8869 | 8888 | 8907 | 8925 | 8944 | 8962 | 8980 | 8997 | 9015 |
| 1,3 | | 9032 | 9049 | 9066 | 9082 | 9099 | 9115 | 9131 | 9147 | 9162 | 9177 |
| 1,4 | | 9192 | 9207 | 9222 | 9236 | 9251 | 9265 | 9279 | 9292 | 9306 | 9319 |
| 1,5 | | 9332 | 9345 | 9357 | 9370 | 9382 | 9394 | 9406 | 9418 | 9429 | 9441 |
| 1,6 | | 9452 | 9463 | 9474 | 9484 | 9495 | 9505 | 9515 | 9525 | 9535 | 9545 |
| 1,7 | | 9554 | 9564 | 9573 | 9582 | 9591 | 9599 | 9608 | 9616 | 9625 | 9633 |
| 1,8 | | 9641 | 9649 | 9656 | 9664 | 9671 | 9678 | 9686 | 9693 | 9699 | 9706 |
| 1,9 | | 9713 | 9719 | 9726 | 9732 | 9738 | 9744 | 9750 | 9756 | 9761 | 9767 |
| 2,0 | | 9772 | 9778 | 9783 | 9788 | 9793 | 9798 | 9803 | 9808 | 9812 | 9817 |
| 2,1 | | 9821 | 9826 | 9830 | 9834 | 9838 | 9842 | 9846 | 9850 | 9854 | 9857 |
| 2,2 | | 9861 | 9864 | 9868 | 9871 | 9875 | 9878 | 9881 | 9884 | 9887 | 9890 |
| 2,3 | | 9893 | 9896 | 9898 | 9901 | 9904 | 9906 | 9909 | 9911 | 9913 | 9916 |
| 2,4 | | 9918 | 9920 | 9922 | 9925 | 9927 | 9929 | 9931 | 9932 | 9934 | 9936 |
| 2,5 | | 9938 | 9940 | 9941 | 9943 | 9945 | 9946 | 9948 | 9949 | 9951 | 9952 |
| 2,6 | | 9953 | 9955 | 9956 | 9957 | 9959 | 9960 | 9961 | 9962 | 9963 | 9964 |
| 2,7 | | 9965 | 9966 | 9967 | 9968 | 9969 | 9970 | 9971 | 9972 | 9973 | 9974 |
| 2,8 | | 9974 | 9975 | 9976 | 9977 | 9977 | 9978 | 9979 | 9979 | 9980 | 9981 |
| 2,9 | | 9981 | 9982 | 9982 | 9983 | 9984 | 9984 | 9985 | 9985 | 9986 | 9986 |
| 3,0 | | 9987 | 9987 | 9987 | 9988 | 9988 | 9989 | 9989 | 9989 | 9990 | 9990 |
| 3,1 | | 9990 | 9991 | 9991 | 9991 | 9992 | 9992 | 9992 | 9992 | 9993 | 9993 |
| 3,2 | | 9993 | 9993 | 9994 | 9994 | 9994 | 9994 | 9994 | 9995 | 9995 | 9995 |
| 3,3 | | 9995 | 9995 | 9996 | 9996 | 9996 | 9996 | 9996 | 9996 | 9996 | 9997 |

**Beispiele für die Anwendung:**

Die Wahrscheinlichkeit, dass x maximal 1,92 ist, liegt bei 97,26%.

$N(0{,}92) = 0{,}8212$

$$N(0{,}9781) = N(0{,}97) + 0{,}81 \cdot [N(0{,}98) - N(0{,}97)] = 0{,}8340 + 0{,}81 \cdot [0{,}8365 - 0{,}8340]$$
$$= 0{,}8360$$

$N(-0{,}92) = 1 - N(0{,}92) = 0{,}1788$ aufgrund der Symmetrie der Kurve

# Stichwortverzeichnis

# Stichwortverzeichnis